SPSS 아카데미 시리즈

SPSS

다변량자료분석

허명회 · 양경숙 지음

데이터 내려받기
www.hannarae.net

한나래아카데미

SPSS 다변량자료분석

지은이 | 허명회 · 양경숙
펴낸이 | 한기철

2001년 4월 10일 1판 1쇄 펴냄
2019년 3월 5일 1판 11쇄 펴냄

펴낸곳 | 한나래출판사
등록 | 1991. 2. 25 제22-80호
주소 | 서울시 마포구 토정로 222, 한국출판콘텐츠센터 309호
전화 | 02-738-5637 · 팩스 | 02-363-5637 · e-mail | hannarae91@naver.com
www.hannarae.net

Published by Hannarae Publishing Co.
Printed in Seoul

SPSS 다변량자료분석 / 허명회 · 양경숙 지음.
— 서울 : 한나래출판사, 2010
432p. ; 26cm. — (SPSS 아카데미)

ISBN 978-89-5566-066-1 93310 : ₩20000

머리말

이 책은 저자(허)가 2년 전에 펴낸「사회과학을 위한 다변량자료분석」을 SPSS 사용자를 위해 개작한 것이다. 그러나 단순히 SPSS 화면을 삽입하는 데 그친 것이 아니다. 새 책에서는 사례를 통하여 오리엔테이션을 하고 이론을 학습하는 "사례 → 이론"의 순서를 전체에 적용하고 새로운 사례를 제시하는 등 옛 책과 구성에서 대폭 다르다. 또한 여러 번에 걸친 사회과학도를 위해 개설한 다변량 자료분석 강의(고려대학교)에 옛 책을 사용하면서 깨닫게 된 자잘구레한 팁들도 반영하였다. 따라서 결과적으로 꽤 다른 느낌의 책이 되었다고 생각한다.

다변량 자료분석은 관측개체로부터 다변량적 측정이 된 자료를 분석한다. 관측개체가 사람인 경우를 생각해 보자. 한 개인의 얼굴을 그림으로 묘사하자면 눈만 그려서는 안될 것이다. 코를 그려야 하고 귀와 입도 그려야 한다. 마찬가지로 한 관측개체가 갖는 특성을 수치적으로 묘사하려면 여러 변수가 필요하다. 다수의 변수간 통계적 관계를 정확히 잡아내어 효과적으로 표현하는 것이 다변량 자료분석이다. 최근에는 데이터 마이닝(data mining)이 사회의 제 현업에서 관심을 끌고 있는데 그 통계적 중심기법은 다변량 자료분석이다.

이 책이 Johnson and Wichern 등 전통적인 다변량 분석 텍스트와 크게 다른 점은 다변량 정규분포에 관한 설명 없이 곧바로 주성분분석(2장)과 인자분석(3장)에 들어간다는 데 있다. 응용 다변량 자료분석의 주요 포인트는 자료 탐색에 있으므로 추론과 관련된 이론을 공부하는데 절반 가까운 시간을 소모할 필요가 없다고 보기 때문이다. 또 하나 다른 점은 대응분석을 포함시켰다는 데 있다. 대응분석(10장)은 분할표를 시각적으로 표현하기 위한 일종의 주성분분석으로 최근 현업에서 빈번하게 응용되는 기법이기 때문이다.

그밖에 판별분석(4 · 5장), 군집분석(6장), 다변량 분산분석과 선형회귀(7장), 정준상관분석(8장), 다차원척도법(9장), LISREL 모형(12 · 13장) 등을 다루었으며 최적척도법(11장)과 신뢰성 분석(14장)을 추가하였다. 사용된 SPSS 자료파일들은 전자우편으로 요청하여 받을 수 있다 (부록 참조).

다양한 분야의 학생들이 이 책을 읽고 다변량 방법론을 활용할 수 있게 되기를 기대한다. SPSS 만큼 사용하기 편리한 소프트웨어가 없으므로 상식이 약간만 있다면 여러분 스스로 SPSS 다변량

자료분석을 충분히 해낼 수 있을 것이다. 책 내용에 관하여 질문이 있으면 주저하지 말고 언제든 저자에게 e-메일을 보내주기 바란다. 곧바로 답신할 것을 약속한다.

2001년 3월

허 명 회 (stat420@korea.ac.kr) · 양 경 숙 (myksyang@dreamwiz.com)

차 례

제1장 서론

제2장 주성분분석

제3장 인자분석

제4장 판별분석(2개 그룹)

제5장 판별분석(+3개 그룹)

제6장 군집분석

제7장 다변량분산분석과 선형회귀

제8장 정준상관분석

제9장 다차원척도법

제10장 대응분석

제11장 최적척도법

제12장 확증적 인자분석

제13장 공분산구조분석

제 1 장

서론

1.1 다변량자료

경영학에서 다루는 n개 회사의 p개 재무변수 자료나 심리학에서 다루는 n명의 응답자에게서 얻은 p항목의 태도 측정 자료를 생각해보자. 각 회사나 각 응답자로부터 다수의 관심사, 예를 들면 부채비율, 자기자본비율, 총자본순이익률이나, 직무에 대한 충실도, 만족도 등이 관측된다. 여기서 각 회사나 응답자는 자료가 관측되는 기본단위이다. 이를 통계자료분석에서는 관측개체(observation, 또는 observation unit)라고 한다. 이 책에서는 간단히 개체(unit) 또는 관측(observation)이라고 하겠다.

각 개체(관측)에서 다수의 변수(variable)가 측정되는데 자연스럽게 변수들간에는 상관성이 내재한다. 부채비율이 높으면 총자본순이익률이 낮다든지 직무만족도가 높으면 직무에 대한 충실도가 높은 연관성이 있게된다. 다변량분석은 이와 같이 각 개체로부터 측정된 다수의 변수들간의 상관성을 기초로 자료를 분석한다.

한편 경제학에서 다루는 n개 시점에서 측정된 p개 경제변수 자료를 생각해보자. 가령 1980년부터 1999년까지의 국민총생산, 경제성장률, 외환보유액, 환율을 고려해보면 각 시점을 개체로 간주할 수도 있지만 시간축에서 변수들이 연속적인 흐름을 타기 때문에 개체(시점) 사이에 상관성이 유발된다. 대부분의 다변량자료분석에 관한 책들에서는 이와 같이 개체(시점)간에 상관성이 있는 경우(다변량시계열분석)를 다루지 않는다. 따라서 이 책에서도 그러하다.

다변량자료분석은 크게 두 가지 방법으로 나누어 생각해 볼 수 있다. 그 하나는 고전적 방법으로 모형에 기초한 분석방법이다. 다변량 정규분포를 가정하기 때문에 데이터가 이 가정에 위배될 경우 적절한 변환이 필요하다. 고전적 방법에 의해서는 주로 모수의 추정과 검증작업을 하게된다. 또 다른 한 가지 방법은 데이터를 변환시키지 않고 있는 그대로 두고 탐색적으로 정보를 도출하는 방법이다. 주로 기하적 방법을 사용하여 고차원의 데이터를 저차원에 나타내며 필요한 정보를 찾아낸다.

예를 들어 아래의 그림에서 X_1, X_2, X_3 로 이루어진 3차원 공간 안에 위치하고 있는 관측(●로 표시)들을 2차원 공간에 위치시켜보자. 우측(⇨)방향으로 사영시키면 개체들이 2개 그룹으로 나뉘는 것을 볼 수 있다. 그러나 위쪽 방향(⇧)으로 사영시키면 그룹분류가 뚜렷하지 않다.

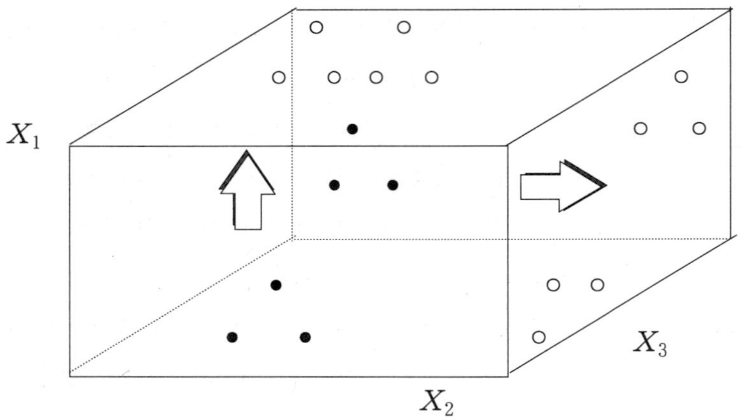

따라서 자료분석 목적이 무엇인가, 3차원 이상의 공간에 위치한 관측을 어떻게 저차원 공간에 나타낼 것인가가 문제이다. 이때 다변량자료 분석의 주 목적은

- 복잡한 현상을 주성분으로 요약
- 미지의 인자 발견
- 관찰개체의 소속 판별
- 소속이 알려지지 않은 관찰개체의 그룹화
- 여러 변수간의 관계 규명

이고 행렬에서 '직교사영', '스펙트럼 분해' 등이 이런 문제를 해결하는 데 사용된다.

1.2 다변량자료의 행렬표현

다변량자료 분석에서도 일변량기술(univariate description)은 매우 유용하다(= 줄기그림, 히스토그램, 평균과 표준편차, 다섯수치요약, 상자그림 등). 그러나 그것만으로는 변수간 상호관계를 충분하게 표현할 수 없다. 산점도나 상관분석으로도 2개 변수간의 관계만 탐색할 수 있을 뿐이다. 그러므로 다변량자료분석을 위해서는 다변량 고유의 기법들을 적용해야 한다.

A, B, C, D, E 5명에 대하여 X1, X2, X3를 관측한 다음 예를 생각해보자.

A=(5, 0, 3), B=(4, 2, 0), C=(2, 1, 6), D=(0, 5, 0), E=(5, 2, 0).

<그림 1.1>
3차원에서의
개체플롯

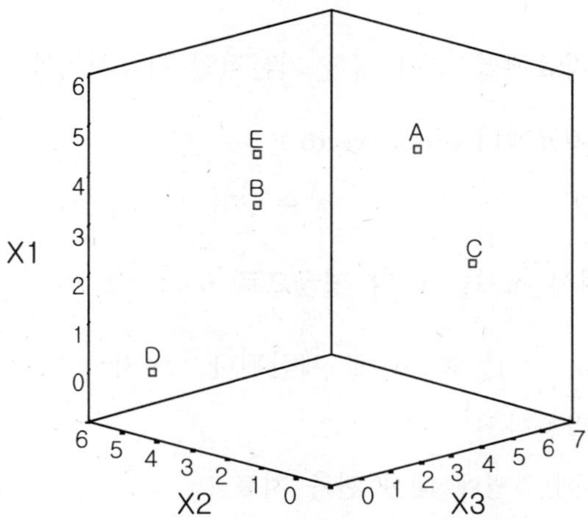

<그림 1.1>로부터 B는 다른 개체들보다 E에 더 가까이 있음을 알 수 있다. 그러나 관측한 변수가 4개 이상이면 개체들간의 관계는 상상하기조차 어렵다.

다변량 자료는 앞서 예를 든 것처럼 n개 개체 · p개 변수로 구성된다. 그러므로 다음과 같이 행렬로 표기할 수 있다.

■ 자료행렬 X: $n \times p$ 의 표기 : n개 개체, p개 변수 $(X_1, \cdots, X_p)$의 경우

$$X = \begin{pmatrix} x_{11} \cdots x_{1j} \cdots x_{1p} \\ \vdots \\ x_{i1} \cdots x_{ij} \cdots x_{ip} \\ \vdots \\ x_{n1} \cdots x_{nj} \cdots x_{np} \end{pmatrix} \quad \text{개체 } i$$

(열 위에: 변수 j)

즉 x_{ij}는 행렬 X의 (i, j)요소이다 $(i = 1, \cdots, n;\ j = 1, \cdots, p)$. 변수 X_j

의 측정수준은 연속형일 수도 있고 범주형일 수도 있다. 그러나 특별한 언급이 없는 한 앞으로 연속형인 것을 디폴트(default)로 하기로 한다.

(예) 5명에 대한 관측 자료 : 크기 5×3 의 행렬 X

$$X=\begin{pmatrix} 5 & 0 & 3 \\ 4 & 2 & 0 \\ 2 & 1 & 6 \\ 0 & 5 & 0 \\ 5 & 2 & 0 \end{pmatrix}$$

자료행렬 X에 대한 기본적인 자료처리를 다음과 같이 소개한다.

■ 평균벡터 (mean vector) :

$$m^t = \left(m_1,\cdots, m_j,\cdots, m_p\right) \ : \ 1\times p\,.$$

여기서 m_j는 X_j의 평균으로 $m_j\ (=\overline{x_j})=\sum_{i=1}^{n} x_{ij}/n$ 이다 $(j=1,\cdots,p)$. 이는 $m^t = 1_n^t\ X/n$ 로 계산된다. 여기서 1_n은 모든 원소가 1인 $n\times 1$ 벡터를 말한다.[1)]

(예) 5명에 대한 관측 자료 : 크기 1×3 의 평균벡터 m^t

각 변수의 평균값이

$$\overline{x}_1 = (5+4+2+5)/5 = 3.2$$

$$\overline{x}_2 = (2+1+5+2)/5 = 2.0$$

$$\overline{x}_3 = (3+6)/5 = 1.8$$

이므로 평균벡터는 $m^t = (3.2,\ 2.0,\ 1.8)$ 이다.

■ 공분산 행렬 (covariance matrix 또는 variance-covariance matrix) :

$$S=\begin{pmatrix} s_{11} \cdots s_{1j} \cdots s_{pp} \\ \vdots \quad\quad \vdots \quad\quad \vdots \\ s_{j1} \cdots s_{jj} \cdots s_{jp} \\ \vdots \quad\quad \vdots \quad\quad \vdots \\ s_{p1} \cdots s_{pj} \cdots s_{pp} \end{pmatrix}$$

여기서 s_{jk}는 X_j와 X_k사이의 공분산으로

$$s_{jk} = \sum_{i=1}^{n} (x_{ij}-m_j)(x_{ik}-m_k)/(n-1)$$

1) 행렬연산에 보충 설명이 필요한 독자는 1.4절을 참조하라.

이다 $(j, k=1,\cdots,p)$. 따라서 $j=k$ 인 경우,

$$s_{jj} = \sum_{i=1}^{n} (x_{ij} - m_j)^2 / (n-1)$$

이므로 s_{jj} 는 X_j의 분산 $(= v_j = s_j^2)$이고 X_j 와 X_k 사이의 상관계수 r_{jk} 는

$$r_{jk} = s_{jk} / (s_{jj}^{1/2}\, s_{kk}^{1/2})$$

로 표현된다 $(j, k=1,\cdots,p)$.

(예) 5명에 대한 관측 자료 :

$$\text{공분산행렬} : S = \begin{pmatrix} 4.70 & -3.00 & -0.45 \\ -3.00 & 3.50 & -3.00 \\ -0.45 & -3.00 & 7.20 \end{pmatrix}$$

$$\text{상관계수행렬} : R = \begin{pmatrix} 1.000 & -0.740 & -0.077 \\ -0.740 & 1.000 & -0.598 \\ 0.077 & -0.598 & 1.000 \end{pmatrix}$$

평균과 분산을 취한 뒤에 다변량 자료는 다음과 같은 기본변형 후에 가공된다.

■ 중심화 (centering) : 변수들이 측정단위가 모두 같은 경우

$$x_{ij} \rightarrow y_{ij} (= x_{ij} - m_j).$$

따라서 중심화 이후에 자료행렬 $Y = (y_{ij}) : n \times p$ 를 얻는다.

중심화 자료 Y에 대한 분석이 의미가 있기 위해서는 모든 변수의 측정단위가 동일하여야 한다. 예컨대 변수들의 측정단위가 모두 길이인 경우 또는 측정단위가 모두 7점 척도인 경우 등이다. 그 외의 경우, 다변량 자료는 표준화되어야 한다.

■ 표준화 (standardization) : 디폴트

$$x_{ij} \rightarrow z_{ij} (= (x_{ij} - m_j)/s_j)$$

여기서 s_j 는 X_j 의 표준편차이다. 따라서 표준화 이후에 자료행렬 $Z = (z_{ij})$ 를 얻는다. 표준화에 의하여 변수들의 산포(dispersion)가 통일된다. 그리고 표준화 자료 Z로부터의 공분산행렬$(= Z^t Z / (n-1))$은 바로 상관계수행렬 $(R = D^{-1/2} S D^{-1/2})$이 된다.

(예) 5명에 대한 관측 자료 :

$$\text{중심화자료 : } Y = X - 1_5 m^t = \begin{pmatrix} 1.8 & -2.0 & 1.2 \\ 0.8 & 0.0 & -1.8 \\ -1.2 & -1.0 & 4.2 \\ -3.2 & 3.0 & -1.8 \\ 1.8 & 0.0 & -1.8 \end{pmatrix}$$

$$\text{표준화자료 : } Z = YD^{-1/2} = \begin{pmatrix} 0.83 & -1.06 & 0.44 \\ 0.36 & 0.00 & -0.67 \\ -0.55 & -0.53 & 1.56 \\ -1.47 & 1.60 & -0.67 \\ 0.83 & 0.00 & -0.67 \end{pmatrix}$$

$$\text{여기서, } D = \text{diag}(S) = \begin{pmatrix} 2.17^2 & 0 & 0 \\ 0 & 1.83^2 & 0 \\ 0 & 0 & 2.68^2 \end{pmatrix}$$

1.3 다변량자료의 기하와 산점도 행렬

$n \times p$ 표준화행렬의 행공간과 열공간에서의 기하를 살펴보자. 먼저 $n \times p$ 표준화행렬 Z의 n개 행은 각각 p차원 공간 R^p에서의 벡터라고 할 수 있다. 즉

$$Z = \begin{pmatrix} z_1^t \\ \vdots \\ z_i^t \\ \vdots \\ z_n^t \end{pmatrix}$$

이고, 여기서 i번째 행은 $z_i^t = (z_{i1}, \cdots, z_{ij}, \cdots, z_{ip})$, $1 \times p$ 벡터이다. 개체(행) i와 개체 l 사이의 거리를 다음과 같이 정의한다 $(i, l = 1, \cdots, n)$.

■ 제곱 유클리드(Euclidean) 거리 :

$$d^2(z_i, z_l) = (z_i - z_l)^t (z_i - z_l) = \| z_i - z_l \|^2 .$$

즉 유클리드 거리는 우리가 거리에 대하여 흔히 생각하는 개념과 일치한다. 피타고라스 정리와 관련이 있으므로 피타고라스 거리라고도 한다 (= 직각삼각형에서 직각을 낀 두 변의 제곱 합은 빗변의 제곱과 같다). (벡터 a^t는 벡터 a의 전치(轉置, transpose)를 표기한 것이다. 그리고 a의 제곱크기(norm, 노름)는 $\| a \|^2 = a^t a$ 로 표기되고 정의된다.)

예컨대 $z_i = (1.2, 0.8)^t$ 와 $z_l = (0,6, -0.4)^t$ 사이의 제곱 유클리드 거리는

$$d^2(z_i, z_l) = \left\| \begin{pmatrix} 0.6 \\ 1.2 \end{pmatrix} \right\|^2 = 0.6^2 + 1.2^2 = 1.80\,(= 1.34^2).$$

이것 외에 다른 의미의 통계적 거리로 마할라노비스 거리가 있다.

■ 마할라노비스(Mahalanobis) 거리 :

$$d_M^2(z_i, z_l) = (z_i - z_l)^t R^{-1} (z_i - z_l), \text{ 여기서 } R \text{은 상관행렬}$$

여기서 R^{-1}는 행렬 R의 역행렬을 뜻한다. 즉, $R^{-1}R = RR^{-1} = I_p$이다.

마할라노비스 거리에서는 변수간 상관의 방향 및 크기 등이 복합적으로 고려된다. 예컨대 두 변수 X_1과 X_2가 양의 상관을 갖는 경우 제1 성분 차(差)와 제2 성분 차(差)에 공통 부분이 스며들게 되는데, 유클리드 거리에서는 이것이 개체(행) 점들 사이에 이중으로 삽입된다. 그러나, 마할라노비스 거리에서는 그렇지 않다. <그림 1.2>의 (a)-(c)를 비교해보자. 두 변수간의 상관이 0인 (a)는 유클리드 거리 개념에서 원점으로부터 같은 거리의 점들을 나타내며 (b)와 (c)는 마할라노비스 거리 개념에서 원점으로부터 같은 거리의 점들을 나타낸다. 변수간 상관이 없으면 마할라노비스 거리는 제곱 유클리드 거리와 일치한다.

따라서 유클리드와 마할라노비스의 차이는 다음과 같다.

- 유클리드 거리 : 표본자료의 변수간 상관성에 의존하지 않음.
- 마할라노비스 거리 : 표본자료로부터 변수간 상관성을 산출하고 이를 고려하여 좌표를 독립·표준성분화하여 거리 산출.

■ 고유값과 고유벡터(eigenvalue and eigenvector) :

A를 $m \times m$ 대칭행렬이라 할 때, 고유체계

$$Av = \lambda v$$

를 만족하는 실수 λ를 고유값이라고 하고 $m \times 1$ 벡터 v를 고유벡터라고 한다. 이러한 고유값과 고유벡터의 쌍은 모두 m개 존재한다. 그러므로

$$A = VD_\lambda V^t; \qquad V^t V = I_m, \quad D_\lambda = diag(\lambda_1, \cdots, \lambda_m)$$

로 표현된다. 이것을 대칭행렬 A의 스펙트럼 분해라고 한다.

상관계수행렬의 스펙트럼 분해를 통해 행렬의 구조를 <그림 1.2>와 같이 살펴볼 수 있다.

<그림 1.2>
상관행렬과
스펙트럼분해

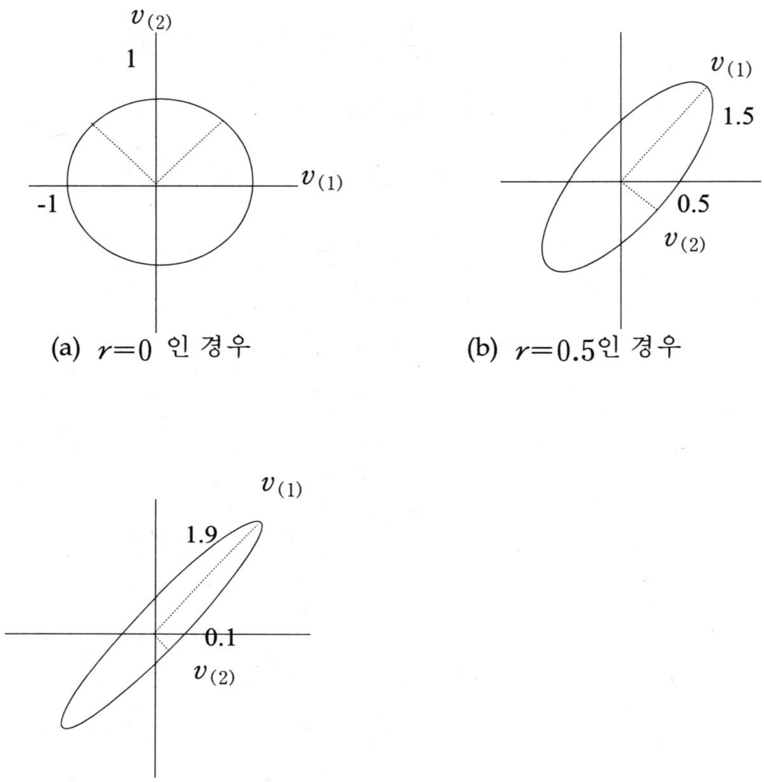

(a) $r=0$ 인 경우

(b) $r=0.5$인 경우

(c) $r=0.9$ 인 경우

<그림 1.2>에서 (a)의 경우 원주상의 좌표들은 유클리드거리로 λ_1, λ_2 는 각각 1이다. (b)의 경우 $\lambda_1=1.5$, $\lambda_2=0.5$ 이고 (c)에서는 $\lambda_1=1.9$, $\lambda_2=0.1$ 이 된다. 따라서 상관행렬에 대한 스펙트럼분해에서 (a)-(c) 모두 두 고유값의 합이 2로 동일하며 상관관계가 강할수록 제1고유값이 더 크다는 것을 알 수 있다. (b)와 (c)의 경우 두 개의 고유벡터는

$$v_{(1)}=\begin{pmatrix}0.7071\\0.7071\end{pmatrix},\quad v_{(2)}=\begin{pmatrix}0.7071\\-0.7071\end{pmatrix}$$

으로 $0.7071^2+0.7071^2=1$ 이다.

한편, 변수간의 상관을 고려한 다변량분석에서 $n \times p$ 표준화행렬 Z의 p 개 열은 각각 n차원 공간 R^n에서의 벡터라고 할 수 있다. 즉,

$$Z = \left(\vec{z_1}, \cdots, \vec{z_j}, \cdots, \vec{z_p}\right).$$

여기서

$$\vec{z_j} = \begin{pmatrix} z_{1j} \\ \vdots \\ z_{ij} \\ \vdots \\ z_{nj} \end{pmatrix}, \qquad j = 1, \cdots, p.$$

그런데 표준화의 정의에 의하여,

$$\vec{z_j}^t \vec{z_j} / (n-1) = 1, \quad \vec{z_k}^t \vec{z_k} / (n-1) = 1$$

이고

$$\vec{z_j}^t \vec{z_k} / (n-1) = r_{jk} \ (X_j \text{와 } X_k \text{사이의 상관계수}) \ (j, k = 1, \cdots, p)$$

이므로

$$d^2(\vec{z_j}, \vec{z_k}) = (\vec{z_j} - \vec{z_k})^t (\vec{z_j} - \vec{z_k}) \propto 2(1 - r_{jk})$$

가 된다. 그러므로 상관계수 r_{jk}가 1에 가까우면 두 변수(열) 벡터 $\vec{z_j}$와 $\vec{z_k}$는 R^n 공간에서 근접하게 된다. 일반적으로

$$r_{jk} = \cos(\theta_{jk}), \qquad \theta_{jk} \text{는 } \vec{z_j} \text{와 } \vec{z_k} \text{ 사이의 각}$$

이므로, 상관계수 r_{jk}가 0이면 두 변수(열) 벡터 $\vec{z_j}$와 $\vec{z_k}$는 R^n 공간에서 직교한다. <그림 1.3>을 보라.

<그림 1.3> 열공간 R^n의 기하

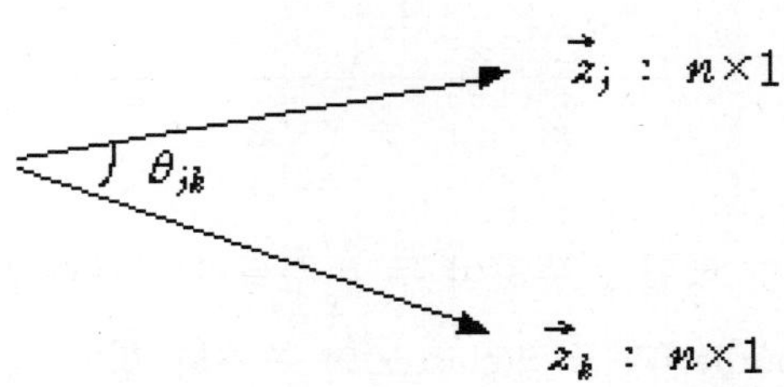

수치 예로서 R^4 공간의 두 변수벡터

$$\vec{z}_j = 0.3873\begin{pmatrix}-3\\-1\\1\\3\end{pmatrix}, \quad \vec{z}_k = 0.8660\begin{pmatrix}-1\\1\\1\\-1\end{pmatrix}$$

은 직교한다. 왜냐하면 $\vec{z}_j^{\,t}\,\vec{z}_k \,/\,(4-1) = 0$ 이기 때문이다. 두 벡터사이의 상관계수는 $r_{jk} = 0$ 이다.

변수간 상관을 고려한 다변량자료의 기초적 분석으로는 그래프적 표현으로 별그림(star plot), 체르노프의 얼굴, 앤드류스 플롯 등 많은 기법들이 있지만 그래도 가장 이해하기 쉽고 또한 강력한 것은 산점도 행렬(scatter plot matrix)이다. 그것은 단순히 두 변수씩 살펴본 산점도를 <그림 1.4>와 같이 행렬형태로 나열한 것이다. <그림 1.4>에서는 3개의 변수로 표현 가능한 (X_1, X_2), (X_1, X_3), (X_2, X_3) 에 대한 3개의 산점도를 대칭적으로 나타내고 있다.

<그림 1.4>
산점도 행렬

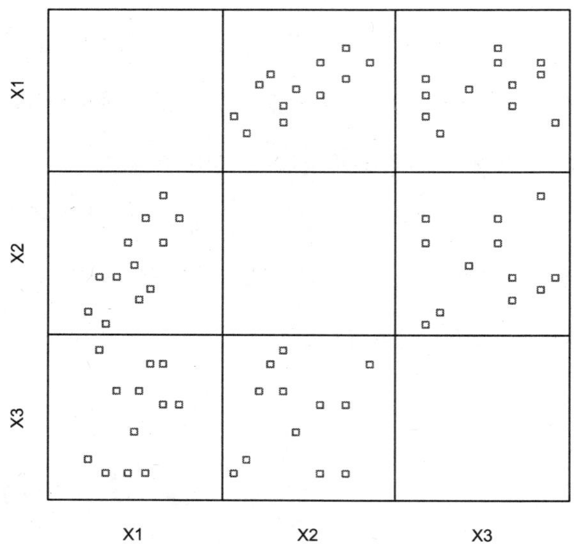

산점도 행렬을 통하여 두 변수씩의 상관관계를 직접 볼 수 있는 것 외에도 특이점(outlier)과 군집(cluster)의 존재와 형태 등을 파악할 수 있다. 또한, 여기서는 다루지 않겠지만, 컴퓨터 언어의 발달로 자료연결(linking)과 브러싱(brushing)이라는 최신 기법 등을 적용하여 화려한 자료탐색이 가능하다.

1.4 행렬의 기초이론

실수에 대한 사칙연산처럼 행렬의 사칙연산과 이에 필요한 기초이론을 설명하기로 한다. 행렬에 대해 추가적으로 필요한 지식은 그 때 그 때 소개하기로 하겠다.

■ 행렬(行列; matrix) : n개의 행(row)과 p개의 열에 배치된 수치값 배열이다. 즉

$$X = \begin{pmatrix} x_{11} & x_{12} \cdots & x_{1p} \\ x_{21} & x_{22} \cdots & x_{2p} \\ \vdots & \vdots \cdots & \vdots \\ x_{n1} & x_{n2} \cdots & x_{np} \end{pmatrix}$$

· 간단한 표기 : $X = (x_{ij}),\quad i = 1,\cdots,n\,;\, j = 1,\cdots,p.$

■ 행렬의 전치(轉置; transpose) : 행과 열을 서로 바꿈

$$X = \begin{pmatrix} x_{11} & x_{12} \cdots & x_{1p} \\ x_{21} & x_{22} \cdots & x_{2p} \\ \vdots & \vdots \cdots & \vdots \\ x_{n1} & x_{n2} \cdots & x_{np} \end{pmatrix} \Rightarrow X^t = \begin{pmatrix} x_{11} & x_{12} \cdots & x_{n1} \\ x_{12} & x_{22} \cdots & x_{n2} \\ \vdots & \vdots \cdots & \vdots \\ x_{1p} & x_{2p} \cdots & x_{np} \end{pmatrix}.$$

따라서 $X^t = (x_{ji})$는 $p \times n$ 행렬이다.

p=1인 경우 행렬은 $n \times 1$의 열벡터(column vector)가 되고, n=1인 경우 행렬은 $1 \times p$의 행벡터(row vector)가 된다. 즉,

$$\vec{x}_j = \begin{pmatrix} x_{1j} \\ x_{2j} \\ \vdots \\ x_{nj} \end{pmatrix}$$ 는 열벡터, $x_i^t = (x_{i1}, x_{i2}, \cdots, x_{ip})$는 행벡터.

행렬은 일종의 수치 집단이므로 합이 정의될 필요가 있다. 두 $n \times p$ 행렬 A와 B에 대하여 $A + B$는 다음과 같이 정의된다.

■ 두 행렬의 합 :

$$A = \begin{pmatrix} a_{11} & a_{12} \cdots & a_{1p} \\ a_{21} & a_{22} \cdots & a_{2p} \\ \vdots & \vdots \cdots & \vdots \\ a_{n1} & a_{n2} \cdots & a_{np} \end{pmatrix},\quad B = \begin{pmatrix} b_{11} & b_{12} \cdots & b_{1p} \\ b_{21} & b_{22} \cdots & b_{2p} \\ \vdots & \vdots \cdots & \vdots \\ b_{n1} & b_{n2} \cdots & b_{np} \end{pmatrix}$$

에 대하여

$$A+B=\begin{pmatrix} a_{11}+b_{11} & a_{12}+b_{12} & \cdots & a_{1p}+b_{1p} \\ a_{21}+b_{21} & a_{22}+b_{22} & \cdots & a_{2p}+b_{2p} \\ \vdots & \vdots & & \vdots \\ a_{n1}+b_{n21} & a_{n2}+b_{n2} & \cdots & a_{np}+b_{np} \end{pmatrix}.$$

행렬 X와 실수 k의 곱은 다음과 같이 정의된다.

■ 행렬과 실수의 곱, 또는 실수와 행렬의 곱 :

$$X=\begin{pmatrix} x_{11} & x_{12} & \cdots & x_{1p} \\ x_{21} & x_{22} & \cdots & x_{2p} \\ \vdots & \vdots & \ddots & \vdots \\ x_{n1} & x_{n2} & \cdots & x_{np} \end{pmatrix}$$

에 대하여 kX와 Xk는 다음과 같다.

$$kX=\begin{pmatrix} k\,x_{11} & k\,x_{12} & \cdots & k\,x_{1p} \\ k\,x_{21} & k\,x_{22} & \cdots & k\,x_{2p} \\ \vdots & \vdots & \ddots & \vdots \\ k\,x_{n1} & k\,x_{n2} & \cdots & k\,x_{np} \end{pmatrix}=Xk.$$

초보자들에게 다음과 같은 행렬과 행렬의 곱은 다소 생경하게 느껴질 것이다.

■ 행렬과 실수의 곱 (정의) :

$n\times p$ 행렬 A와 $p\times m$ 행렬 B의 곱 $C=AB$는 $n\times m$ 행렬로서 (i,j)째 요소는

$$c_{ij}=a_{i1}\,b_{1j}+a_{i2}\,b_{2j}+\cdots+a_{ip}\,b_{pj}=\sum_{k=1}^{p}a_{ik}\,b_{kj}$$

이다 $(i=1,\cdots,n\ ;\ j=1,\cdots,m)$. 즉,

$$c_{ij}=(a_{i1},\,a_{i2},\,\cdots,\,a_{ip})\begin{pmatrix} b_{1j} \\ b_{2j} \\ \vdots \\ b_{pj} \end{pmatrix},$$

다시 말하여 행렬 A의 행과 행렬 B의 열의 내적이다.

이 정의에서 우선적으로 주의해야 할 대목은 앞의 행렬 A의 열 수와 뒤의 행렬 B의 행 수가 일치하여야 두 행렬의 곱이 정의된다는 점이다. 예컨대, A와 B가 모두 $n\times p$ 행렬일 때, AB는 정의되지 않으나 A^tB와

AB^t는 각각 $p \times p$ 행렬과 $n \times n$ 행렬로 잘 정의된다.

두 행렬의 곱에 대한 전치에 대하여는 다음과 같은 성질이 있다.

성질 : $(AB)^t = B^t A^t$.

특수 패턴의 행렬 중에서 가장 대표적인 것이 항등행렬과 대각행렬이다.

■ 항등행렬(恒等行列; identity matrix) : $\mathrm{I} = \mathrm{diag}(1,1,\cdots,1)$

성질 : $A\mathrm{I} = A$, $\mathrm{I}B = B$.

■ 대각행렬(diagonal matrix) :

$$D = \begin{pmatrix} d_{11} & 0 & \cdots & 0 \\ 0 & d_{22} & \cdots & 0 \\ \vdots & \vdots & & \vdots \\ 0 & 0 & \cdots & d_{pp} \end{pmatrix} = \mathrm{diag}(d_{11}, d_{22}, \cdots, d_{pp}) .$$

대각행렬에 대하여는 그 역이 당연하게 다음과 같이 정의된다.

■ 대각행렬의 역(inverse) : $d_{11} \neq 0$, $d_{22} \neq 0, \cdots, d_{pp} \neq 0$ 일 때

$$D^{-1} = \mathrm{diag}\,(d_{11}^{-1}, \cdots, d_{pp}^{-1})$$

일반적으로 역행렬은 다음과 같이 정의된다.

■ 역행렬(逆行列; inverse matrix) : $p \times p$ 행렬(=정방행렬, 정사각행렬; square matrix) A에 대하여

$$AB = BA = \mathrm{I}$$

를 만족하는 $p \times p$ 행렬 B를 행렬 A의 역행렬이라고 하고 A^{-1}로 표기한다.

성질 : $(GH)^{-1} = H^{-1} G^{-1}$.

역행렬의 정의에서 상식적으로 알아야 할 점은 모든 정방행렬에 대하여 각각의 역행렬이 존재한다는 것은 아니라는 사실이다. 어떤 정방행렬은 역행렬을 갖고 어떤 정방행렬은 역행렬을 갖지 못한다. 전자가 정칙행렬(正則行列, non-singular matrix)이고 후자가 비정칙행렬(非正則行列, singular matrix)이다.

한편, 다변량 통계학에서 빈번하게 나오는 표현은 여러 변수들의 선형결합이다. 즉, p개 변수 $X_1, X_2, \cdots, X_p$의 선형결합은 다음과 같이 정의된다.

■ 선형결합(linear combination) : $T = a_1 X_1 + a_2 X_2 + \cdots + a_p X_p$,

여기서 $a_1, a_2, \cdots, a_p$ 는 상수이다. (그러나, $X_1, X_2, \cdots, X_p$ 가 서로 다른 단위를 갖는 경우 $a_1, a_2, \cdots, a_p$ 도 단위에 의존하게 된다.)

상수벡터 a 와 다변량벡터 x 를

$$a = \begin{pmatrix} a_1 \\ a_2 \\ \vdots \\ a_p \end{pmatrix}, \quad x = \begin{pmatrix} X_1 \\ X_2 \\ \vdots \\ X_p \end{pmatrix}$$

로 나타내면, 선형결합 T는

$$T = a^t x = x^t a$$

로 표현된다.

m 을 x 의 평균벡터($p \times 1$), S를 x 의 공분산 행렬($p \times p$)이라고 할 때, T 의 평균과 분산은 다음과 같다 (증명생략).

$$a^t m, \quad a^t S a .$$

행렬의 기초이론과 역행렬의 계산에 대하여 보충이 필요하다면 허명회(1995)의「행렬의 이해와 계산」(자유아카데미, 1장과 2장)을 참조하라.

제 2 장

주성분분석

2.1 주성분분석이란?

기성복을 살 때의 일을 생각해보자. 바지를 살 경우에는 허리둘레와 키를 알면 어느 정도 몸에 맞는 옷을 살 수 있고 와이셔츠를 살 경우에는 목둘레와 팔 길이만 어느 정도 알면 너무 크거나 작아서 입을 수 없는 옷을 고르지는 않게 된다. 원칙적으로 따져 생각해보면 바지를 살 경우에는 허리둘레, 밑위 길이[1], 원하는 바지 길이 등을 알아야 하는데 어떻게 가능한 것일까? 그것은 다름 아니라 허리둘레와 밑위 길이, 하반신 길이 등이 서로 상관되어 모든 치수들을 알 필요 없이 몇 개의 특정 체위의 치수만으로 우리가 원하는 옷을 살 수 있게 되기 때문이다.

또 다른 예를 생각해보자. 200대 기업의 재무 상황을 평가하기 위하여 각 기업으로부터 유동비율, 부채비율, 총자본순이익률, 총자본회전율, 부가가치율, 자기자본비율 등 30개의 재무변수를 측정하였다고 하자. 이런 경우 30개의 개별변수를 낱낱이 해석하여 각 기업의 재무구조를 평가하는 것은 매우 골치 아픈 일이다. 그러나 30개의 재무변수들은 서로 상관되어 있으므로 안정성비율이나 현금흐름, 생산성비율 등을 나타내는 2, 3개 정도의 합성지표를 개발함으로써 기업들의 재무적 특성을 한 눈에 파악할 수 있다.

주성분분석(主成分分析; principal component analysis, PCA)은 이와 같이 서로 상관되어 있는 다변량들이 가지고 있는 주요성분의 추출을 목적으로 한다. 여기서 주요성분은 위의 예처럼 하반신의 체위특성을 허리둘레 한 변수가 나타낼 수도 있고 허리둘레, 밑위길이 등이 선형결합되어 표현될 수도 있다.

예컨대, 빌딩 여러 개로부터 X_1 = log(1층 면적), X_2 = log(층 수)를 포함하는 변수들을 측정한 경우 합성변수(차원) $X_1 + X_2$ 는 log(총 건축면적)을 근사적으로 나타낼 것이다. PCA는 순수하게 자료분석을 통하여 내재적 차원을 찾아낸다.

한편 우리들은 인간의 한계로서 4차원 이상의 공간을 볼 수 없다. 따라서 다변량 자료에서 변수 수 p가 4 이상인 경우에서는 n개의 다변량 개체를 가장

---

1) 의자에 앉아 옆허리 둘레선에서 의자 바닥까지의 길이

잘 근접하는 저차원(低次元)공간을 찾고 그 공간에 n개 개체와 p개 변수를 표현해본다. 또한 저차원 그래프에 타점된 개체들을 시각적으로 몇 개의 그룹으로 나누어 특성을 파악할 수도 있다. 일부 사람들은 살찐 체형이고 또 일부 사람들은 마른 체형에 속한다고 이야기하는 것은 개체들을 저차원 공간에서 분류함으로써 이야기 할 수 있는 것이다.

이상을 요약하면 주성분분석은 p개 변수가 모두 연속형인 경우에 있어서 기본적으로 적용되는 다변량 통계적 기법으로 주로 다음의 경우에 활용된다.

- 여러개의 다변량 변수들로부터 새로운 합성차원 (변수결합)을 탐색한다.
- n개 개체와 p개 변수를 저차원 그래프에 타점한다.
- 저차원 그래프를 이용하여 개체들을 분류(分類, classification)한다.

2.2 사례분석: SPSS의 활용

<표 2.1>의 데이터는 한국표준과학연구원(KRISS)에서 실시한 국민표준체위조사 결과를 일부 요약한 자료이다[2]. 79년에 처음 실시된 이 조사는 86, 92, 97년에 조사되었고 4차례 조사되는 동안 조사대상은 50-51세에서 70살까지 확대되었고 조사항목도 80여 개에서 엉덩이두께, 앉은 엉덩이 너비, 손가락 벌린 손 최대너비 등을 포함하여 120여 개로 늘어났다. 이와 같은 '표준체위조사'는 국민의 신체 각 부위의 높이, 둘레, 무게, 길이, 너비, 두께 등을 정밀하게 표본 조사하는 것을 말하는데 여성의류의 디자인이나 변기, 의자와 같은 일상생활용품의 디자인, 핸드폰 따위의 두께를 정하는데도 필요하다.

원 자료에 대하여 수십 개의 다변량들이 몇 개의 주요성분으로 나타내지는지 살펴보고 이에 따라 저차원 플롯에서 조사된 국민들이 어떻게 분류되는지 살펴보는 것이 필요하겠다. 그러나 이 사례에서는 특정 연령대별, 성별로 정리된 8개 항목에 대하여서만 분석해보는 데 만족하기로 하자.

분석에 사용된 8개 항목은 신장(Y1), 가슴둘레(Y2), 허리둘레(Y3), 엉덩이둘레(Y4), 어깨너비(Y5), 바깥소매길이(Y6), 배꼽높이(Y7), 치골높이(Y8)로 특정 연령대의 평균신체지수를 나타낸 것이다. 그리고 저차원플롯에서 개체들의 분류특성을 살펴보기 위해 성별(1:남자, 2:여자)과 연령대를 이용하였다.

2) 데이터 출처: www.texkorea21.co.kr

<표 2.1>
'86 국민체위조사 데이터

성별	신장	가슴 둘레	허리 둘레	엉덩이 둘레	어깨 너비	바깥소매 길이	배꼽 높이	치골 높이	연령대
1	162.4	79.8	67.0	84.3	41.7	53.7	97.4	77.9	15
1	166.5	82.3	68.7	86.1	42.3	54.7	98.6	78.9	16
1	167.0	83.1	69.0	86.5	42.3	54.7	98.6	78.9	17
1	167.9	85.0	70.4	87.5	43.1	54.9	99.1	78.2	18
1	168.3	85.7	71.3	87.9	43.3	55.1	99.3	78.9	19
1	168.6	86.7	72.8	88.6	43.6	55.5	99.4	79.6	20
1	167.7	87.3	73.7	88.8	43.2	55.3	98.9	79.2	21-25
1	166.6	89.1	76.9	89.5	42.8	55.5	98.2	77.9	26-30
1	167.9	90.7	79.8	90.7	43.3	54.6	98.9	78.6	31-35
1	166.8	91.6	81.8	91.2	43.0	54.4	97.6	76.9	36-40
1	165.8	92.2	83.2	91.2	42.9	54.1	96.6	76.0	41-50
1	166.2	90.8	86.5	93.0	43.2	56.7	95.4	74.6	51
2	155.4	79.8	64.1	86.7	41.2	50.1	92.4	74	15
2	155.6	80.5	64.6	87.2	41.4	50.1	92.7	74	16
2	155.8	81.7	65.2	87.9	41.7	49.9	92.5	74	17
2	156.2	82.5	65.6	88.3	41.8	50.3	92.8	74	18
2	156.4	82.3	65.1	88.3	41.5	50.5	92.9	74	19
2	156.0	82.4	64.9	88.4	41.2	50.6	92.6	73	20
2	155.4	82.4	64.8	87.8	40.7	50.4	92.0	73	21-25
2	155.2	82.8	67.4	88.7	41.0	50.0	91.6	73	26-30
2	154.5	84.3	69.4	90.0	41.0	50.1	90.8	72	31-35
2	154.9	86.2	71.7	91.0	41.1	50.1	90.9	73	36-40
2	154.7	89.6	76.4	92.9	41.7	50.5	90.5	73	41-50
2	150.0	88.3	81.4	91.2	39.0	49.6	86.0	68	51

SPSS를 활용한 주성분분석 절차는 우선 <표 2.1>의 데이터를 <그림 2.1>과 같이 입력한다. SPSS의 풀다운 메뉴에서 살펴보면 알 수 있듯이 주성분분석만을 제공하는 모듈은 없다. 따라서 SPSS를 활용하여 주성분분석을 하기 위해서는 인자분석(Factor....)모듈을 이용해야 한다. 주메뉴에서

Analyze ▶ Data Reduction
▷ Factor....

와 같이 클릭한 후 **Factor analysis** 대화상자에 들어가 <그림 2.2>와 같이 분석하고자 하는 대상 변수들을 선택한다.

1 데이터 입력

<그림 2.1>
'86국민표준체위
데이터 입력
(체위특성.sav)

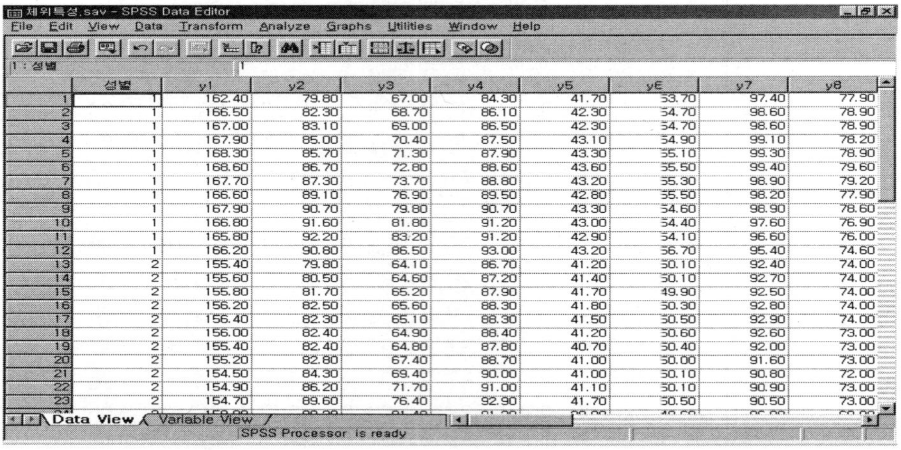

2 변수입력

<그림 2.2>
변수 선택

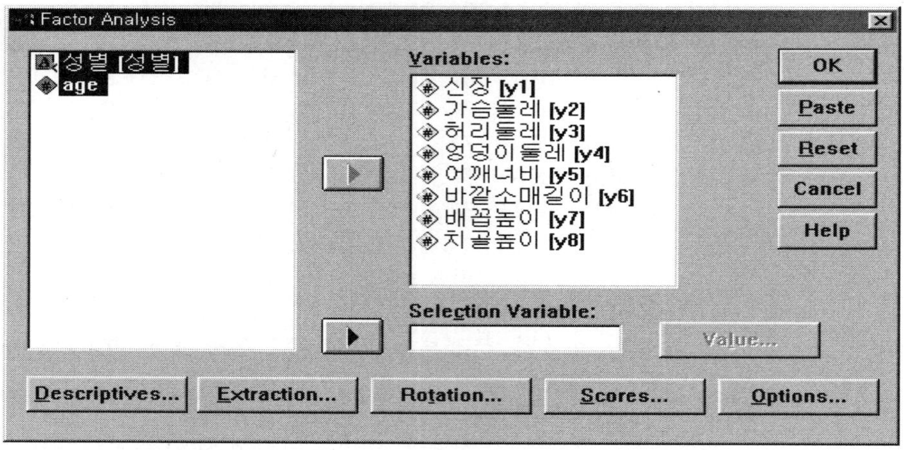

3 기타 통계량의 선택

<그림 2.2>의 하단 부분에 보이는 5개의 옵션에 대한 대화상자로 들어가 차례로 필요한 통계량이나 작업들을 다음과 같이 선택한다.

Descriptives...

Statistics : ☑ Univariate Description

☑ Initial solution (default)

Correlation Matrix :

☑ Coefficients

☑ Significant levels

Extraction...

Method : Principal component (default)

Analyze : ☑ Correlation matrix (default)

Display : ☑ Unrotated factor solution (default)

☑ Scree plot

Extract : Number of factors - 2

Rotation...

Method : ☑ None

Display : ☑ Loading plot(s)

Scores...

☑ Save as variables

Method : ◉ Regression

Options...

Missing Values : Exclude cases listwise (defualt)

4 개체 플롯

Scores...대화상자에서 개체들에 대한 주성분점수를 저장하도록 했기 때문에 SPSS 데이터편집기창(Data Editor Window)을 열면 <그림 2.3>과 같이 우측 끝에 새로이 주성분점수(fact1_1 , fact2_1)에 대한 값들이 저장되어 있는 것을 볼 수 있다.

<그림 2.3>
개체에 대한
주성분점수

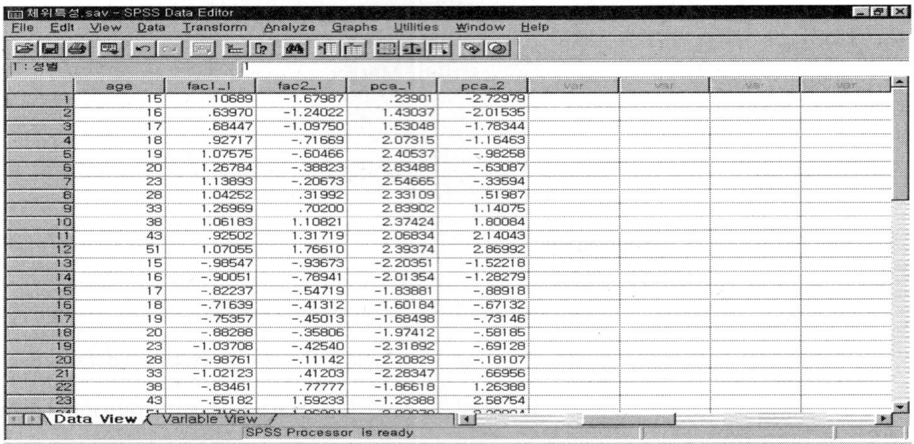

체위특성.sav - SPSS Data Editor

	age	fac1_1	fac2_1	pca_1	pca_2
1	15	.10689	-1.67987	.23901	-2.72979
2	16	.63970	-1.24022	1.43037	-2.01535
3	17	.68447	-1.09750	1.53048	-1.78344
4	18	.92717	-.71669	2.07315	-1.16463
5	19	1.07575	-.60466	2.40537	-.98258
6	20	1.26784	-.38823	2.83488	-.63087
7	23	1.13893	-.20673	2.54665	-.33594
8	28	1.04252	.31992	2.33109	.51987
9	33	1.26969	.70200	2.83902	1.14075
10	38	1.06183	1.10821	2.37424	1.80084
11	43	.92502	1.31719	2.06834	2.14043
12	51	1.07055	1.76610	2.39374	2.86992
13	15	-.98547	-.93673	-2.20351	-1.52218
14	16	-.90051	-.78941	-2.01354	-1.28279
15	17	-.82237	-.54719	-1.83881	-.88918
16	18	-.71639	-.41312	-1.60184	-.67132
17	19	-.75357	-.45013	-1.68498	-.73146
18	20	-.88288	-.35806	-1.97412	-.58185
19	23	-1.03708	-.42540	-2.31892	-.69128
20	28	-.98761	-.11142	-2.20829	-.18107
21	33	-1.02123	.41203	-2.28347	.66956
22	38	-.83461	.77777	-1.86618	1.26388
23	43	-.55182	1.59233	-1.23388	2.58754

개체들을 2차원 좌표평면상에서 분류하기 위해서는 <그림 2.3>의 주성분점수에 대한 산점도(Scree plot)가 필요하다. 따라서 풀다운 메뉴에서

Graphs ▶ Scatter
▷ Simple

를 클릭하여 <그림 2.4>처럼 변수들을 지정한다.

<그림 2.4>
개체의 주성분
점수에 대한
산점도

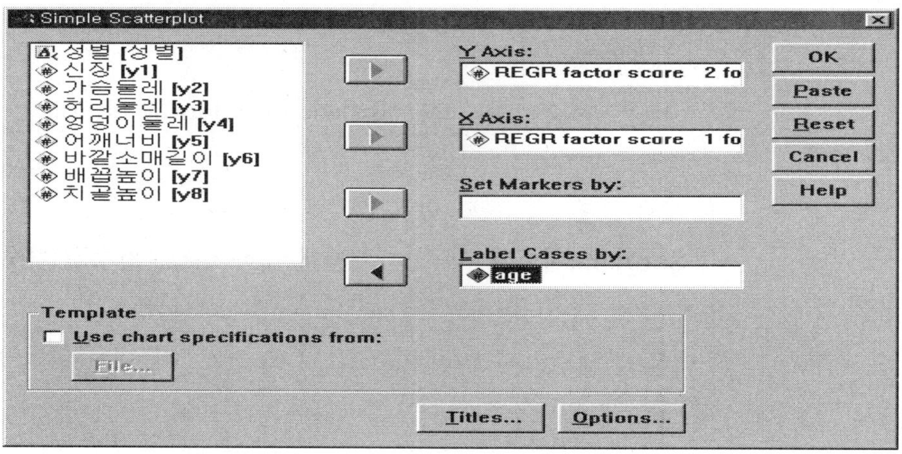

2.3 사례분석: 결과의 이해

1 기술통계량의 이해

이제 2.2절에서 수행시켜 SPSS Viewer창에 나온 결과들을 차례로 살펴보도록 하자. <표 2.2>는 8개 항목의 신체지수에 대한 평균값과 표준편차이다.

<표 2.2> 다변량의 평균과 표준편차

Descriptive Statistics

	Mean	Std. Deviation	Analysis N
신장	160.9083	6.2421	24
가슴둘레	85.2958	3.8837	24
허리둘레	71.7375	6.7771	24
엉덩이둘레	88.9042	2.1536	24
어깨너비	42.0000	1.1104	24
바깥소매길이	52.5583	2.4929	24
배꼽높이	94.8208	3.7607	24
치골높이	75.4417	3.0039	24

15세 이상의 연령대를 남·여 모두 고려해 볼 때 평균신장은 약 161cm 정도이고 허리둘레는 평균 71.7cm로 8개 항목 중 신장과 같이 편차가 큰 항목이고 평균 42cm를 보인 어깨너비는 편차가 가장 작은 항목임을 알 수 있다.

<표 2.3> 상관계수행렬

Correlation Matrix

	신장	가슴둘레	허리둘레	엉덩이둘레	어깨너비	바깥소매길이	배꼽높이	치골높이
신장	1.000	.418	.408	-.074	.920	.967	.966	.923
가슴둘레	.418	1.000	.946	.835	.434	.485	.210	.128
허리둘레	.408	.946	1.000	.773	.359	.525	.180	.085
엉덩이둘레	-.074	.835	.773	1.000	.053	.021	-.286	-.353
어깨너비	.920	.434	.359	.053	1.000	.861	.901	.870
바깥소매길이	.967	.485	.525	.021	.861	1.000	.894	.837
배꼽높이	.966	.210	.180	-.286	.901	.894	1.000	.982
치골높이	.923	.128	.085	-.353	.870	.837	.982	1.000

<표 2.3>의 상관계수 행렬로부터 신장이 어깨너비, 바깥소매길이, 배꼽높이, 치골높이와 매우 상관이 크고 가슴둘레는 허리둘레, 엉덩이둘레와 상관이 높다는 것을 알 수 있다. 따라서 상관이 높은 변수들을 중심으로 합성차원을 구성할 수 있을 것이다.

2 차원의 축소

<표 2.4>는 8개 항목간의 상관계수를 통해서 구한 각 축의 고유값과 누적 점유율을 나타낸다. 제1축의 고유값이 5.000, 제2축의 고유값이 2.641로 두 개의 축을 모두 고려하면 총분산의 약 95%가 설명됨을 알 수 있다 (2.4.2절 참조). 즉, 8개 고유값을 모두 더하면 총합이 8이므로 2축까지 고려된 변이의 양은

$$\frac{5.000+2.641}{8}\times 100 \fallingdotseq 95.508\ (\%)$$

이다.

시각적으로 살펴볼 저차원 공간을 결정할 수 있는 차원의 축소는 <그림 2.5>와 같은 산비탈그림(scree plot)을 통해서 이루어지는데 제 3축의 분산량이 약 2.9%로 급격히 작으므로 제 2축까지 고려하는 것이 좋겠다.

<표 2.4>
상관행렬의 스펙트럼분해

Total Variance Explained

	Initial Eigenvalues			Extraction Sums of Squared Loadings		
Component	Total	% of Variance	Cumulative %	Total	% of Variance	Cumulative %
1	5.000	62.497	62.497	5.000	62.497	62.497
2	2.641	33.010	95.508	2.641	33.010	95.508
3	.237	2.964	98.471			
4	.070	.871	99.343			
5	.027	.337	99.680			
6	.017	.219	99.898			
7	.006	.074	99.972			
8	.002	.028	100.000			
Extraction Method: Principal Component Analysis.						

<그림 2.5>
산비탈그림

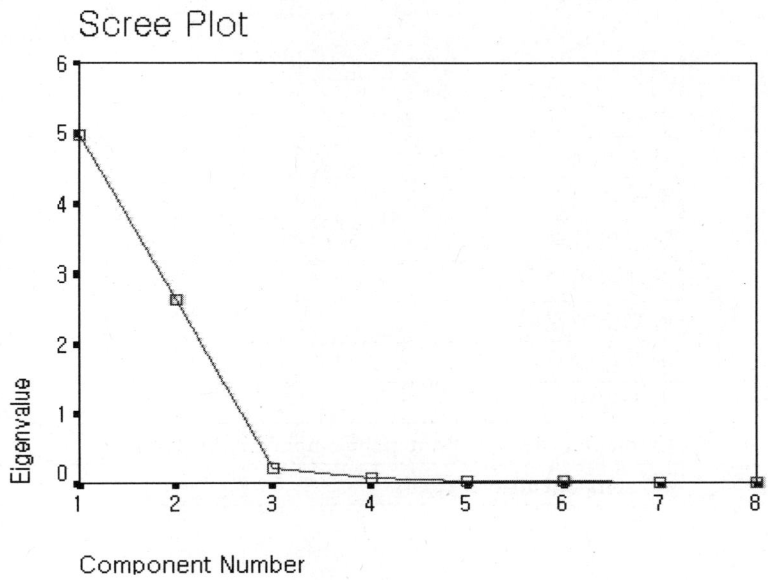

3 주성분의 산출

8개 신체지수변수들에 대한 주성분은 2축까지 고려하면 다음과 같은 선형 결합식으로 표현된다(2.4.1절 참고).

제1주성분 :

$PC_1 = 0.987(\text{신장}) + 0.534(\text{가슴둘레}) + 0.512(\text{허리둘레})$

$+ 0.065(\text{엉덩이둘레}) + 0.942(\text{어깨너비}) + 0.967(\text{바깥소매길이})$

$+ 0.931(\text{배꼽높이}) + 0.886(\text{치골높이})$

제2주성분 :

$PC_2 = -0.131(\text{신장}) + 0.831(\text{가슴둘레}) + 0.821(\text{허리둘레})$

$+ 0.969(\text{엉덩이둘레}) - 0.074(\text{어깨너비}) - 0.011(\text{바깥소매길이})$

$- 0.357(\text{배꼽높이}) - 0.434(\text{치골높이})$

<표 2.5>
제2축까지의
주성분계수

Component Matrix(a)

	Component	
	1	2
신장	.987	-.131
가슴둘레	.534	.831
허리둘레	.512	.821
엉덩이둘레	.065	.969
어깨너비	.942	-.075
바깥소매길이	.967	-.011
배꼽높이	.931	-.357
치골높이	.886	-.434
Extraction Method: Principal Component Analysis.		
a 2 components extracted.		

제1 주성분은 8개 변수에 대한 계수가 모두 양의 값이고 신장, 배꼽높이, 바깥소매길이, 어깨너비의 계수가 다른 변수들에 비해 상대적으로 커서 신체의 전반적 크기(size)를 나타내는 합성차원으로 생각할 수 있다. 즉 큰 사람인가, 작은 사람인가를 나타내는 성분이라고 하겠다. 그리고 제2 주성분은 길이와 둘레에 대한 계수가 서로 상반된 부호를 가지고 있으면서 엉덩이둘레, 허리둘레, 가슴둘레에 대한 계수가 다른 나머지 변수들에 대한 계수보다 크므로 형태적 특성(shape)을 나타내는 합성차원이라 할 수 있다.

한편 각 축의 고유값은 제1축과 제2축의 주성분계수들을 이용하여

$$0.987^2 + 0.534^2 + 0.512^2 + \cdots + 0.931^2 + 0.886^2 \fallingdotseq 5.000$$

$$(-0.131)^2 + 0.831^2 + 0.821^2 + \cdots + (-0.357)^2 + (-0.434)^2 \fallingdotseq 2.641$$

과 같이 계산된다. 따라서 표준화된 주성분 PC_1^*, PC_2^* 는

$$PC_1^* = PC_1 / \sqrt{\lambda_1}\ , \qquad PC_2^* = PC_2 / \sqrt{\lambda_2}$$

이다.

④ 저차원 공간에서의 시각화

제2축까지 고려한 저차원공간에 8개 변수들을 위치시키면 <그림 2.6>과 같다. 제1주성분 축의 우측에 몰려있는 변수들이 신장, 배꼽높이, 치골높이, 바깥소매길이이므로 이 축은 전반적인 신체크기를 나타내며 제2주성분 축은

상반부에 엉덩이 둘레, 허리둘레, 가슴둘레와 같이 폭을 가늠할 수 있는 변수들이 위치하고 있으므로 형태적 특성을 나타낸다.

<그림 2.6>
변수 플롯

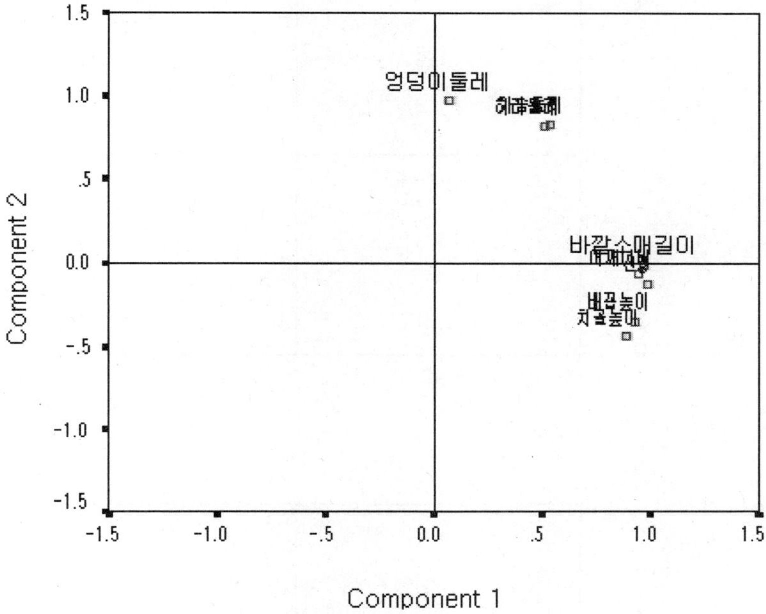

그렇다면 각 연령대별, 성별에 대해서 이들 변수들은 어떤 관련성을 지니고 있을까? 각 연령대와 성별을 중심으로 24개 관측을 좌표평면에 플롯시키면 <그림 2.7>, <그림 2.8>과 같이 위치시킬 수 있다.

30-40대 중반 이후의 성인들은 다른 신체적 특징보다 가슴둘레나 허리둘레, 엉덩이 둘레에 있어 청소년층의 연령대와 변별되고 남자들은 여자들에 비해 신장이나 바깥소매길이, 치골높이, 배꼽높이 등이 상대적으로 크다는 것을 알 수 있다. 따라서 길이적인 속성에 대해서는 모든 연령대를 통틀어 여자들이 남자들보다 작은 특성이 있는 반면 형태적 속성에 대해서는 30대 중반이후부터는 남·녀 모두가 청소년기에 비하여 허리둘레, 가슴둘레, 엉덩이둘레가 큰 특성이 있다.

<그림 2.7>
연령대별로
살펴본 개체플롯

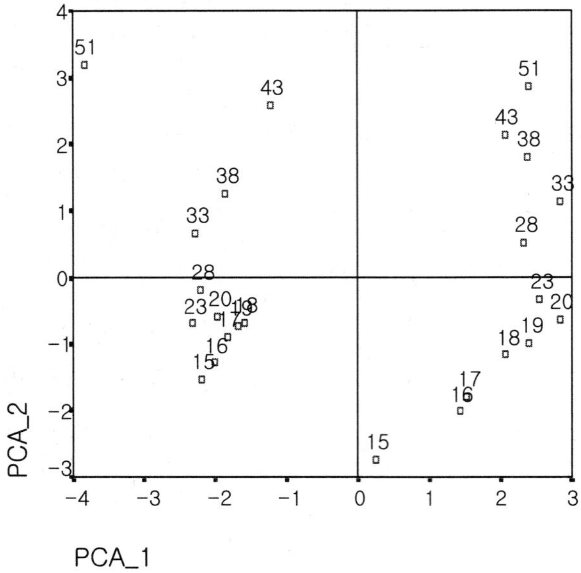

<그림 2.8>
성별로 살펴본
개체 플롯

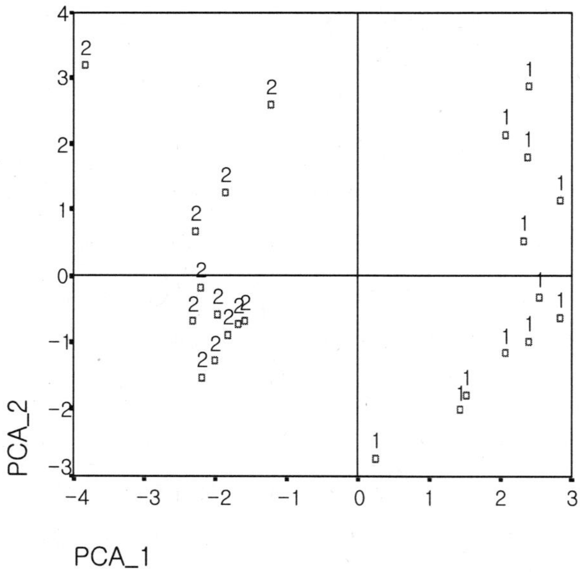

2.4 이론적 고찰

2.4.1 주성분점수와 고유값

표준화(또는 중심화) 자료행렬 $Z: n \times p$의 행공간 R^p를 생각하자. 그 안에는 n개의 $p \times 1$ 개체 벡터 $z_1, z_2, \cdots, z_n$이 자리잡고 있다. 이들을 $p \times 1$ 단위벡터 v에 사영시키기로 하자 ($v^t v = 1$).

$$z_i = k_i v + (z_i - k_i v) \quad (\text{단, } k_i \text{는 실수로서 } k_i = z_i^t v),$$

$$(z_i - k_i v)^t v = 0$$

이므로,

"z_i를 v에 사영(적합)시키면 $k_i v$가 되고 $z_i - k_i v$가 잔차로 남는다."

<그림 2.9>를 보라.

<그림 2.9>
사영의 기하

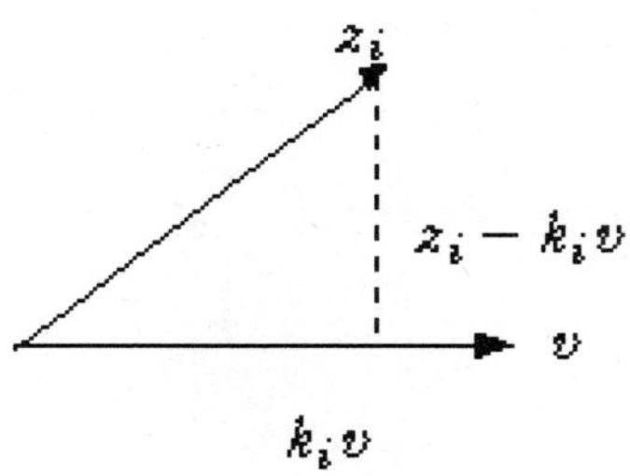

그러므로 잔차들의 평균 제곱을 최소화함으로써 (최소제곱!) p차원 행공간에서의 n개 개체벡터들에 가장 근접하는 1차원 공간을 찾을 수 있다. 따라서 최적화 문제

$$\min_v \sum_{i=1}^{n} \| z_i - k_i v \|^2 / n' \text{ subject to } v^t v = 1 \tag{2.1}$$

가 세워진다 (여기서 $n' = n-1$; n'으로 나누는 이유는 $z_i - k_i v$ $(i = 1, \cdots, n)$의 합이 0이기 때문이다). (2.1)의 풀이 결과는 $Z^t Z / n'$의 고유값과 고유벡터로부터 나온다 . 즉, $p \times 1$ 벡터 v가

$$(Z^t Z / n') v = \lambda v \ ; \quad \lambda\text{는 실수}, \ v^t v = 1 \tag{2.2}$$

을 만족한다. 1장에서 설명했듯이 특성식 (2.2)의 실수 λ는 대칭행렬 $A (= Z^t Z / n')$의 고유값(eigen value)이고 v는 고유벡터(eigen vector)이다. 이러한 고유값과 고유벡터의 짝은 모두 p개가 있게 되는데 (2.1)의 해는 그 중에서 최대고유값 λ_1과 이에 해당하는 고유벡터 $v_{(1)}$이다. 이로써 제1축 사

영, 그러니까 제1 주성분 축(the first principal component axis) 이 정해진 것이 된다. 제1 주성분 축은 고유벡터 $v_{(1)}$ 에 의하여 결정되고 개체점 $z_1, z_2, \cdots, z_n$ 의 제1축 주성분 좌표가 각각

$$z_1^t\, v_{(1)},\ z_2^t\, v_{(1)},\ \cdots\ , z_n^t\, v_{(1)}, \tag{2.3}$$

즉 $Zv_{(1)}$ 의 n 개 요소로 주어진다. 이를 제1 주성분 점수(the first principal component scores)라고 한다. 제1 주성분 점수의 분산은 λ_1 이다.

<그림 2.10>
제1주성분축과 주성분점수의 분산

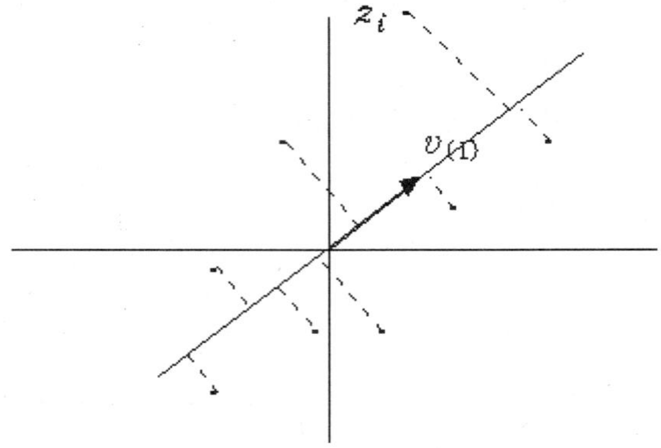

즉, p 차원 공간상의 n 개 개체점을 가장 잘 근접하는 1차원 부공간을 찾아 본 바 그 부공간은 고유벡터 $v_{(1)}$ 에 의하여 결정된다는 것을 알 수 있다. <그림 2.10>을 보라

제2 주성분 축은 제1 주성분 축과 직교하는 한편, 새로운 사영에서 생기는 잔차들의 제곱 크기 합을 최소화하도록 결정된다. 따라서 이것은

$$\min_v \sum_{i=1}^{n} \| z_i - k_i v \|^2 / n' \text{ subject to } v^t v = 1 \text{ and } v_{(1)}^t v = 0$$

로 정식화된다. 이것의 해(解)도 $Z^t Z / n'$ 의 고유체계(eigen system)로부터 나온다. 즉, $p \times 1$ 의 벡터 v 가 특성식 (2.2)를 만족하며, 제2 주성분 축은 두 번째 큰 고유값 λ_2 와 그에 해당하는 고유벡터 $v_{(2)}$ 로 결정된다.

이로써 제2 주성분 축이 정해진 것이다: 제2 주성분 축은 고유벡터 $v_{(2)}$ 에 의하여 결정되고 개체점 $z_1, z_2, \cdots, z_n$ 의 제2축 주성분 좌표가 각각

$$z_1^t\, v_{(2)},\ z_2^t\, v_{(2)},\ \cdots\ , z_n^t\, v_{(2)},$$

즉 $Zv_{(2)}$ 의 n 개 요소로 주어진다. 이를 제2 주성분 점수라고 한다. 제2 주

성분 점수의 분산은 λ_2 이다. <표 2.5>에서 살펴본 주성분계수 벡터 PC_1, PC_2 는 이들 고유벡터와

$$v_{(1)} = PC_1 / \sqrt{\lambda_1}\ , \qquad v_{(2)} = PC_2 / \sqrt{\lambda_2}$$

의 관계가 있다. 그리고 <표 2.1>의 데이터를 표준화시킨 후 이들 고유벡터 $v_{(1)}, v_{(2)}$ 를 곱하면 <그림 2.3>에서 보이는 개체에 대한 주성분 점수(fac1_1, fac2_1)를 계산할 수 있게 된다.

따라서 이제까지의 결과를 요약하면, p 차원 공간상의 n 개 개체점 $z_1, z_2, \cdots, z_n$ 을 가장 잘 근접하는 2차원 부공간은 고유벡터 $v_{(1)}$ 과 $v_{(2)}$ 에 의하여 결정된다. 그리고 2차원 주성분점수는

$$(z_1^t\, v_{(1)}\,,\ z_1^t\, v_{(2)}),\ (z_2^t\, v_{(1)}\,,\ z_2^t\, v_{(2)}),\ \cdots\ ,(z_n^t\, v_{(1)}\,,\ z_n^t\, v_{(2)})$$

이다. 이것을 2차원 평면에 플롯하면 개체점들의 분포 패턴을 한 눈에 볼 수 있다.

제2 주성분 축의 결정과정을 다시 한 번 반복하여 제1 주성분 축과 제2 주성분 축에 직교하는 제3 주성분 축을 찾을 수 있다. 이에 대하여는 생략한다.

이제까지 본 바와 같이 PCA에서는 $p \times p$ 대칭행렬 $Z^t Z / n'$ 의 고유값과 고유벡터를 구하는 것이 핵심이다. 그런데 $p \geq 3$ 인 경우 고유값과 고유벡터는 수작업으로 계산하는 것이 거의 불가능하므로 $p = 2$ 인 계산 예를 들어보겠다.

일반적으로, Z가 표준화 행렬인 경우 $Z^t Z / n'$ 은 상관행렬 R이다. 간단히 이변량자료에 대한 상관행렬이

$$R = \begin{pmatrix} 1 & r \\ r & 1 \end{pmatrix},\ r > 0$$

이라고 하자. 이 때, 특성식 (2.2)는

$$R \begin{pmatrix} v_1 \\ v_2 \end{pmatrix} = \lambda \begin{pmatrix} v_1 \\ v_2 \end{pmatrix}\ ;\ \lambda \text{는 실수} \quad \Rightarrow \quad \begin{pmatrix} 1-\lambda & r \\ r & 1-\lambda \end{pmatrix} \begin{pmatrix} v_1 \\ v_2 \end{pmatrix} = \begin{pmatrix} 0 \\ 0 \end{pmatrix}$$

이다. 따라서

$$(1-\lambda)^2 = r^2, \quad \text{즉} \quad \lambda = 1 \pm r$$

을 얻는다. 그러므로 제1 · 제2 고유값은

$$\lambda_1 = 1 + r, \quad \lambda_2 = 1 - r$$

이고 이에 대응하는 고유벡터는 각각

$$v_{(1)} = \frac{1}{\sqrt{2}}\begin{pmatrix}1\\1\end{pmatrix},\ v_{(2)} = \frac{1}{\sqrt{2}}\begin{pmatrix}1\\-1\end{pmatrix}$$

이다. 그러므로 $z_i^t = (x_i, y_i),\ i = 1,\cdots,n$ 에 대한 2차원 주성분점수는

$$((x_i + y_i)/\sqrt{2},\ (x_i - y_i)/\sqrt{2}),\ i = 1,\cdots,n$$

가 된다.

상관계수 r 이 0.5인 경우에 대하여 구체적으로 고유값과 고유벡터를 살펴보자.

<그림 2.11>
고유값과 고유벡터
(r=0.5인 경우)

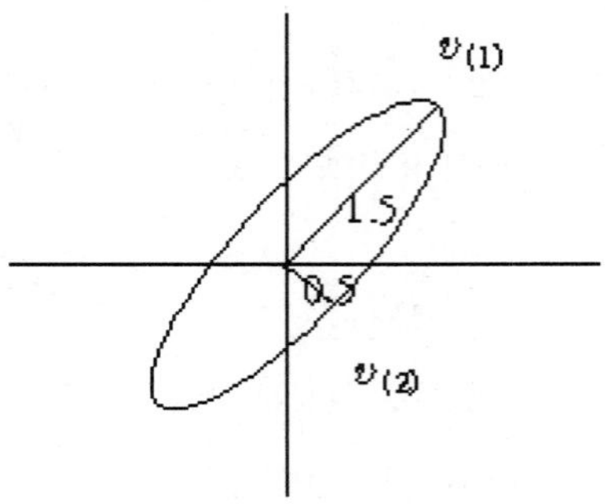

두 변수간의 상관이 0.5인 경우 새로이 찾는 제1 주성분과 제2 주성분 축은 타원의 장축과 단축으로 나타나고 이때 $\lambda_1 = 1.5,\ \lambda_2 = 0.5$ 이다. 따라서 제1축 하나만 고려할 경우 분산은 총분산의 75%를 설명하게 되며 상관계수가 0.9인 경우에는 $\lambda_1 = 1.9$ 가 되므로 총분산의 95%를 설명하게 되어 이 경우 변수간 상관이 클수록 제 1축에 의해 설명되는 분산량이 커짐을 알 수 있다.

2.4.2 주성분으로의 표현과 차원 수 결정

주성분분석(PCA)에서 중요한 문제는 주성분의 수를 결정하는 것이다. 이때 고려하는 것이 고유값의 크기이다. 그 이유는 총 평균변동

$$\sum_{i=1}^{n} z_i^t z_i / n' \ (= p)$$

중에서, 제1 주성분 축에 사영되면서 제1축 주성분 점수의 분산인

$$\sum_{i=1}^{n} (z_i^t v_{(1)})^2 / n' \ (= v_{(1)}^t Z^t Z v_{(1)} / n' = \lambda_1) \tag{2.4}$$

만큼 변동이 줄어들고 제2축 사영에 의하여 λ_2 만큼 추가로 변동이 줄어들며,

이런 식으로 p개의 주성분 축 사영으로 변동이 완전히 없어지기 때문이다. 즉

$$p = \lambda_1 + \lambda_2 + \cdots + \lambda_p$$

이다. 그런데

$$\lambda_1 \geq \lambda_2 \geq \cdots \geq \lambda_p$$

이므로 처음 몇 개의 주성분 축에 의하여 대부분의 변동이 설명될 것으로 기대할 수 있다. 전술한 바대로 λ_k $(k=1,\cdots,p)$는 제 k축 주성분 점수의 분산이다. <표 2.4>를 다시 살펴보면 제 1축 주성분 점수의 분산은 5.000, 제 2축 주성분 점수의 분산은 2.641 그리고 제 3축 주성분점수의 분산은 0.237로 급격히 줄어드는 것을 보게된다. 또한 총 8개의 고유값들을 모두 합하면

$$p = 5.000 + 2.641 + 0.237 + \cdots + 0.00225 = 8$$

이 됨을 알 수 있다. 그렇다면 차원수를 어떻게 결정해야 될까?

주성분공간의 차원 수를 결정하는 몇 가지 방법은 다음과 같다.

a) 1 이상의 고유값을 갖는 주성분 축만 고려한다. 왜냐하면 상관행렬 R의 p개 고유값의 평균적 크기가 1이므로 평균보다 못한 고유값을 무시하자는 것이다. 표준화 자료가 아닌 중심화 자료를 주성분분석하는 경우, 즉 공분산행렬 C를 분해하는 경우에는 C의 평균 고유값보다 큰 고유값만 고려한다.

예: p=5인 경우	고유값	누적점유율	
1 ********************	2.1	42%	고려
2 **************	1.4	70%	고려
3 *******	0.7	84%	무시
4 *****	0.5	94%	무시
5 ***	0.3	100%	무시

b) 산비탈 그림(scree plot)에 의한 방법은 고유값을 순서대로 늘어놓아 비탈이 꺾이는 점부터의 주성분을 무시하는 것이다.

예: p=5인 경우	고유값	누적점유율	
1 ********************	2.1	42%	고려
2 **************	1.4	70%	고려
3 *******	0.7	84%	무시
4 *****	0.5	94%	무시
5 ***	0.3	100%	무시

c) 고유값의 누적점유율에 일정 기준을 적용하는 방법이 있다(=고유값의 누적값이 고유값의 총합에서 차지하는 비율). 예컨대

누적점유율 $\geq$ 80%

라는 기준을 적용한다 (60-70% 등 다소 완화된 기준을 적용할 수도 있다).

예: p=5인 경우	고유값	누적점유율	
1 ********************	2.1	42%	고려
2 **************	1.4	70%	고려
3 *******	0.7	84%	고려
4 *****	0.5	94%	무시
5 ***	0.3	100%	무시
	(합 5.0)		

d) 앞의 세 방법에서 본 바와 같이 적용되는 방법에 따라 약간씩 다른 결과를 낼 수 있다. 그런데 추출된 주성분의 의미를 연구자가 해석할 수 없다면 활용하는 데 어려움이 있게 된다. 따라서 주성분의 해석이 얼마나 쉽고 의미가 분명한가도 중요한 기준이 된다. 예컨대 제1 주성분과 제2 주성분은 해석이 쉬운데 제3 주성분의 해석이 어렵다면 주성분 공간의 차원수 s를 2로 정한다.

제1 주성분 점수는 앞서 기술한 대로

$$z_1^t\, v_{(1)},\ z_2^t\, v_{(1)},\ \cdots\ ,z_n^t\, v_{(1)}$$

이다. $v_{(1)} = (v_{11}, \cdots, v_{p1})^t$ 라고 하고 표준화된 변수를 $Z_1, Z_2, \cdots, Z_p$ 로 표기하면 제1 주성분은

$$\mathrm{PC}_1 = v_{11}\, Z_1 + \cdots + v_{p1}\, Z_p$$

라고 할 수 있다. 제2 주성분 점수 등에 대하여도 이와 같은 식으로 표현되므로 주성분 계수의 부호와 크기에 의미를 붙여 각 주성분을 해석한다. 예컨대,

$$\mathrm{PC}_1 = 0.34\, Z_1 + 0.45\, Z_2 + 0.40\, Z_3 + 0.55\, Z_4 + 0.47\, Z_5$$

$$\mathrm{PC}_2 = 0.60\, Z_1 - 0.41\, Z_2 + 0.54\, Z_3 - 0.08\, Z_4 - 0.42\, Z_5$$

라면 제1 주성분은 일반적 규모를, 제2 주성분은 형태적 특성 ($Z_1 \cdot Z_3$ 대 $Z_2 \cdot Z_5$의 대비)을 나타낸다고 볼 수 있다. 2.3절에서 살펴본 것처럼 인체측정자료에서 비유를 든다면,

$PC_1 = 0.987$(신장)$+0.534$(가슴둘레)$+0.512$(허리둘레)

$+0.065$(엉덩이둘레)$+0.942$(어깨너비)$+0.967$(바깥소매길이)

$+0.931$(배꼽높이)$+0.886$(치골높이)

$PC_2 = -0.131$(신장)$+0.831$(가슴둘레)$+0.821$(허리둘레)

$+0.969$(엉덩이둘레)-0.074(어깨너비)-0.011(바깥소매길이)

-0.357(배꼽높이)-0.434(치골높이)

으로

일반적 규모 = 신장과 체중으로 본 신체의 전반적 크기,

형태적 특성 = 신장 대비 체중으로 본 신체적 형태

이다. 큰 사람인가 작은 사람인가는 일반적 규모에 관한 것이고, 뚱뚱한가 날씬한가는 형태적 특성에 관한 것이다.

2.4.3 개체와 변수의 그래프

앞서 이야기한대로 PCA는 n개의 p변량 개체점을 가시적 공간에 끌어 넣은 것이다. 구체적으로 n개 개체점 $z_1, z_2, \cdots, z_n$은 $s(\le p)$차원 주성분공간 상에서

$$(z_i^t v_{(1)}, \cdots, z_i^t v_{(s)}),\ i = 1, \cdots, n$$

으로 표현된다. 곧

$ZV_{(s)}$ 의 n개 행 (여기서 $V_{(s)} \equiv (v_{(1)}, \cdots, v_{(s)})$: $p \times s$ 행렬)

이다. 이것을 개체 플롯(observation plot)이라고 하겠다. 개체 플롯에서는 개체들의 분포적 양태, 개체간 유사성·비유사성 등을 볼 수 있다. 따라서 <그림 2.3>의 개체에 대한 주성분점수 자료(pca_1=fac1_1* $\sqrt{\lambda_1}$, pca_2= fac2_1* $\sqrt{\lambda_2}$)를 이용해 산점도를 그리면 <그림 2.7>, <그림 2.8>과 같이 개체들의 분포양상을 파악할 수 있다. 물론 <그림 2.3>의 fac1_1, fac2_1을 플롯하여도 상수배만큼의 차이가 있을 뿐 구조가 바뀌는 것은 아니다.

한편, 변수들에 대하여는 다음과 같이 보조개체(supplementary observation unit)로 간주하여 동일한 주성분 축에 사영시킴으로써 표현해낼 수 있다. 그 아이디어는 변수 Z_j를 가상적 개체

$$e_j = (0,\cdots,1,\cdots,0)^t$$

로 나타낼 수 있다는 데 착안한 것인데, 이것은 e_j가 변수 Z_j의 중심 0으로부터 오른 쪽으로 1 표준편차·모든 다른 나머지 변수에 대하여는 중심 0을 나타냄으로써 변수 Z_j의 특성점이 된다는 사실을 이용한 것이다. 특성점 e_j는 주성분공간에서

$$(e_j^t v_{(1)}, \cdots, e_j^t v_{(s)}) \; (= (v_{j1}, \cdots, v_{js}))$$

라는 좌표값(점수)을 받는다 ($j = 1,\cdots,p$). 즉 변수 Z_j를

$$V_{(s)} \equiv (v_{(1)}, \cdots, v_{(s)}) : \quad p \times s$$

행렬의 j번째 행으로 표현할 수 있다 ($j = 1,\cdots,p$). 이렇게 구성되는 변수들에 관한 플롯을 변수 플롯(variable plot)이라고 한다. <표 2.5>의 주성분계수를 플롯하면 변수간의 특성을 살펴볼 수 있다. 아울러, 개체 플롯과 변수 플롯을 포개놓음으로써 각 개체의 변수적 특성을 이해할 수 있다. 이와 같이 개체 플롯과 변수 플롯을 동시에 보고 다변량자료의 행(=개체)과 열(=변수)을 해석하는 방법이 바로 행렬도(biplot) 기법으로 최근 다변량자료 해석법의 새로운 경향이다.

2.5 맺음 말

주성분분석과 3장에서 설명하게 될 인자분석은 결과에 있어 매우 비슷하다. 그래서 사용자들이 어떤 경우에 주성분분석을 해야할지 인자분석을 해야할지 혼란스러워 하는 경우를 종종 본다. 그러나 개념적으로, 그리고 계산과정에 있어 다소 차이가 있다.

주성분분석은 다변량의 분산을 분석하므로써 합성차원을 찾아가는 탐색적 방법이라고 할 수 있다. 이에 반해 인자분석은 변수들간의 '상관관계'가 숨어있는 어떤 요인(=인자)의 영향으로 형성된다는 것을 전제한 모형론적 방법이라고 할 수 있다. 이들 분석기법에 대한 보다 자세한 내용은 3장에서 다루기로 하겠다.

제 3 장

인자분석

3.1 인자분석이란?

3.2 사례분석: SPSS의 활용

3.3 사례분석: 결과의 이해

3.4 이론적 고찰

3.5 인자분석의 활용

3.1 인자분석이란?

21세기는 감성지능(EQ: Emotional Quotient)의 시대라고도 한다. 1995년 Goleman에 의해 부상한 이 감성지능은 자기지각력, 자기조절력, 동기화 능력, 공감적 이해력, 대인관계능력이라는 5개의 하위 개념으로 구성되어 있다. 자신의 감정을 관찰하는 능력, 자기지각에 기초하여 자신의 느낌을 적절하게 전환하고 조절하는 능력, 자신의 감정을 생의 목적에 부합시키는 능력, 다른 사람의 감정을 인식하는 능력, 다른 사람의 감정을 보다 바람직한 방향으로 변환하도록 하는 능력이 이에 해당된다.

그렇다면 개개인을 대상으로 이런 능력은 어떻게 측정될 수 있을까? 무엇을 통해서 개개인의 감성지능을 잴 수 있을까? 아직 이렇다 할 표준화된 검사도구도 없고 실제로 아주 많은 질문항목들을 통해서 감성지능을 측정하지만 여기서는 매우 간략히 다음만을 고려해보기로 하자.

하위개념	내용
자기지각력	시간활용성, 자기정서표현
자기조절력	스트레스통제, 자기극복력
동기화능력	자신감, 낙천성
공감적 이해력	객관성, 분쟁조절력
대인관계 능력	사회성, 호감도

이를 개념도로 나타내면 <그림 3.1>과 같다. 여기서 자기지각력, 자기조절력, 동기화능력, 공감적 이해력, 대인관계능력은 직접 측정되는 것이 아니다. 다시 말하여 시간활용성, 자기정서표현, 자신감, 낙천성, 사회성, 호감도 등 10개의 변수를 측정함으로써 개체의 자기지각력, 자기조절력 등을 알 수 있는 것이다. 즉, 하위개념으로 표현된 5개의 공통된 원인(인자)으로부터 10개의 변수들이 영향을 받는다고 볼 수 있는데 이와 같은 공통인자(共通因子, common factor)를 줄여서 인자(因子, factor)라고 한다. 또는 직접 관측되는 변수가 아니므로 잠재변수(latent variable)라고도 한다.

<그림 3.1>
5개 하위개념으로 구성된 감성지능에 대한 개념도

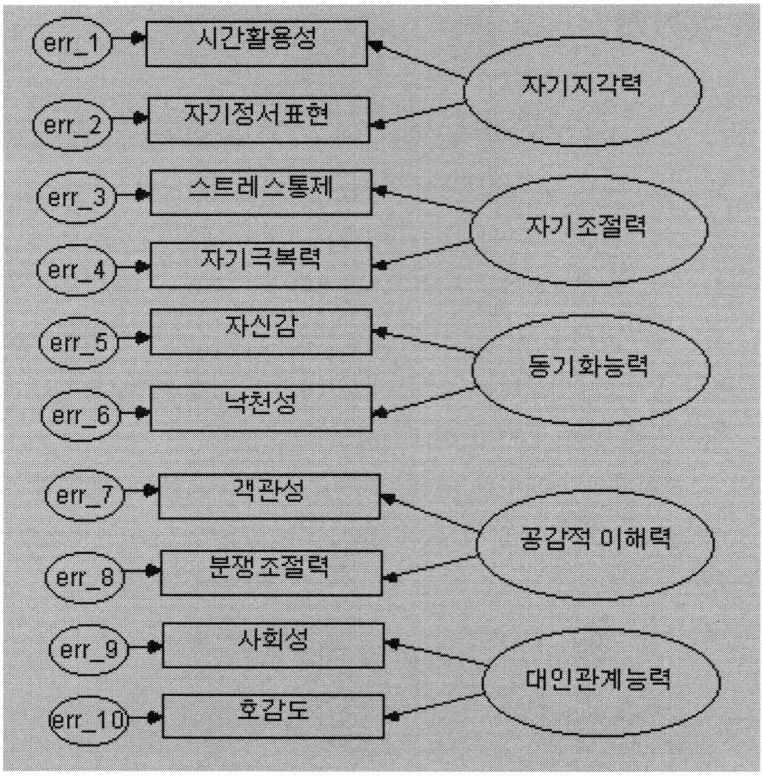

또 다른 예를 생각해보자. 예컨대 고등학교 학생들에게서 국어(X1), 영어(X2), 제2외국어(X3), 수학(X4), 물리(X5), 화학(X6) 등 6개 과목 성적을 측정하였다고 하자. 다변량 자료에서 여러 변수들은 상관관계가 있으므로 모든 과목을 고르게 잘(못) 하는 학생도 있지만 수리능력이 필요한 과목에는 우수한 성적을 보이는 반면 어휘능력이 필요한 과목은 낙제를 면치 못하는 학생도 있다. 이런 경우 어떤 공통된 원인(F1, F2)으로부터 이들 6개 변수들이 영향을 받는다고 볼 수 있지 않을까? 예컨대 <그림 3.2>의 개념도에서 F1은 "어학능력"이고 F2는 "수리능력"이라고 할 수 있다.

인자분석은 이와 같이 관측된 변수들에 영향을 미치고 있는 숨어있는 공통인자를 찾아내는 데 목적이 있다. 그리고 다변량 자료가 몇 개의 인자에 의하여 영향을 받는가를 알아보는 것도 인자분석의 주요 관심사항이다. 따라서 인자분석(factor analysis, FA)은 다음 경우에 활용된다.

- p 개 변수를 지배하는 m 개의 공통인자(=잠재변수)를 추출하여

- p개 변수간의 상관관계를 그래프화하며
- n개 개체에 대하여 각 인자의 실현값(점수)을 산출한다.

<그림 3.2>
2인자 모형 예

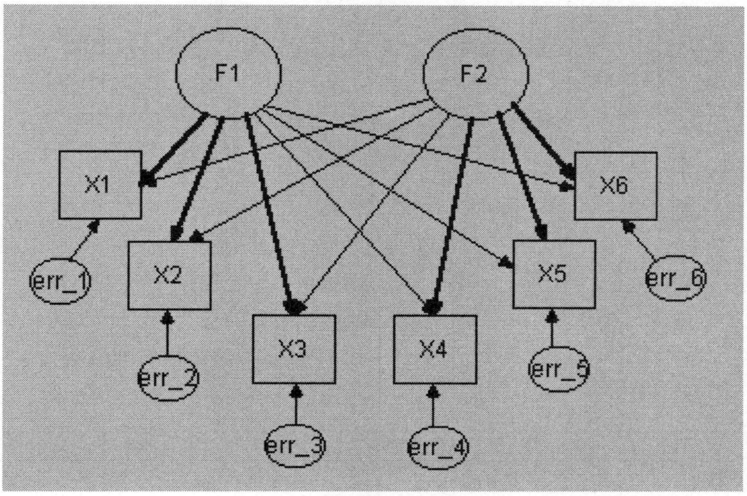

3.2 사례분석: SPSS의 활용

<표 3.1>의 자료는 1999년 100대 기업의 재무자료이다.[1] 원자료는 훨씬 많은 변수들에 대해 조사되었지만 본 사례에서는 10개 변수에 대해서만 인자분석을 하기로 한다. 여기서 각 변수명은 다음을 나타낸다.

NAME=기업,	X1=EVA[2](경제적 부가가치),
X2=주당순이익(EPS),	X3=주당순자산,
X4=주당 EBITDA[3],	X5=자기자본이익률(ROE),
X6=총자산이익률(ROA),	X7=총자산,
X8=매출액증가율,	X9=순이익증가율,
X10=유보율	

1) 데이터출처: www.nice.co.kr
2) 세후 순영업이익에서 총자본비용(외부 차입금에 대한 이자와 자기자본에 대한 기회비용의 합계)을 공제한 잔액
3) EBITDA: earnings before interest, taxes, depreciation and amortization (세금 · 이자지급전 이익)

<표 3.1>
99년 100대상장 기업의 재무자료

ID	NAME	X1	X2	X3	X4	X5
1	삼성전자	24641.20	19055	74802	44648	31.2
2	기아자동차	7535.10	432	6852	5716	.
3	한국전기통신공사	3661.00	1268	43234	13220	3.9
4	포항종합제철	3047.90	16149	92039	31786	17.8
5	삼성SDI	2196.00	4123	41509	17672	9.7
6	현대자동차	1093.70	2214	22178	9082	8.0
⋮	⋮	⋮	⋮	⋮	⋮	⋮
95	신흥	50.90	586	7402	830	12.5
96	아이인프라	50.60	3793	20814	13468	20.1
97	현대멀티캡	50.40	2274	4221	3475	65.3
98	퍼시스	49.10	3788	30159	5423	12.9
99	무학주정	48.80	-441	24754	1314	-17.0
100	한국알콜산업	48.70	13457	113499	23136	12.7

ID	NAME	X6	X7	X8	X9	X10
1	삼성전자	13.9	247098.00	30.0	912.2	1471.5
2	기아자동차	2.1	76813.00	75.8	.	38.2
3	한국전기통신공사	1.9	239532.70	9.4	48.4	773.4
4	포항종합제철	8.9	172274.60	-4.0	38.8	1881.8
5	삼성SDI	4.7	38532.40	10.3	26.1	767.2
6	현대자동차	3.0	164559.80	63.8	.	434.7
⋮	⋮	⋮	⋮	⋮	⋮	⋮
95	신흥	8.7	1265.80	21.5	65.4	1457.8
96	아이인프라	6.5	605.30	20.1	31.7	326.4
97	현대멀티캡	19.8	406.90	360.4	224.0	324.8
98	퍼시스	8.8	1455.30	43.0	31.2	504.1
99	무학주정	-11.1	333.40	8.9	.	395.0
100	한국알콜산업	8.9	1052.90	1.7	5.7	2170.0

그리고 SPSS를 이용한 인자분석은

Analyze ▶ Data Reduction
▷ Factor....

와 같이 2장에서 다루었던 모듈을 이용하면 된다.

1 자료입력

<그림 3.3>과 같이 100대 기업에 대하여 관측한 10개 재무변수를 입력한다.

<그림 3.3>
재무자료 입력
(factor1.sav)

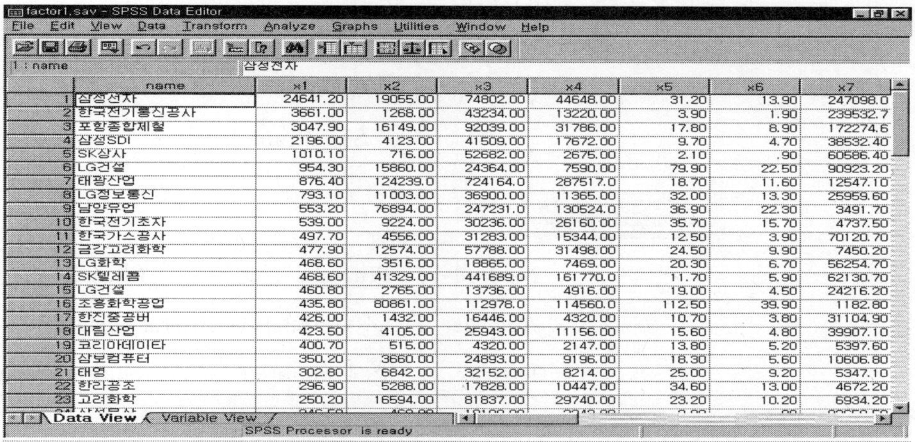

	name	x1	x2	x3	x4	x5	x6	x7
1	삼성전자	24641.20	19055.00	74802.00	44648.00	31.20	13.90	247098.0
2	한국전기통신공사	3661.00	1268.00	43234.00	13220.00	3.90	1.90	239532.7
3	포항종합제철	3047.90	16149.00	92039.00	31786.00	17.80	8.90	172274.6
4	삼성SDI	2196.00	4123.00	41509.00	17672.00	9.70	4.70	38532.40
5	SK상사	1010.10	716.00	52682.00	2675.00	2.10	.90	60586.40
6	LG건설	954.30	15860.00	24364.00	7590.00	79.90	22.50	90923.20
7	태광산업	876.40	124239.0	724164.0	287517.0	18.70	11.60	12547.10
8	LG정보통신	793.10	11003.00	36900.00	11365.00	32.00	13.30	25959.60
9	남양유업	553.20	76894.00	247231.0	130524.0	36.90	22.30	3491.70
10	한국전기초자	539.00	9224.00	30236.00	26160.00	35.70	15.70	4737.50
11	한국가스공사	497.70	4556.00	31283.00	15344.00	12.50	3.90	70120.70
12	금강고려화학	477.90	12574.00	57788.00	31498.00	24.50	9.90	7450.20
13	LG화학	468.60	3516.00	18865.00	7469.00	20.30	6.70	56254.70
14	SK텔레콤	468.60	41329.00	441689.0	161770.0	11.70	5.90	62130.70
15	LG건설	460.80	2765.00	13736.00	4916.00	19.00	4.50	24216.20
16	조흥화학공업	435.80	80861.00	112978.0	114560.0	112.50	39.90	1182.80
17	한진중공버	426.00	1432.00	16446.00	4320.00	10.70	3.80	31104.90
18	대림산업	423.50	4105.00	25943.00	11156.00	15.60	4.80	39907.10
19	코리아데이타	400.70	515.00	4320.00	2147.00	13.80	5.20	5397.60
20	삼보컴퓨터	350.20	3660.00	24893.00	9196.00	18.30	5.60	10606.80
21	태영	302.80	6842.00	32152.00	8214.00	25.00	9.20	5347.10
22	한라공조	296.90	5288.00	17828.00	10447.00	34.60	13.00	4672.20
23	고려화학	250.20	16594.00	81837.00	29740.00	23.20	10.20	6934.20

2 변수 선택

<그림 3.4>
10개의 재무
변수 선택

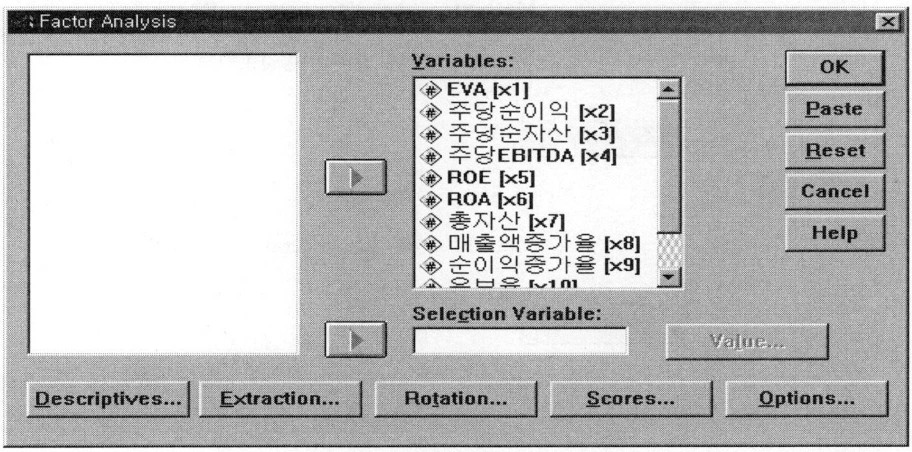

3 통계량 계산 및 기타 옵션 선택

인자분석을 위한 10개의 재무관련 변수를 모두 <그림 3.4>처럼 옮겨놓은 후 하단 부분에 나와있는 5개의 옵션을 이용해서 인자분석에 필요한 통계량 및 방법 등을 선택할 수 있다. 다음과 같이 선택해보자.

Descriptives...

Statistics : ☑ Univariate Description

☑ Initial solution (default)

Correlation Matrix :

☑ Coefficients

☑ Significant levels

Extraction...

Method : Principal component (default)

Analyze : ☑ Correlation matrix (default)

Display : ☑ Unrotated factor solution (default)

☑ Scree plot

Extract : Eigenvalues over 1 ❶

Rotation...

Method : ☑ Varimax ❷

Display : ☑ Loading plot(s)

Scores...

☑ Save as variables

Method : ◉ Regression

Options...

Missing Values : Exclude cases listwise (defualt) ❸

여기서 ❶은 입력자료의 인자분석에서 고유값이 1 이상인 경우의 인자들만 추출하겠다는 것을 나타낸다. ❷는 직교회전방법을 이용한 인자분석을 나타낸다. 그리고 ❸은 원자료에서 어느 한 변수라도 결측치가 있는 경우 해당 개체는 분석에서 제외시킨다는 것을 나타낸다. ❸에서 선택할 수 있는 결측치에 대한 옵션으로는

Exclude cases pairwise(각 변수별 결측치 제외)

Replace with mean(평균값 보정)
이 있다.

3.3 사례분석: 결과의 이해

<표 3.1>의 자료는 100대 기업의 재무자료를 나타내고 있으나 결측치를 각 변수들의 평균값으로 대체시키지 않고 제외시키도록 ❸의 옵션을 선택했기 때문에 실제 분석된 케이스는 <표 3.2>처럼 70개이다.

<표 3.2>의 결과를 살펴보면 10개 재무변수 중 표준편차가 큰 변수는 주당순자산과 총자산으로 이들 변수의 산포가 크다는 것을 알 수 있다. 그러나 단위에 의존하지 않는 상대적인 산포도로 변이계수(= 표준편차/평균 × 100)를 계산해보면 경제적 부가가치를 나타내는 EVA의 산포가 가장 크고 ROE, ROA의 산포가 상대적으로 작다.

<표 3.2> 기술통계량

Descriptive Statistics

	Mean	Std. Deviation	Analysis N	변이계수
EVA	686.9871	2969.3247	70	432.22
주당순이익	9361.1143	19889.6437	70	212.47
주당순자산	52181.1286	109654.5354	70	210.14
주당EBITDA	20506.5571	44255.3368	70	215.81
ROE	22.2071	17.1249	70	77.11
ROA	9.7314	6.9712	70	71.64
총자산	21938.0486	47875.2309	70	218.23
매출액증가율	28.5857	55.1261	70	192.84
순이익증가율	222.1771	312.5286	70	140.67
유보율	1215.4143	2296.6216	70	188.96

<표 3.3>으로부터 10개 재무변수들간의 상관관계를 살펴보면 총자산과 EVA간의 상관이 0.7정도이고 주당순이익은 주당순자산과는 0.85, 주당EBITDA와는 0.93이고 유보율은 주당순자산이나 주당EBITDA와 약 0.98, 0.92정도의 높은 상관을 보이고 있다.

<표 3.3>
상관계수 행렬

Correlation Matrix

	EVA	주당 순이익	주당 순자산	주당 EBITDA	ROE	ROA	총자산	매출액 증가율	순이익 증가율	유보율
EVA	1.000	.088	.056	.097	.048	.048	.704	-.020	.263	.037
주당순이익	.088	1.000	.854	.934	.344	.373	.029	.000	-.006	.832
주당순자산	.056	.854	1.000	.943	-.027	.053	.071	-.126	-.109	.977
주당EBITDA	.097	.934	.943	1.000	.144	.185	.069	-.055	-.058	.920
ROE	.048	.344	-.027	.144	1.000	.851	-.089	.492	.333	-.025
ROA	.048	.373	.053	.185	.851	1.000	-.157	.418	.153	.107
총자산	.704	.029	.071	.069	-.089	-.157	1.000	-.129	.182	.029
매출액증가율	-.020	.000	-.126	-.055	.492	.418	-.129	1.000	.250	-.113
순이익증가율	.263	-.006	-.109	-.058	.333	.153	.182	.250	1.000	-.149
유보율	.037	.832	.977	.920	-.025	.107	.029	-.113	-.149	1.000

<표 3.4>는 공통성(communality)을 계산한 것으로 인자모형의 설명력을 나타낸다(3.4.1절 참고). 매출액증가율, 순이익증가율 변수만 다른 변수들에 비해 상대적으로 낮고 그 외 변수들은 0.8이상으로 설명력이 대체로 높다.

<표 3.4>
공통성

Communalities

	Initial	Extraction
EVA	1.000	.817
주당순이익	1.000	.930
주당순자산	1.000	.961
주당EBITDA	1.000	.962
ROE	1.000	.879
ROA	1.000	.792
총자산	1.000	.822
매출액증가율	1.000	.510
순이익증가율	1.000	.431
유보율	1.000	.942
Extraction Method: Principal Component Analysis.		

<표 3.5>는 상관계수 행렬에 대한 고유값과 고유벡터 분해결과이다. 가장 큰 고유값 순서대로 $\lambda_1 = 3.832$, $\lambda_2 = 2.932$, $\lambda_3 = 1.824$ ...와 같이 계산되었으며 3축까지 고려할 경우

$$(3.832+2.393+1.824)/10=0.8067$$

와 같이 총분산의 약 80%가 설명됨을 알 수 있다. 그리고 <그림 3.5>의 스크리 플롯을 보더라도 3축까지 고려하는 것이 타당하겠다.

<표 3.5> 고유값과 고유벡터

Total Variance Explained

	Initial Eigenvalues			Extraction Sums of Squared Loadings		
Component	Total	% of Variance	Cumulative %	Total	% of Variance	Cumulative %
1	3.832	38.319	38.319	3.832	38.319	38.319
2	2.393	23.928	62.247	2.393	23.928	62.247
3	1.824	18.237	80.484	1.824	18.237	80.484
4	.757	7.571	88.055			
5	.621	6.213	94.268			
6	.288	2.878	97.146			
7	.163	1.633	98.779			
8	.074	.744	99.523			
9	.033	.331	99.854			
10	.015	.146	100.000			
Extraction Method: Principal Component Analysis.						

<그림 3.5> 스크리 플롯

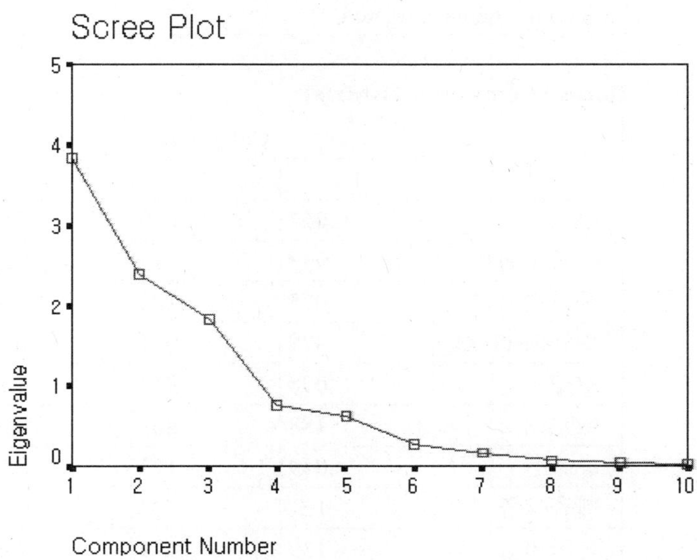

<표 3.6>은 이들 3 인자의 인자부하량을 나타낸 결과이다. 주성분 분석법(principal component analysis)에 의한 인자추출로 직교회전 이전보다 직교회

전이후 EVA, ROE, ROA, 유보율 등이 다소 뚜렷하게 각 인자를 규정하고 있다. 그리고 관측한 10개의 변수와 제1 인자점수와의 산점도를 나타낸 <그림 3.6>으로부터 각 변수와 인자간의 상관을 탐색해볼 수 있다.

<표 3.6>
직교회전이전의 인자부하량 (상)
직교회전이후의 인자부하량 (하)

Component Matrix(a)

	Component		
	1	2	3
EVA	.116	.047	.895
주당순이익	.958	.108	-.022
주당순자산	.950	-.241	-.025
주당EBITDA	.977	-.084	-.002
ROE	.230	.909	-.010
ROA	.305	.830	-.100
총자산	.069	-.151	.891
매출액증가율	-.022	.711	-.068
순이익증가율	-.052	.470	.455
유보율	.942	-.222	-.068
Extraction Method: Principal Component Analysis.			
a 3 components extracted.			

Rotated Component Matrix(a)

	Component		
	1	2	3
EVA	.067	.029	.901
주당순이익	.933	.243	.029
주당순자산	.975	-.103	.016
주당EBITDA	.978	.054	.045
ROE	.098	.932	.029
ROA	.188	.868	-.059
총자산	.049	-.173	.889
매출액증가율	-.121	.703	-.047
순이익증가율	-.139	.441	.466
유보율	.967	-.084	-.027
Extraction Method: Principal Component Analysis. Rotation Method: Varimax with Kaiser Normalization.			
a Rotation converged in 4 iterations.			

<그림 3.6>
제1 인자점수와
10개 변수에 대한
산점도

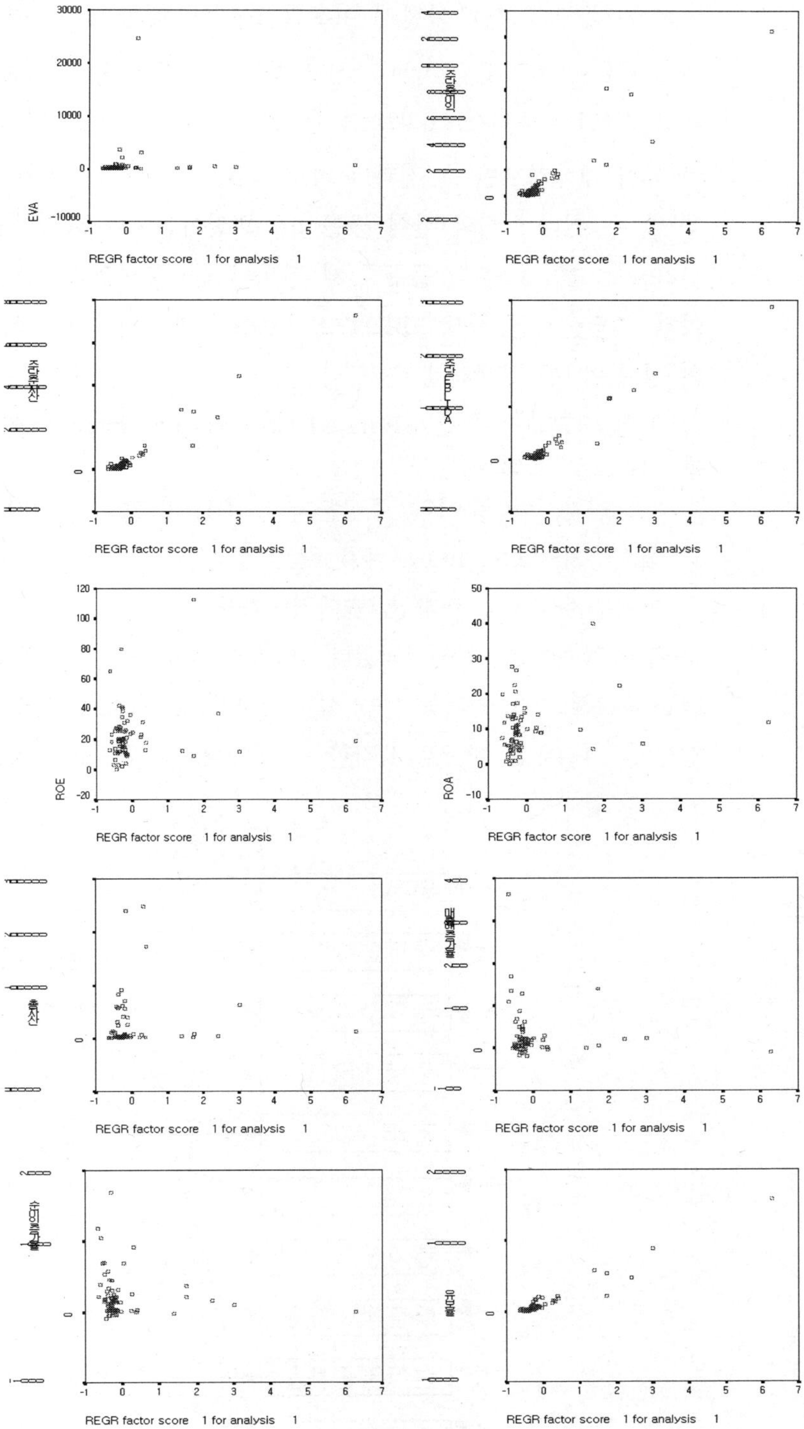

여기서 직교회전 이전과 이후의 EVA에 대한 인자부하량계수에 대해서

$$EVA = 0.116^2 + 0.047^2 + 0.895^2 \fallingdotseq 0.817 \quad \text{(회전이전)}$$

$$EVA = 0.067^2 + 0.029^2 + 0.901^2 \fallingdotseq 0.817 \quad \text{(회전이후)}$$

와 같이 계산해보면 그 결과가 바로 <표 3.4>에서 살펴본 EVA의 공통성임을 알 수 있다. 이와 같이 공통성은 회전이전이나 회전이후 변하지 않는다. 그리고 <그림 3.6>의 플롯중 제1인자의 인자부하량계수가 크게 걸린 주당순이익, 주당순자산, 주당 EBIDTA, 유보율과 제 1인자와의 산점도에서 강한 양의 상관관계를 탐색해볼 수 있다.

한편 직교회전된 결과(**Rotated Component Matrix**)에서 인자부하량 0.45를 기준으로 살펴보면

제1 인자: 주당순이익, 주당순자산, 주당EBITDA, 유보율

제2 인자: ROE, ROA, 매출액증가율

제3 인자: EVA, 총자산, 순이익증가율

와 같이 각 인자들이 구성되었다. 따라서 제1 인자는 기업의 '안정성'을 나타내는 축으로, 제2 인자는 '수익성'을 나타내는 인자로 그리고 제3 인자는 '성장성'을 나타내는 지표로 생각할 수 있겠다. 이를 개념도로 나타내면 <그림 3.7>과 같다.

<그림 3.7> 3인자와 10개 변수에 대한 개념도

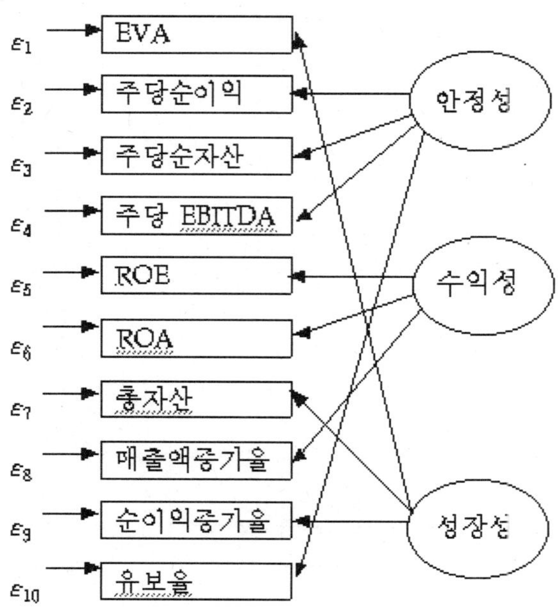

물론 직교회전된 결과를 살펴볼 때 유보율이 안정성에만 영향을 받고 있는 것은 아니다. 수익성이나 성장성에서도 영향을 받고 있는데 그 영향력이 매우 미약하기 때문에 주된 변수에만 화살표를 한 것이다.

한편 인자분석에 사용된 10개의 변수들에 대한 플롯과 70개 기업에 대한 개체플롯은 <그림 3.8>과 <그림 3.9>로 표현된다.

<그림 3.8>
변수플롯:
인자부하패턴

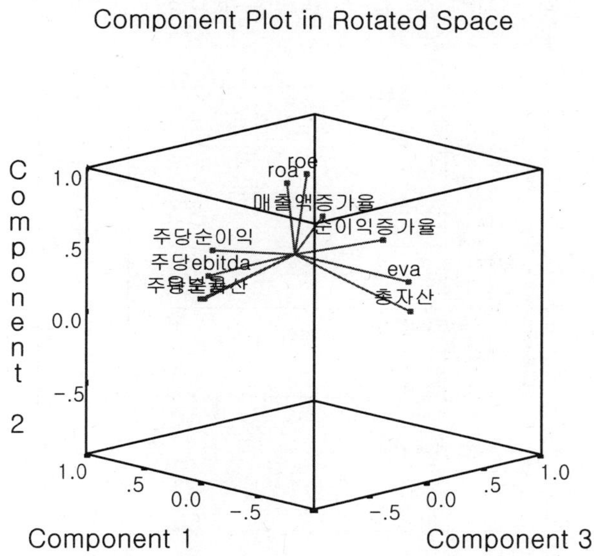

<그림 3.9>
개체 플롯

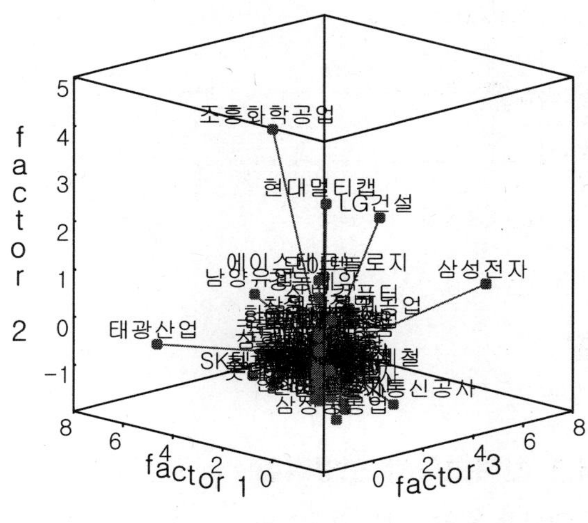

두 플롯을 대응시켜 살펴보면 FACTOR1축으로 상단부분에 위치하고 있는 태광산업이 안정성이 가장 높은 기업이고 FACTOR2축으로 상단부분에 위치하고 있는 조흥화학공업, 현대멀티캡, LG건설 등은 수익성이 높은 기업으로 보인다. 그리고 삼성전자나 한국전기통신공사, 포항종합제철은 성장성이 높은 기업으로 특징지을 수 있겠다. 3차원플롯(3-D plot)에서 파악하기 어려우면 다음과 같이 2차원 좌표평면상에서 나누어 살펴볼 수 있다.

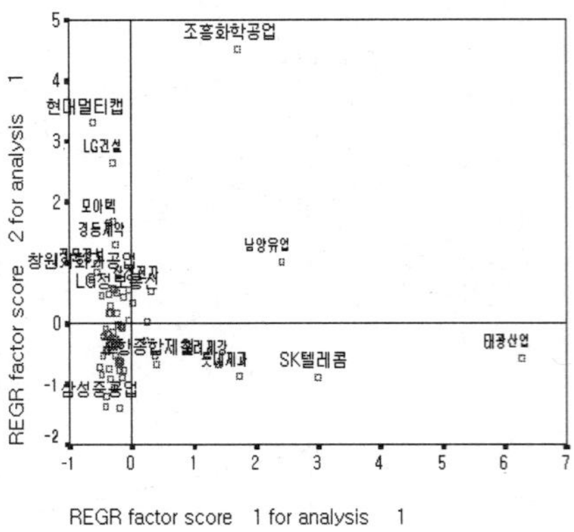

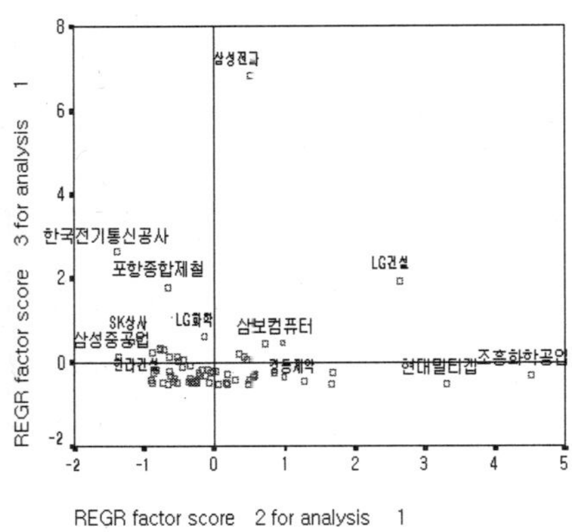

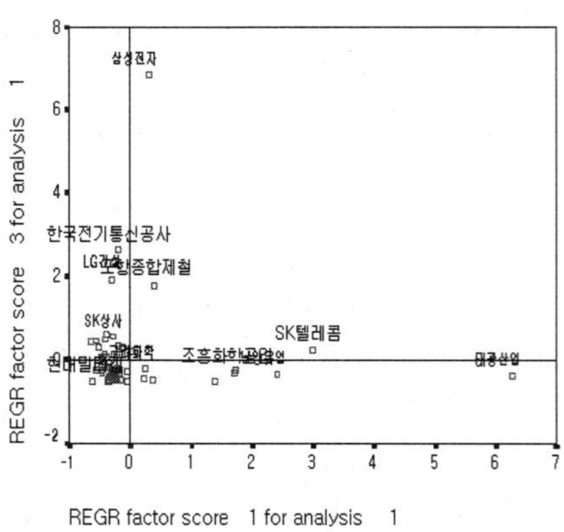

3.4 이론적 고찰

3.4.1 인자모형과 모형적합

인자분석은 p개 변수 $X_1, \cdots, X_p$에 대한 통계적 모형을 가정한다. 논의를 간편히 하기 위하여 변수 $X_1, \cdots, X_p$ 가 이미 표준화(또는 중심화)된 형태라고 가정하겠다.

■ m-인자모형 (m-factor model) : $m \ll p$

$$\underset{p\times 1}{x} = \underset{p\times m}{L}\ \underset{m\times 1}{f} + \underset{p\times 1}{\epsilon}, \tag{3.1}$$

여기서

$$x = \begin{pmatrix} X_1 \\ X_2 \\ \vdots \\ X_p \end{pmatrix},\ L = \begin{pmatrix} l_{11} \cdots l_{1m} \\ l_{21} \cdots l_{2m} \\ \vdots \quad\quad \vdots \\ l_{p1} \cdots l_{pm} \end{pmatrix},\quad f = \begin{pmatrix} F_1 \\ \vdots \\ F_m \end{pmatrix},\ \epsilon = \begin{pmatrix} \epsilon_1 \\ \epsilon_2 \\ \vdots \\ \epsilon_p \end{pmatrix}.$$

변수 $F_1, \cdots, F_m$ 은 공통인자(common factor)를 나타내고 (평균 0, 분산 1이며 독립), 변수 $\epsilon_1, \cdots, \epsilon_p$ 는 변수 고유의 특정인자(specific factor)를 나타낸다 (평균 0, 분산이 $\psi_1^2, \cdots, \psi_p^2$ 이며 독립). 그리고 $l_{11}, \cdots, l_{1m}, l_{21}, \cdots, l_{2m}, \cdots, l_{p1}, \cdots, l_{pm}$ 은 각 변수와 인자를 연결해주는 파라미터(=인자부하)이다. 그러므로 모형 (3.1)은 p개의 변수 $X_1, \cdots, X_p$ 를 $m(\leq p)$개의 $F_1, \cdots, F_m$ 으로 표현한 것이라고 할 수 있다.

모형 (3.1)로부터 $x = (X_1, \cdots, X_p)^t$ 의 상관(공분산) 행렬 Σ 는 다음과 같이 표현된다.

$$\Sigma = L L^t + \mathrm{diag}(\psi_1^2, \cdots, \psi_p^2). \tag{3.2}$$

좀 더 구체적으로 모형 (3.1)을 이해해보자. $m = 2$ 인 경우 모형 (3.1)을 풀어보면 다음과 같다.

■ 2-인자모형 (two-factor model) :

$$\begin{aligned} X_1 &= l_{11}F_1 + l_{12}F_2 + \epsilon_1, \\ X_2 &= l_{21}F_1 + l_{22}F_2 + \epsilon_2, \\ &\ \ \vdots \\ X_p &= l_{p1}F_1 + l_{p2}F_2 + \epsilon_p, \end{aligned} \tag{3.3}$$

여기서 $l_{j1}, l_{j2}\ (j = 1, \cdots, p)$ 는 인자부하(factor loading) 계수를 나타내는 파라미터(모수)이고

공통인자 $F_k\ (k = 1, 2)$ 는 독립이며 평균 0, 분산 1,

특정인자 $\epsilon_1, \cdots, \epsilon_p$는 독립이며 평균 0, 분산 ψ_j^2 $(j=1,\cdots,p)$인 확률변수라고 가정한다 (그리스 문자 ψ는 '프시(psi)'로 읽는다).

m-인자모형 (3.1)에서 각 변수의 얼마만큼이 공통인자들에 의하여 결정되는가를 보려면 X_j의 분산(=1, 표준화된 경우)이 어떻게 분해되는가를 본다. (3.2)로부터

$$\sigma_j^2 (= Var(X_j)) = (l_{j1}^2 + \cdots + l_{jm}^2) + \psi_j^2, \quad j=1,\cdots,p \tag{3.4}$$

이다 (왜냐하면 $F_1, \cdots, F_m, \epsilon_j$가 독립이기 때문에). (3.4)에서 앞부분

$$l_{j1}^2 + \cdots + l_{jm}^2 \quad j=1,\cdots,p$$

를 공통성(communality)이라고 하는데 공통인자 $F_1, \cdots, F_m$에 기인하기 때문이다. 따라서 각 변수에서 공통성은 인자모형의 설명력을 의미한다. <표 3.4>에서 살펴본 공통성은 바로 각 변수들의 총분산에서 특정인자의 분산을 제외시킨 부분인 것이다. 3.3절의 사례분석에서 살펴본 공통성을 보면 주당순자산과 주당 EBITDA가 인자모형의 설명력이 높은 변수들임을 알 수 있다. (3.4)의 뒷 부분인 ψ_j^2은 특정인자의 분산으로 특정분산(specific variance) 또는 오차분산(error variance)이라고 한다.

인자모형 (3.1)을 적합하는 가장 기초적인 방법은 주성분분석으로부터 유도되는 주성분인자법(principal component factoring)이다. 2장에서의 표기를 사용하여 변수 $x = (X_1, \cdots, X_p)^t$의 상관행렬 (또는 공분산 행렬) R에 대한 고유벡터를

$$v_{(k)} = (v_{1k}, v_{2k}, \cdots, v_{pk})^t, \ k=1,\cdots,p$$

로 나타내자. 그러면 주성분$\mathrm{PC}_1, \mathrm{PC}_2, \cdots, \mathrm{PC}_p$는

$$\mathrm{PC}_1 = x^t v_{(1)}, \mathrm{PC}_2 = x^t v_{(2)}, \cdots, \mathrm{PC}_p = x^t v_{(p)}$$

로 표현된다. 따라서,

$$V = (v_{(1)}, v_{(2)}, \cdots, v_{(p)}) = (v_{ij}) \ : \ p \times p$$

가 직교행렬(orthogonal matrix)이라는 사실을 활용하면 ($= V^t V = I_p$, $V V^t = I_p$를 만족하는 정방행렬),

$$x^t = (\mathrm{PC}_1, \mathrm{PC}_2, \cdots, \mathrm{PC}_p) \mathrm{V}^t,$$

즉

$$X_1 = \mathrm{PC}_1 v_{11} + \mathrm{PC}_2 v_{12} + \cdots + \mathrm{PC}_p v_{1p} \tag{3.5}$$

$$X_2 = \mathrm{PC}_1 v_{21} + \mathrm{PC}_2 v_{22} + \cdots + \mathrm{PC}_p v_{2p}$$

$$\vdots$$

$$X_p = \mathrm{PC}_1 v_{p1} + \mathrm{PC}_2 v_{p2} + \cdots + \mathrm{PC}_p v_{pp}$$

가 유도된다. 그런데

$$\mathrm{Var}(\mathrm{PC}_1) = \lambda_1,\ \mathrm{Var}(\mathrm{PC}_2) = \lambda_2,\ \cdots,\ \mathrm{Var}(\mathrm{PC}_p) = \lambda_p$$

이므로 주성분 $\mathrm{PC}_1, \mathrm{PC}_2, \cdots, \mathrm{PC}_p$ 를 표준화하기 위해서는 상관행렬(또는 공분산행렬) R 의 고유값의 제곱근으로 나누어주어야 한다. 따라서 표준화된 주성분 $F_1, F_2, \cdots, F_p$ 는

$$F_1 = \mathrm{PC}_1 / \sqrt{\lambda_1},\quad F_2 = \mathrm{PC}_2 / \sqrt{\lambda_2},\quad \cdots,\quad F_p = \mathrm{PC}_p / \sqrt{\lambda_p}$$

가 된다. 따라서 (3.5)가 다음과 같이 나타내진다.

$$X_1 = \sqrt{\lambda_1}\, v_{11} F_1 + \sqrt{\lambda_2}\, v_{12} F_2 + \cdots + \sqrt{\lambda_p}\, v_{1p} F_p$$

$$X_2 = \sqrt{\lambda_1}\, v_{21} F_1 + \sqrt{\lambda_2}\, v_{22} F_2 + \cdots + \sqrt{\lambda_p}\, v_{2p} F_p$$

$$\vdots$$

$$X_p = \sqrt{\lambda_1}\, v_{p1} F_1 + \sqrt{\lambda_2}\, v_{p2} F_2 + \cdots + \sqrt{\lambda_p}\, v_{pp} F_p .$$

여기서, 예컨대 $m = 2$ 인 경우, 각 변수의 우측 표현식에서 첫 2개 항만을 생각하고 나머지 항들을 특정인자(오차)로 간주하면 인자모형 (3.3)의 형태가 얻어진다. 따라서, 일반적으로 m-인자모형의 파라미터 $l_{11}, \cdots, l_{1m}, \cdots, l_{p1}, \cdots, l_{pm}$ 와 $\psi_1^2, \cdots, \psi_p^2$ 는

$$l_{jk} = \sqrt{\lambda_k}\ v_{jk},\qquad j = 1, \cdots, p\ ;\ k = 1, \cdots, m,$$

$$\psi_j{}^2 = \sigma_j^2 - (\, l_{j1}{}^2 + \cdots + l_{jm}{}^2\,),\ \ j = 1, \cdots, p$$

로 적합된다.

주성분인자법 외에 인자모형을 적합하는 방법은 주축인자법과 최대가능도법이 있다. 이들 방법에 대하여는 간략히 설명하기로 한다.

주축인자법(principal axis factoring)은 다음과 같다. 특정분산 $\psi_1^2, \cdots, \psi_p^2$ 에 대한 초기값을 정한 뒤(예컨대 주성분인자법으로), (3.2)로부터

$$\Sigma - \mathrm{diag}(\psi_1^2, \cdots, \psi_p^2) = L L^t \tag{3.6}$$

로 표현되어야 함에 착안하여 인자부하값 행렬 $L = (l_{jk})$의 첫 추정치를 구한다. 그리고 $L = (l_{jk})$를 얻은 뒤에는, (3.4)와 동치인

$$\psi_j^2 = \sigma_j{}^2 - (l_{j1}^2 + \cdots + l_{jm}^2), \; j = 1, \cdots, p \tag{3.7}$$

로써 특정분산 $\psi_1^2, \cdots, \psi_p^2$을 추정한다. 그리고나서 다시 (3.6)에 의해 L을 재추정한다. 이와 같이 (3.6)과 (3.7)를 활용하여 $\psi_1^2, \cdots, \psi_p^2$과 L의 추정을 계속 반복함으로써 개선된 추정치를 얻어내는 방법이 바로 주축인자법이다.

최대가능도법(maximum likelihood method; 최대우도법)은 정규분포 가정 하에서 가능도함수(likelihood function; 우도함수)를 구하고 이 함수를 수치적으로 최대화함으로써 인자모형을 적합하는 방법이다(가우스-뉴튼 등의 방법이 있는데 많은 계산을 필요로 함). 참고로, 모형 (3.2)에 의한 가능도 함수는

$$\mathrm{L}(L, \Psi \mid x_1, \cdots, x_p) \propto \mid L L^t + \Psi \mid^{-n/2} \exp - \sum_{i=1}^{n} x_i^t \, (L L^t + \Psi)^{-1} x_i \, / 2$$

이다 (여기서 $\Psi = \mathrm{diag}(\psi_1^2, \cdots, \psi_p^2)$은 $p \times p$ 대각행렬이고 $x_1, \cdots, x_n$은 n개의 $p \times 1$ 관측(개체) 벡터임. 중심화 전제).

이 외에도 SPSS에서는 <표 3.7>의 인자추출방법들을 제공하고 있다.

<표 3.7> SPSS에서 제공하는 인자추출법

옵션	인자추출방법
principal components	주성분인자법
unweighted least squares	최소제곱법
generalized least squares	일반화 최소제곱법
maximum likelihood	최대가능도법
principal axis factoring	주축인자법
alpha factoring	알파인자법
image factoring	이미지인자법

여기서 이미지인자법(image factoring)은 상관행렬의 대각원소를 제곱상관(squared multiple correlation)으로 대체시키고 비대각원소는 비음의 고유값들이 하나도 없도록 조정하여 인자를 추출하는 방법이다. 그리고 알파인자법은 데이터를 모집단으로, 변수들은 변수모집단으로부터 뽑힌 표본으로 가정한다.

이는 변수들의 표본을 이용한 인자분석결과에 대한 추론이 변수들의 모집단에도 일반화가 가능한지 여부를 확인하기 위해 사용된다.

3.4.2 인자회전

쉽게 설명하기 위해 2-인자모형을 생각하기로 한다. 즉, 인자모형, 인자부하행렬, 인자벡터를 각각

$$x = Lf + \epsilon, \qquad L = \begin{pmatrix} l_{11} & l_{12} \\ l_{21} & l_{22} \\ \vdots & \vdots \\ l_{p1} & l_{p2} \end{pmatrix}, \qquad f = \begin{pmatrix} F_1 \\ F_2 \end{pmatrix} \tag{3.8}$$

로 나타내자. 그리고 2×2 직교행렬

$$P = \begin{pmatrix} \cos\theta & \sin\theta \\ -\sin\theta & \cos\theta \end{pmatrix}$$

를 생각하기로 하자. 쉽게 $P^t P = I_2$, $PP^t = I_2$ 임을 확인할 수 있을 것인데 이 행렬은 2차원 평면상에서 기하적 회전(rotation)과 관련 있다. 그런데

$$x = Lf + \epsilon = L(P^t P)f + \epsilon = (LP^t)(Pf) + \epsilon \equiv L^* f^* + \epsilon$$

으로 표현됨을 알 수 있다. 여기서

$$f^* = \begin{pmatrix} F_1^* \\ F_2^* \end{pmatrix} = \begin{pmatrix} \cos\theta & \sin\theta \\ -\sin\theta & \cos\theta \end{pmatrix} \begin{pmatrix} F_1 \\ F_2 \end{pmatrix} = \begin{pmatrix} \cos\theta F_1 + \sin\theta F_2 \\ -\sin\theta F_1 + \cos\theta F_2 \end{pmatrix}$$

이므로 $\mathrm{E}(f^*) = \begin{pmatrix} 0 \\ 0 \end{pmatrix}$, $\mathrm{Var}(f^*) = \begin{pmatrix} 1 & 0 \\ 0 & 1 \end{pmatrix}$ 이다. 따라서 (3.8)은 모형식 표현에서

$$x = L^* f^* + \epsilon, \qquad L^* = \begin{pmatrix} l_{11}^* & l_{12}^* \\ l_{21}^* & l_{22}^* \\ \vdots & \vdots \\ l_{p1}^* & l_{p2}^* \end{pmatrix}, \qquad f^* = \begin{pmatrix} F_1^* \\ F_2^* \end{pmatrix}$$

와 동등하다. 이것은 인자부하행렬 L 을 마음대로 직교변환(회전)하여 단순한 패턴의 인자부하행렬 L^* 가 되도록 조작해도 상관 없음을 의미한다. 공통성(communality)도 직교회전에 의하여 영향 받지 않음은 당연하다.

대표적인 직교회전 방법으로 대표적인 것은 배리맥스 회전과 코티맥스 회전이다.

■ 배리맥스 회전(Varimax rotation) :

$$\max \sum_{k=1}^{m} \sum_{j=1}^{p} (l_{jk}^2 - l_{.k}^2)^2 / p \quad \text{subject to}$$

$$\sum_{k=1}^{m} l_{jk}^2 = \text{constant}, j = 1, \cdots, p$$

(여기서 $l_{.k}^2 = \sum_{j=1}^{p} l_{jk}^2 / p$, 즉 열(列)내 제곱 인자부하값의 평균)

배리맥스 방법은 인자부하행렬의 열내 제곱 부하값들의 분산을 최대화한다. 그럼으로써 인자부하행렬의 열 요소가 0 또는 ± 1 에 가까운 값으로 단순하게 된다. 이것은 각 인자가 최소수의 변수에 걸리게 되는 결과를 초래한다.

■ 코티맥스 회전(Quartimax rotation):

$$\max \sum_{j=1}^{p} \sum_{k=1}^{m} (l_{jk}^2 - l_{j.}^2)^2 / m$$

$$\text{subject to} \sum_{k=1}^{m} l_{jk}^2 = \text{constant}, j = 1, \cdots, p$$

(여기서 $l_{j.}^2 = \sum_{k=1}^{m} l_{jk}^2 / m$, 즉 행(行)내 제곱 인자부하값의 평균)

코티맥스 방법은 인자부하행렬의 행내 제곱 부하값들의 분산을 최대화한다. 그럼으로써 인자부하행렬의 행 요소가 0 또는 ± 1 에 가까운 값으로 단순하게 된다. 이것은 각 변수가 최소수의 인자에 걸리게되는 결과를 초래한다.

<표 3.8> SPSS에서 제공하고 있는 인자회전방법

옵션	회전방법
Varimax	직교회전
Directed Oblique	Jennrich and Sampson(1966)이 사교회전을 위해 사용한 방법.
Quartimax	인자부하행렬의 행내 제곱 부하값들의 분산을 최대화시키는 방법
Equamax	인자부하행렬에서 행과 열의 인자부하제곱값을 동시에 최대화시키는 방법
Promax	Hendrickson and White(1964)이 제안한 방법으로 컴퓨터 계산상 좀 더 빠른 회전방법.

인자분석에서는 <표 3.8>과 같이 직교회전 방법 외에 사교회전(斜交回轉,

oblique rotation) 방식의 변환방법이 있는데 이 방법은 인자 $F_1, \cdots, F_m$ 간 상관을 허용한다. 프로맥스 회전(Promax rotation)이 대표적이다.

한편, 추출된 인자에 대한 명명화(命名化, 이름 붙이기)는 인자분석에서 핵심적으로 중요하면서도 연구자의 주관성・전문성에 크게 영향받는 부분이다. 그래서 추출인자에 대한 보편적이면서도 매력적인 인자 이름을 생각해내기 위해서 고심하기 마련이다.

3.3절에서 살펴본 <그림 3.8>은 인자부하행렬을 플롯한 것이다. 이것의 의미는 다음과 같이 설명될 수 있다. 인자부하행렬은 주성분인자법으로 회전 이전

$$L = \begin{pmatrix} l_{11} & l_{12} & l_{13} \\ l_{21} & l_{22} & l_{23} \\ \vdots & \vdots & \vdots \\ l_{p1} & l_{p2} & l_{p3} \end{pmatrix} \equiv V_{(3)} D_{\sqrt{\lambda}(3)}$$

로 적합된다. 여기서 직교행렬 V는 $p \times p$ 상관행렬(또는 공분산행렬) R의 고유벡터 행렬이고 대각행렬 $D_\lambda = \mathrm{diag}(\lambda_1, \cdots, \lambda_p)$는 R의 고유값으로 구성된다. 그리고 $V_{(3)}$는 V의 첫 세 열이고 $D_{\lambda(3)}$도 D_λ의 좌상 3×3 행렬이다. 즉

$$R = V D_\lambda V^t = V D_{\sqrt{\lambda}} (V D_{\sqrt{\lambda}})^t \simeq V_{(3)} D_{\sqrt{\lambda}(3)} (V_{(3)} D_{\sqrt{\lambda}(3)})^t = L L^t$$

이다. 따라서 행렬 R의 (j, k) 요소인 X_j와 X_k 사이의 상관계수인 r_{jk}에 대하여

$$r_{jk} \simeq (l_{j1}, l_{j2}, l_{j3}) \begin{pmatrix} l_{k1} \\ l_{k2} \\ l_{k3} \end{pmatrix} = \begin{pmatrix} l_{j1} \\ l_{j2} \\ l_{j3} \end{pmatrix}^t \begin{pmatrix} l_{k1} \\ l_{k2} \\ l_{k3} \end{pmatrix},$$

$$j = 1, \cdots, p \,;\, k = 1, \cdots, p \,;\, j \neq k$$

로 표현된다. 즉

$$\left\{ \begin{pmatrix} l_{j1} \\ l_{j2} \\ l_{j3} \end{pmatrix},\ j = 1, \cdots, p \right\}$$

의 플롯인 <그림 3.8>에서 두 벡터의 내적이 해당 변수들간의 상관을 근사하게 나타내는 것이다. 다시 말하여, 같은 방향의 두 변수는 정(正)상관의 관계에 있음을, 반대 방향의 두 변수는 역(逆)상관의 관계에 있음을, 90°방향으

로 어긋난 두 변수는 무상관에 가까움을 나타낸다. 그러므로 <그림 3.8>을 변수플롯이라고 한다.

또한, 인자부하행렬 L이 회전되어

$$L^* = L P^t \quad (L^t L = L L^t = I_m)$$

가 되는 경우에도 마찬가지이다. 왜냐하면

$$R \simeq L L^t = LP^t (LP^t)^t = L^* L^{*t}$$

이기 때문이다.

3.4.3 인자점수

인자모형은 변수$X_1, \cdots, X_p$를 인자 $F_1, \cdots, F_m$으로 표현한 것이다. 이에 대한 역으로 $F_1, \cdots, F_m$을 $X_1, \cdots, X_p$로 표현할 수 있는데 그것을 인자점수(factor score)라고 한다. 회귀방법에 의한 변환식은 다음과 같다 (증명생략).

$$f = L^t R^{-1} x, \tag{3.9}$$

여기서 $f = (F_1, \cdots, F_m)^t$, $x = (X_1, \cdots, X_p)^t$이고, L은 인자부하행렬, R은 상관행렬(또는 공분산행렬)이다. 인자점수의 계산식 (3.9)가 인자부하행렬 L에 의존하므로 회전이전과 이후, 회전방법에 따라 인자점수가 다르다.

인자점수는 인자분석에서 활용도가 큰데 이유는 그것이 새로운 합성변수(지표)의 역할을 하기 때문이다. 따라서 연구자가 구축하려는 개념에 대한 운영정의로 쓰이는 경우가 많다. 예컨대 3.1절에서 다룬 '감성지능'의 측정에서 '스트레스 통제'를 측정하고자 한다고 하자. 이것을 1개의 변수로 직접 측정한다는 것은 기계에 의하지 않고는 가능하지 않다. 따라서 연구자는 '스트레스 통제'가 반영되는 다수(10-20개)의 4점 척도(전혀, 드물게, 때때로, 자주) 문항을 개발하고 이에 대한 반응을 변수 $X_1, \cdots, X_p$로 나타낸다.

문항	내 용
1	흥분을 잘 한다.
2	줄을 서서 기다릴 때 짜증이 난다.
3	얼굴이 붉어진다.
4	멱살을 잡힌다면 모욕감을 느낄 것이다.
5	사람들이 나를 비판하면 화가 난다.
6	나의 능력을 제대로 평가해주는 사람이 없다는 생각이 든다.
7	피곤하여 쉬어도 마음도 평온치 않다.
8	내가 하는 일에 다른 사람으로부터 칭찬과 인정을 받기를 원한다.
…	…

출처: 홍명희 역(1997). 『EQ 테스트북』 해냄출판사,

자료수집 이후 인자분석을 통하여 '스트레스 통제' F를 확인하고 F의 인자점수를 산출함으로써 '스트레스 통제'라는 추상적 개념에 대한 운영정의를 얻게 되는 것이다. 만약 이때 1개의 인자가 아닌 2・3개의 인자가 탐지된다면 그것은 '스트레스 통제'에 몇 개의 하부개념이 존재함을 뜻한다.

원 인자점수와 배리맥스 회전이후의 인자점수는 다음과 같이 산출된다. 각 인자점수는 평균 0, 분산 1로 표준화되어 있으며 인자점수간 상관은 물론 0이다.

	name	fac1_1	fac2_1	fac3_1
1	삼성전자	.71822	.68067	6.76015
2	한국전기통신공사	-.24277	-1.26255	2.66821
3	포항종합제철	.37921	-.67006	1.78838
4	삼성SDI	-.22361	-.74338	.33002
5	SK상사	-.39188	-.99824	.61602
6	LG건설	.17367	2.71585	1.82892
7	태광산업	6.09238	-1.47972	-.62941
8	LG정보통신	-.05166	.44174	.12219
9	남양유업	2.50321	.63303	-.48461
10	한국전기초자	.01711	.55630	-.29258
11	한국가스공사	-.28449	-.73145	.38528
12	금강고려화학	.08579	.34619	.19209
13	LG화학	-.36636	-.07149	.66799
14	SK텔레콤	2.85750	-1.30358	.12008
15	LG건설	-.44084	-.39628	.07939
16	조흥화학공업	2.31262	4.20910	-.54945
17	한진중공버	-.48107	-.40270	-.06279
18	대림산업	-.32199	-.49350	.15199
19	코리아데이타	-.50954	-.17530	-.22431
20	삼보컴퓨터	-.40213	1.05281	.44400
21	태영	-.22316	.01839	-.20542
22	한라공조	-.21787	.59551	-.33206
23	고려화학	.25053	-.01188	-.21140

Data View / Variable View / SPSS Processor is ready

<원 인자점수>

	name	fac1_1	fac2_1	fac3_1
1	삼성전자	.30311	.52222	6.80545
2	한국전기통신공사	-.18206	-1.38295	2.61278
3	포항종합제철	.38862	-.67617	1.78406
4	삼성SDI	-.13008	-.77930	.29546
5	SK상사	-.27317	-1.06586	.56468
6	LG건설	-.29985	2.64294	1.91725
7	태광산업	6.26361	-.58059	-.36468
8	LG정보통신	-.11974	.42515	.13281
9	남양유업	2.40674	.99761	-.33764
10	한국전기초자	-.04910	.56369	-.27425
11	한국가스공사	-.19451	-.77815	.34791
12	금강고려화학	.02660	.34741	.20664
13	LG화학	-.38263	-.14738	.64608
14	SK텔레콤	3.00580	-.89084	.22495
15	LG건설	-.38291	-.45721	.04484
16	조흥화학공업	1.71074	4.51089	-.30308
17	한진중공버	-.41527	-.46393	-.09932
18	대림산업	-.25486	-.53933	.12037
19	코리아데이타	-.46847	-.23695	-.25508
20	삼보컴퓨터	-.56824	.96819	.45492
21	태영	-.21385	-.00563	-.21581
22	한라공조	-.28521	.57078	-.32438
23	고려화학	.25909	.03150	-.19870

Data View / Variable View / SPSS Processor is ready

<배리맥스 회전 이후>

그리고 이들 인자점수를 산점도로 나타내면 다음과 같다.

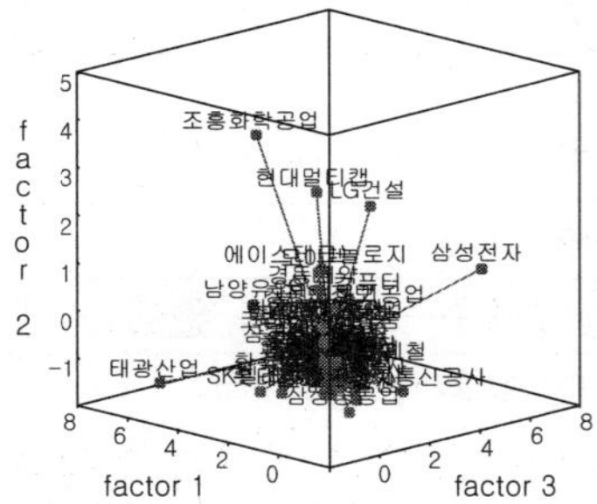

<회전 이전>

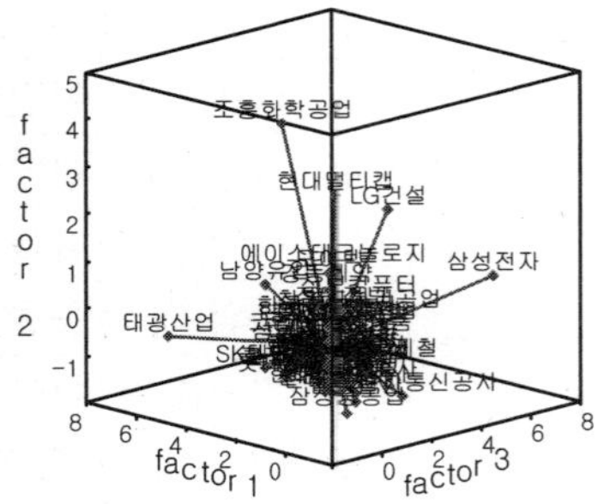

<배리맥스회전 이후>

이것을 인자분석에서의 개체플롯이라고 할 수 있는데 그 이치는 다음과 같다 (이하 생략 가능). 개체 i의 m-차원 인자점수 벡터를 f_i, 개체 l의 m-차원 인자점수 벡터를 f_l로 나타낼 때 ($i=1,\cdots,n$; $l=1,\cdots,n$),

$$\begin{aligned}(f_i-f_l)^t(f_i-f_l) &= (x_i-x_l)^t R^{-1} L L^t R^{-1}(x_i-x_l) \\ &\simeq (x_i-x_l)^t R^{-1} R R^{-1}(x_i-x_l) \quad (\because \Psi \simeq 0) \\ &= (x_i-x_l)^t R^{-1}(x_i-x_l)\end{aligned}$$

이므로 인자점수 벡터간 거리는, 근사적으로 개체간 마할라노비스(Mahalanobis) 거리이다. 또한 인자모형이

$$x_i = L f_i + \epsilon_i \simeq L f_i \quad (\because \epsilon_i \simeq 0)$$

를 의미하므로 $p\times 1$ 벡터 x_i의 j 요소 x_{ij}가 개체플롯의 i번째 인자점수 벡터 $f_i^t=(f_{i1},f_{i2},f_{i3})$와 변수플롯의 j번째 벡터 (l_{j1},l_{j2},l_{j3})의 내적으로 근사된다. 따라서 개체플롯과 변수플롯을 동시에 고려하면 자료값 x_{ij}가 근사적으로 복원된다.

예컨대 3.3절에서 살펴본 <그림 3.9>의 '태광산업'은 <그림 3.8>에서 동일방향에 위치한 변수들을 고려해볼 때 다른 개체들에 비해 상대적으로 변수 ROA, ROE, 매출액증가율의 값이 클 것이라는 것을 유추할 수 있다.

3.5 인자분석의 활용

인자분석은 사회과학에서 구인(構因, construct)에 대한 운영정의를 확보하기 위하여 쓰이는 경우가 많다. 예컨대 기업의 '안정성'을 회전인자 F_1^* 점수로 정의하고 기업의 '수익성'을 F_2^* 점수로, 기업의 '성장성'을 F_3^* 점수로 한다는 것이다. 그러나 실제 F_1^*, F_2^*, F_3^* 점수의 구성에는 이를 구성하는 주요변수 외에 다른 변수들도 다소간의 가중치로 간여하게 되므로, 아예 간단히 기업의 '안정성', '수익성', '성장성'을 해당 주요변수의 합으로 정의하는 것이 간명하다. 따라서 '안정성', '수익성', '성장성'을

안정성 = 주당순이익 + 주당순자산 + 주당EBITDA + 유보율
수익성 = ROE + ROA + 매출액증가율
성장성 = EVA + 총자산 + 순이익증가율

로 정의 · 측정하는 것이다. 그리고 나서 측정의 신뢰성(reliability)를 크론바흐 알파(Cronbach's alpha) 등으로 알아보는 것이 정해진 수순인 경우가 많다.

2장에서 언급한 것처럼 인자분석은 주성분분석과 비슷한 점도 있고 차이점도 있다. 비슷한 점이라면 차원축소에 의해 개체(행)와 변수(열)를 저차원 공간에 표현한다는 것이다. 그러므로 결과해석이 많은 경우 비슷하게 된다. 그러나 몇 가지 차이점도 있다. 첫째, 주성분분석이 순수한 자료분석 기법이라면 인자분석은 모형적합 기법이라고 볼 수 있다. 인자분석은 다시 탐색적 인자분석(exploratory factor analysis)과 확증적 인자분석(confirmatory factor analysis)으로 대별된다. 이 장에서 다룬 인자분석은 탐색적 인자분석이다. 둘째, 주성분분석이 개체(행) 중심의 차원축소기법이라면 인자분석은 변수(열) 중심의 차원축소기법이다. 따라서 변수간 상관관계를 보기 위하여, 또는 변수들을 시각적으로 군집화하기 위한 목적으로는 인자분석의 변수플롯이 더 유용하다. 개체간 친소(親疎)관계를 위주로 보기 위해서는 주성분분석이 더 좋다. 셋째, 인자분석에서는 인자부하행렬의 직교회전을 통하여 융통성 있게 구인(構因, construct)을 합성해낼 수 있다.

제 4 장

판별분석(2개 그룹)

4.1 판별분석이란?

은행에서 대출 받은 수많은 기업들 중에서 어떤 기업은 잘 갚지만 어떤 기업은 그렇지 못하다. 개인도 마찬가지다. 그렇다면 은행에서 대출업무를 담당하는 사람은 무엇을 기준으로 대출을 신청한 기업이나 사람에게 대출여부를 결정할 수 있을까? 아마도 기업이 제출한 수십 개의 기업재무지표(예컨대 순이익률, 부채비율, 자기자본)를 꼼꼼히 살펴보거나 개인의 신상과 관련된 자료를 면밀히 검토한 후 대출여부를 결정해야할 것이다. 그런데 의사결정의 속도와 정확성이 그 어느 때보다 중요한 요인으로 부상하고 있는 요즘 그와 같은 방법으로는 곤란하다.

만약 기업의 재무지표가 수십 개가 관측되었다해도 신용이 있는 기업과 그렇지 못한 기업의 차이를 간단한 합성식으로 나타낼 수 있다면 문제는 쉽게 해결될 것이다. 개인의 경우도 개인의 정보를 활용해서 대출신청을 한 개인의 신용여부에 따라 대출여부를 결정하면 될 일이다.

판별분석(discriminant analysis)의 목적은

- 사전에 외적기준으로 정해진 2개 이상의 그룹간 차이 밝혀내기
- 그룹간 차이를 가장 잘 구분짓는 설명변수 조합 찾기
- 소속그룹이 알려지지 않은 개체의 그룹 알아내기

로 이와 같이 향후 분류·예측 등에 활용하고자 하는 것이다.

이 장에서는 그룹 수를 2로 제한하여 (1) Fisher의 선형판별함수에 의한 분석, (2) 정준판별분석, (3) 단계적 판별분석, (4) 로지스틱 판별분석에 대하여 살펴보고 다음 장에서 3개 그룹 이상으로 확대한다.

4.2 사례분석 : SPSS의 활용

<표 4.1>의 자료는 건설업계의 30개 기업의 신용여부와 각 기업의 5개의 재무관련 변수를 관측한 데이터이다. 이들 5개의 변수만으로 부실기업과 건실기업이 어떻게 분류되는지 살펴보도록 하자.

<표 4.1>
30개 기업의
재무관련 자료

회사번호	신용여부	ROE	DEBTRATIO	EARNING	PER	CASHFLOW
1	1	0.5	366.1	67	130.6	680
2	1	7.0	223.8	738	12.2	954
3	1	18.9	380.1	15.2	1.5	6900
4	2	0.9	236	114	85.2	356
5	1	8.6	322.6	2258	4.1	6806
6	2	2.6	356.5	328	30.2	422
7	1	2.4	348	1035	9.5	3269
8	2	-146.0	1085.5	-34083	0	-31413
9	1	4.1	328.9	1194	12.1	4155
10	2	0.6	171.1	50	232	224
11	2	-237.9	9308.2	-16661	0	-16147
12	2	0.1	181.5	20	610	821
13	2	-31.1	609.8	-2816	0	-2647
14	1	0.4	164.4	66	180.3	608
15	1	0.4	131.5	62	132.2	609
16	1	1.9	377	232	24.6	415
17	2	1.1	495.6	82	86.6	293
18	1	5.5	159.5	670	12	874
19	2	-145.9	4941	-5523	0	-4745
20	2	-43.0	397.3	-2734	0	-1969
21	1	9.9	497.2	1619	7	2263
22	1	9.3	698.6	894	8	995
23	2	0	654.8	-931	0	-130
24	2	-23.1	660.6	-2474	0	-2197
25	1	13.6	282.5	2386	17.3	3018
26	2	-8.6	488.3	-857	0	-377
27	1	37.3	462.4	5449	1.2	5977
28	2	-9.1	493.8	-1012	0	-745
29	1	2.3	534.8	413	33.7	1657
30	1	2.2	290.5	679	21.4	1523

여기서 관측된 각 변수의 내용은 다음과 같다.

ROE : 자기자본 순이익률 (=당기순이익/총자기자본)

DEBTRATIO : 부채비율

EARNING : 순이익

PER : 주가수익비율 (=주가/주당순이익)

CASHFLOW : 현금흐름

판별분석에 들어가기에 앞서 각 변수가 동일한 척도로 관측된 것이 아니므로 표준화변수를 생성한다. 이는

Analyze ▶ Descriptive Statistics

▷ Descriptives....

에서 5개 변수를 모두 선택한 후

☑ Save Standardized Values as Variables

를 선택하여 얻게 되는데 데이터 창에 표준화된 변수 Zroe-Zcashflow가 생성된다. 그러나 판별분석에서 표준화변수에 대한 판별계수값을 산출해 주므로 원래의 변수를 이용해서 다음의 단계를 밟도록 하자.

Analyze ▶ Classify

▷ Descriminant....

1 자료 입력

<그림 4.2>
데이터의 입력
(건설업자료1.sav)

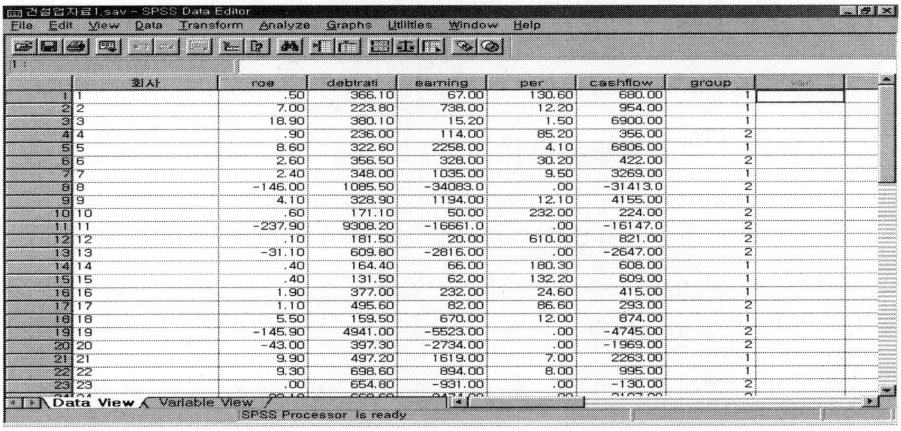

	회사	roe	debtrati	earning	per	cashflow	group
1	1	.50	366.10	67.00	130.60	680.00	1
2	2	7.00	223.80	738.00	12.20	954.00	1
3	3	18.90	380.10	15.20	1.50	6900.00	1
4	4	.90	236.00	114.00	85.20	356.00	2
5	5	8.60	322.60	2258.00	4.10	6806.00	1
6	6	2.60	356.50	328.00	30.20	422.00	2
7	7	2.40	348.00	1035.00	9.50	3269.00	1
8	8	-146.00	1085.50	-34083.0	.00	-31413.0	2
9	9	4.10	328.90	1194.00	12.10	4155.00	1
10	10	.60	171.10	50.00	232.00	224.00	2
11	11	-237.90	9308.20	-16661.0	.00	-16147.0	2
12	12	.10	181.50	20.00	610.00	821.00	2
13	13	-31.10	609.80	-2816.00	.00	-2647.00	2
14	14	.40	164.40	66.00	180.30	608.00	1
15	15	.40	131.50	62.00	132.20	609.00	1
16	16	1.90	377.00	232.00	24.60	415.00	1
17	17	1.10	495.60	82.00	86.60	293.00	2
18	18	5.50	159.50	670.00	12.00	874.00	1
19	19	-145.90	4941.00	-5523.00	.00	-4745.00	2
20	20	-43.00	397.30	-2734.00	.00	-1969.00	2
21	21	9.90	497.20	1619.00	7.00	2263.00	1
22	22	9.30	698.60	894.00	8.00	995.00	1
23	23	.00	654.80	-931.00	.00	-130.00	2

2 변수 선택

그룹변수의 더미값은 **범위지정(Defined Range)**을 클릭한 후 최소값(minimum)과 최대값(maximum)을 적는다. 여기서는 단계적 판별분석이 목적이 아니므로

☑ Enter independents together (default)

를 이용한다. 따라서 <그림 4.2>의 하단에 있는 **Method** 옵션은 비활성화되어 있다.

<그림 4.4>
변수의 선택

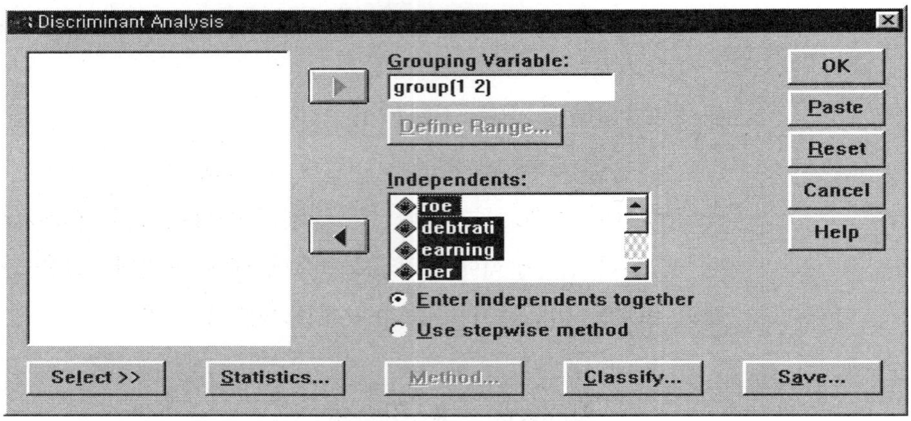

3 기타 옵션의 선택

<그림 4.2>의 판별분석 대화상자의 하단부분에 보이는 5개의 선택메뉴를 통해 각종 통계량과 플롯 등을 선택할 수 있는데 각 옵션의 내용은 다음과 같다.

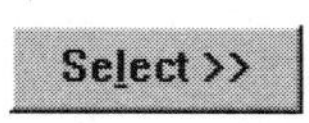

이 대화상자는 판별분석을 특정 그룹에 대해 적용시키고자 할 때 이용할 수 있다. 즉, 만일 건실기업과 부실기업이 유통, 정보통신, 광고의 3개 업종으로 분류되었고 그 가운데 특히 광고업종만을 따로 판별분석하고자 할 때 이용한다.

Descriptives : ☑ Means

Function Coefficients : ☑ Fisher's ❶

☑ Unstandardized ❷

Matrices : ☑ Total covariance

Method...

판별분석 대화상자에서 “단계적 판별분석”을 위하여 <그림 4.3>처럼

◉ Use stepwise method ❸

가 선택되었을 때 활성화되며 이때 사용할 수 있는 옵션은 다음과 같다.

Method : ◉ Wilk's lambda

Criteria : ◉ Use F value

Entry: 3.84　　Removal: 2.71

Display : ☑ Summary of steps

Classify...

Prior Probabilities : ◉ Compute from group size

Use Covariance Matrix : ◉ Within-groups

Display : ☑ Summary table

Plots : ☑ Combined-groups ❹

Save...

☑ Predicted group membership ❺

☑ Probabilities of group membership

옵션의 선택에서 ❶은 Fisher의 선형판별함수에 기초한 판별분석 결과를 제공하고 ❷는 정준판별분석 결과를 제공한다. ❸은 단계적 판별분석을 선택했을 경우 적용할 수 있다. 그리고 Plots에서 ❹는 그룹의 개수가 3개 이상인 경우 유용하다. <그림 4.5>는 ❺의 선택으로 나온 결과이다.

<그림 4.3>
단계적 판별분석

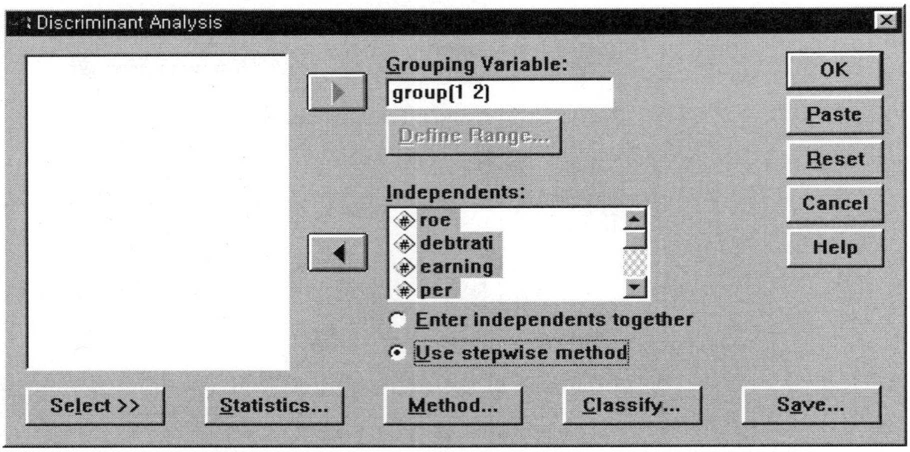

<그림 4.4>
단계적
판별분석에서의
옵션

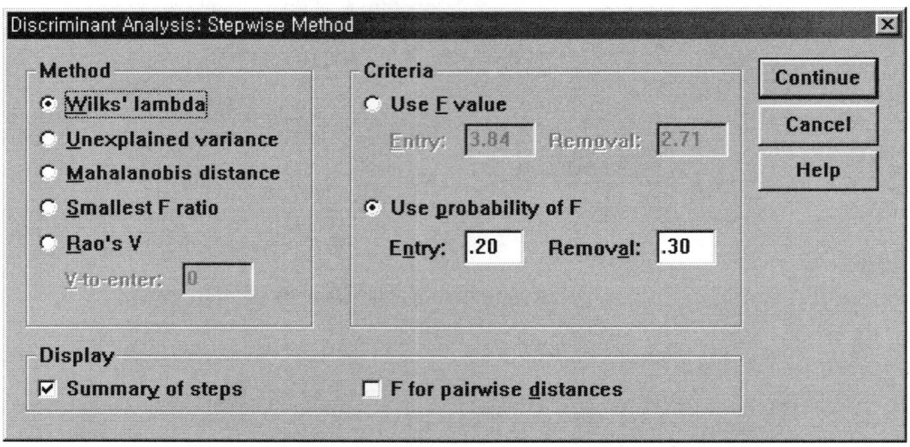

4 그룹판별

<그림 4.5>는 데이터 창에서 받은 예측된 개체들의 판별결과와 각 그룹에 판별될 확률이다.

<그림 4.5>
그룹 판별

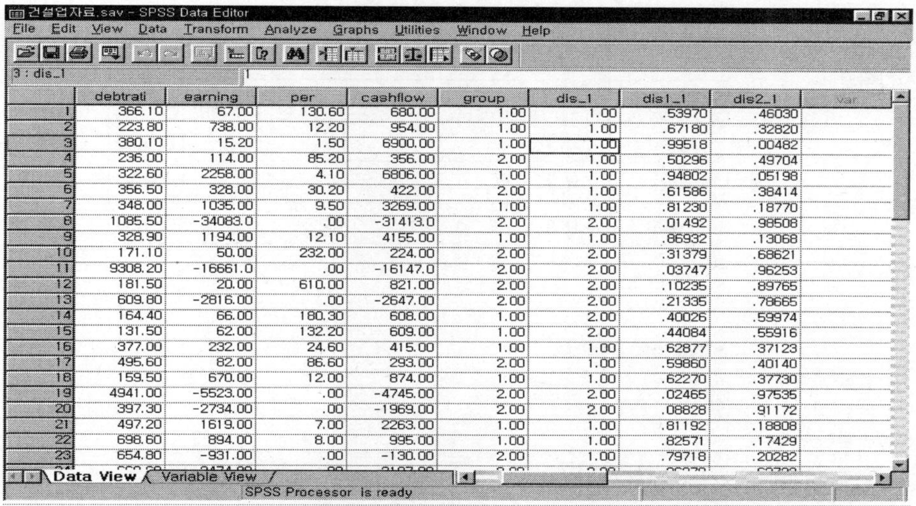

	debtrati	earning	per	cashflow	group	dis_1	dis1_1	dis2_1	var
1	366.10	67.00	130.60	680.00	1.00	1.00	.53970	.46030	
2	223.80	738.00	12.20	954.00	1.00	1.00	.67180	.32820	
3	380.10	15.20	1.50	6900.00	1.00	1.00	.99518	.00482	
4	236.00	114.00	85.20	356.00	2.00	1.00	.50296	.49704	
5	322.60	2258.00	4.10	6806.00	1.00	1.00	.94802	.05198	
6	356.50	328.00	30.20	422.00	2.00	1.00	.61586	.38414	
7	348.00	1035.00	9.50	3269.00	1.00	1.00	.81230	.18770	
8	1085.50	-34083.0	.00	-31413.0	2.00	2.00	.01492	.98508	
9	328.90	1194.00	12.10	4155.00	1.00	1.00	.86932	.13068	
10	171.10	50.00	232.00	224.00	2.00	2.00	.31379	.68621	
11	9308.20	-16661.0	.00	-16147.0	2.00	2.00	.03747	.96253	
12	181.50	20.00	610.00	821.00	2.00	2.00	.10235	.89765	
13	609.80	-2816.00	.00	-2647.00	2.00	2.00	.21335	.78665	
14	164.40	66.00	180.30	608.00	1.00	2.00	.40026	.59974	
15	131.50	62.00	132.20	609.00	1.00	2.00	.44084	.55916	
16	377.00	232.00	24.60	415.00	1.00	1.00	.62877	.37123	
17	495.60	82.00	86.60	293.00	2.00	1.00	.59860	.40140	
18	159.50	670.00	12.00	874.00	1.00	1.00	.62270	.37730	
19	4941.00	-5523.00	.00	-4745.00	2.00	2.00	.02465	.97535	
20	397.30	-2734.00	.00	-1969.00	2.00	2.00	.08828	.91172	
21	497.20	1619.00	7.00	2263.00	1.00	1.00	.81192	.18808	
22	698.60	894.00	8.00	995.00	1.00	1.00	.82571	.17429	
23	654.80	-931.00	.00	-130.00	2.00	1.00	.79718	.20282	

4.3 사례분석 : 결과의 이해

피셔(R.A. Fisher)의 선형판별분석

4.2절에서 선택한 옵션에 의해 출력된 결과를 차례로 살펴보자. <Analysis Case Processing Summary>, <Group Statistics>로부터 각 결측치에 대한 정보, 그룹별 각 변수에 대한 기술통계량 값을 살펴볼 수 있다. (그러나 이 부분은 출력을 생략하였다).

<표 4.2>는 각 그룹에 대한 사전확률을 제공하는 결과이다. 총 30개 기업 중 건실기업은 16개, 부실기업은 14개가 관측되었으므로 표본크기를 기반으로 각 그룹에 대한 사전확률이 0.533, 0.467과 같이 달리 계산된 것을 알 수 있다 (4.5.2절 참고).

한편, <표 4.3>의 구조행렬은 판별함수와 각 변수간의 상관관계를 나타내는 것으로 각 변수가 판별함수에 얼마나 기여하고 있는지를 보여준다.

<표 4.2> 사전확률

Prior Probabilities for Groups

GROUP	Prior	Cases Used in Analysis	
		Unweighted	Weighted
good	.533	16	16.000
bad	.467	14	14.000
Total	1.000	30	30.000

<표 4.3> 구조행렬(상)과 선형판별함수(하)

Structure Matrix

	Function
	1
CASHFLOW	.669
ROE	.653
EARNING	.564
DEBTRATIO	-.391
PER	-.191

Pooled within-groups correlations between discriminating variables and standardized canonical discriminant functions
Variables ordered by absolute size of correlation within function.

Classification Function Coefficients

	GROUP	
	good	bad
ROE	8.875E-02	5.598E-03
DEBTRATIO	2.074E-03	5.810E-04
EARNING	-9.67E-04	-3.30E-04
PER	3.268E-03	7.691E-03
CASHFLOW	7.190E-04	2.339E-04
Constant	-1.774	-1.635

Fisher's linear discriminant functions

<표 4.3>의 구조행렬에서 현금흐름(CASHFLOW)과 자기자본 순이익률(ROE)이 30개 기업의 건실과 부실을 판단하는 5개 변수 중에서 약간 높은 기여도를 보이고 있다. 그리고 유도된 선형판별함수 결과로부터 건실기업과 부

실기업에 대한 판별함수는 각각 다음과 같이 표현된다(4.5.1절 참고).

$$Y_{good} = -1.774 + 0.08875(\text{ROE}) + 0.00207(\text{DEBTRATIO}) - 0.00096(\text{EARNING}) + 0.00326(\text{PER}) + 0.00071(\text{CASHFLOW})$$

$$Y_{bad} = -1.635 + 0.00559(\text{ROE}) + 0.00058(\text{DEBTRATIO}) - 0.00033(\text{EARNING}) + 0.00769(\text{PER}) + 0.00023(\text{CASHFLOW})$$

건실기업에 속할 가능성은 자기자본 순이익률(ROE), 부채비율(DEBTRATIO), 현금흐름(CASHFLOW)이 클수록 높아지고 반대로 부실기업에 속할 가능성은 자기자본 순이익률이나 부채비율, 현금흐름은 낮은데 반해 순이익(EARNING)과 주가수익비율(PER)이 클수록 커진다고 하겠다.

<표 4.4>
재분류표

Classification Results(a)

			Predicted Group Membership		Total
		GROUP	good	bad	
Original	Count	good	14	2	16
		bad	6	8	14
	%	good	87.5	**12.5**	100
		bad	**42.9**	57.1	100
a **73.3% of original grouped cases correctly classified.**					

<표 4.4>의 결과는 <표 4.3>의 선형판별함수로써 분석자료를 재분류한 결과이다(4.5.2절 참고). 16개의 건실기업 중 2개만이 부실기업으로 재분류되었고 14개의 부실기업 중 8개만이 정확히 분류되었다. 따라서 건실기업에서의 오류율은 12.5%, 부실기업에서의 오류율은 42.9%이고 정확도는 22/30=0.733이다. 그러나 이는 분석자료를 평가자료로 사용했기 때문에 오류율이 과소추정되어 있을 수 있다. 그리고 부실기업을 건실기업으로 잘못 판별하는 오류가 42.9%나 되므로 분석에 사용된 변수 이외의 다른 변수들을 추가시켜보거나 좀 더 강력한 모형식을 유도할 필요가 있겠다.

정준판별분석

SPSS는 정준판별분석에 대한 요약결과로 고유값과 집단별 독립변수에 대한 평균의 동일성 검정, 집단별 공분산의 동일성 검정결과를 제공한다(4.4절 참고).

정준판별분석에서 판별함수의 개수는

min (그룹수-1, 변수개수)

이다. 따라서 이 사례의 경우 한 개의 판별함수만 도출된다. <표 4.5>를 보면 제1 고유값은 0.668이다. 이 고유값이 클수록 판별함수의 기여도가 큰 것을 나타내며 따라서 각 판별함수의 중요도를 판단하는 기준이 될 수 있다.

정준상관계수의 제곱은 집단들에 의하여 설명될 수 있는 판별함수의 분산의 비율을 나타낸다. 따라서 정준상관계수가 1에 가까울수록 설명력이 크다고 할 수 있다. 윌크스의 람다(Wilks' Lambda) 통계량 값도 5% 유의수준에서 통계적으로 유의함을 알 수 있다.

<표 4.5>
고유값과 Wilks의 람다 통계량

Eigenvalues

Function	Eigenvalue	% of Variance	Cumulative %	Canonical Correlation
1	.668(a)	100.0	100.0	.633
a First 1 canonical discriminant functions were used in the analysis.				

Wilks' Lambda

Test of Function(s)	Wilks' Lambda	Chi-square	df	Sig.
1	.600	13.041	5	.023

<표 4.6>은 정준판별함수를 유도한 결과이다. 부실기업과 건실기업에 대한 신용여부를 판별할 수 있는 정준판별함수 Y는 다음과 같이 표현된다.

$$Y = 2.717\ Z_{roe} + 1.655\ Z_{debtratio} - 2.642 Z_{earning} - 0.339 Z_{per} + 1.941 Z_{cashflow}$$

<표 4.6>
표준화 정준계수와 원정준계수(상), 그룹 중심(하)

	Function
	1
ROE	2.717
DEBTRATI	1.655
EARNING	-2.642
PER	-.339
CASHFLOW	1.941

(a) 표준화 정준계수

	Function
	1
ROE	0.0525
DEBTRATI	0.0009
EARNING	-0.0004
PER	-0.0027
CASHFLOW	0.0003
(Constant)	-0.2227

(b) 원정준계수

<표 4.6> (계속)

Functions at Group Centroids

	Function
GROUP	1
good	.738
bad	-.844
Unstandardized canonical discriminant functions evaluated at group means	

원정준계수를 이용하여 계산된 건실기업의 그룹평균이 0.738로 0보다 크므로 건실기업에 속할 가능성은 순이익(EARNING), 주가수익비율(PER)이 작을수록, 그리고 자기자본 순이익률(ROE), 부채비율(DEBTRAIO), 현금흐름(CASHFLOW)이 클수록 커진다고 하겠다. 부실기업은 이와 반대로 해석된다.

단계적 판별분석

고려하는 설명변수가 너무 많거나 이들간에 상관이 높은 경우 단계적 판별분석을 이용하여 변수 개수를 줄일 수 있고 설명을 간단히 할 수 있다. 이를 위해서는 4.2절의 <그림 4.3>, <그림 4.4>와 같이 필요한 옵션들을 선택하면 되고 이로부터 출력되는 결과는 <표 4.7>과 같다.

<표 4.7> 선별된 변수

Variables Entered/Removed(a,b,c,d)

	Entered	Wilks' Lambda							
		Statistic	df1	df2	df3	Exact F			
Step						Statistic	df1	df2	Sig.
1	CASHFLOW	.770	1	1	28.000	8.373	1	28.000	.007
2	EARNING	.711	2	1	28.000	5.482	2	27.000	.010

At each step, the variable that minimizes the overall Wilks' Lambda is entered.

a Maximum number of steps is 10.

b Maximum significance of F to enter is .20.

c Minimum significance of F to remove is .30.

d F level, tolerance, or VIN insufficient for further computation.

총 5개의 변수 중 현금흐름(CASHFLOW), 순이익(EARNING)만이 통계적으로 유의한 변수로 선택되었다. 그리고 <표 4.8>의 결과로부터 단계 1에서 제일 먼저 진입한 변수가 현금흐름(CASHFLOW)이고 순이익(EARNING) 변수는 단계 2에서 진입했으며 단계 3부터는 다른 변수들의 진입이 유의하지 않았음을 알 수 있다.

<표 4.8>
변수 진입과정

Variables in the Analysis

Step		Tolerance	Sig. of F to Remove	Wilks' Lambda
1	CASHFLOW	1.000	.007	
2	CASHFLOW	.049	.048	.825
	EARNING	.049	.147	.770

<표 4.9>이후의 결과들은 5개의 변수들 중 모형에 유의한 변수로 진입한 2개의 변수, 즉 현금흐름(CASHFLOW)과 순이익(EARNING)만을 이용한 선형판별분석, 정준판별분석 결과이다. 이 결과로부터 최종적으로 선별된 현금흐름(CASHFLOW)과 순이익(EARNING) 변수의 판별함수에 대한 기여도가 앞에서 살펴본 <표 4.3>의 결과보다 증가하였음을 알 수 있다.

<표 4.9>
2개 변수에 대한 구조행렬

Structure Matrix

	Function
	1
CASHFLOW	.858
EARNING	.724
ROE(a)	.605
DEBTRATI(a)	-.350
PER(a)	.114
Pooled within-groups correlations between discriminating variables and standardized canonical discriminant functions Variables ordered by absolute size of correlation within function.	
a This variable not used in the analysis.	

결국 부실기업과 건실기업에 대한 분류는 순이익(EARNING)과 현금흐름(CASHFLOW)만이 통계적으로 의미가 있으며 이에 대한 선형판별식은 <표 4.10>으로부터 다음과 같이 표현된다. 따라서 건축업을 하고 있는 30개의 기업에 대해서 건실기업으로 분류될 가능성은 순이익(EARNING)에 비해 현

금흐름(CASHFLOW)이 많을수록 높다고 하겠다. 반대로 순이익이 많음에도 불구하고 현금흐름이 상대적으로 적으면 부실기업에 속할 가능성이 크다.

$$Y_{good} = -1.217 - 0.00069(\mathrm{EARNING}) + 0.00076(\mathrm{CASHFLOW})$$

$$Y_{bad} = -1.048 - 0.00025(\mathrm{EARNING}) + 0.00015(\mathrm{CASHFLOW})$$

<표 4.10>
판별계수(좌)
그룹중심(우)

Classification Function Coefficients

	GROUP	
	good	bad
EARNING	-0.00069	-0.00025
CASHFLOW	0.00076	0.00015
(Constant)	-1.217	-1.048
Fisher's linear discriminant functions		

Functions at Group Centroids

	Function
GROUP	1
good	.576
bad	-.658

<표 4.11>은 2개의 설명변수만으로 구성된 판별식에 의한 재분류 결과이다. 5개의 변수를 모두 이용해서 얻었던 <표 4.4>의 결과와 비교해볼 때 정확도가 73.3%에서 90%로 증가하였다. 특히 부실기업에서의 오류율은 42.9%에서 14.3%로 눈에 띄게 낮아졌음을 알 수 있다.

<표 4.11>
재분류결과

			Predicted Group Membership		Total
		GROUP	good	bad	
Original	Count	good	15	1	16
		bad	2	12	14
	%	good	93.8	**6.3**	100
		bad	**14.3**	85.7	100
a 90.0% of original grouped cases correctly classified.					

따라서 변수가 많다고 해서 그룹판별력을 높이는 것은 아니라는 것을 알 수 있다. 결국 그룹을 잘 구분해줄 수 있는 유용한 변수들을 선별해야하고 이들을 이용한 적절한 선형식을 찾아내는 것이 중요하다. 특히 데이터가 다변량정규분포를 따르지 않는 경우나 매우 불균형이 심한 데이터의 경우에는 적절한 변환을 통해 판별분석이 가능하도록 데이터를 다듬어야한다.

4.4 사례분석: 로지스틱 판별분석

4.4.1 SPSS의 활용

그룹판별 분석 방법의 또 하나는 회귀분석의 연속선 상에서 자료를 분석하는 것이다. 단, 오차항에 대한 정규성이나 등분산성 가정을 두지 않는다.

SPSS를 이용한 로지스틱 판별분석은 주메뉴에서 다음과 같이 선택하여 로지스틱 회귀분석 대화상자로 들어간다.

- 그룹개수가 2인 경우

Analyze ▶ Regression
▷ binary logistic....

- 그룹개수가 3이상 경우

Analyze ▶ Regression
▷ multinomial logistic....

그리고 <그림 4.6>처럼 종속변수에 기업의 건실여부를 나타내는 변수를 옮겨놓고 **Covariates**에 분석할 독립변수들을 포함시킨다. 설명변수가 범주형인 경우는 **Categorical...**을 이용해서 지정한다.

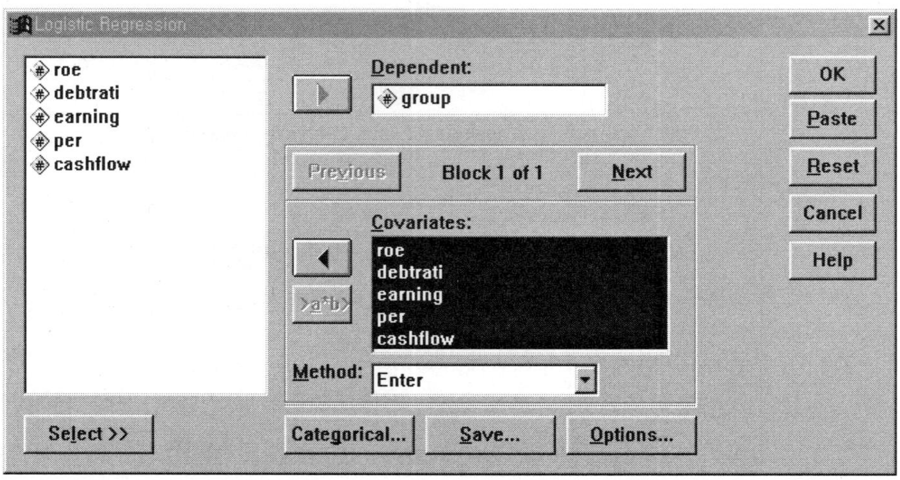

<그림 4.6> 로지스틱 판별분석에서의 변수입력

<그림 4.7>, <그림 4.8>과 같이 필요한 통계량과 플롯을 선택하고 적합 값과 영향력 검증통계량 값, 잔차들을 새로운 변수로 저장한 후 플롯을 새로이 작성한 탐색적인 추가 분석이 가능하다.

<그림 4.7>
통계량과 플롯의 선택

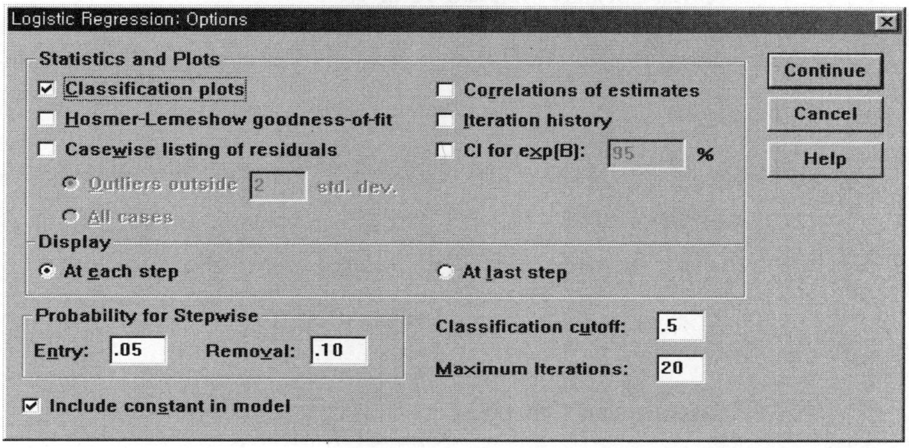

<그림 4.8>
통계량의 저장

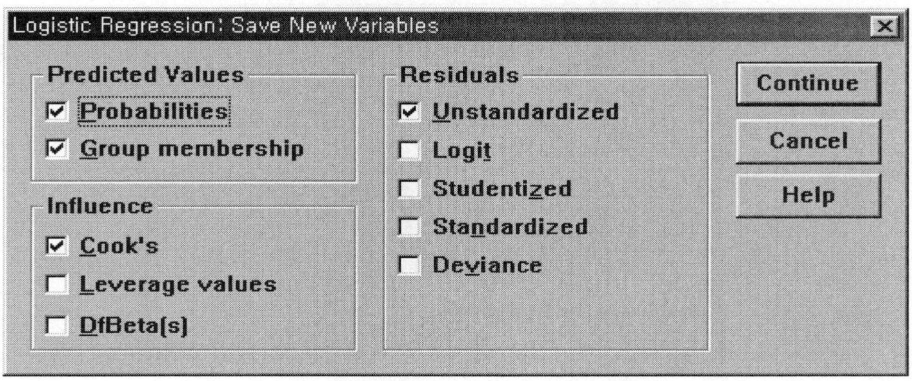

4.4.2 결과의 이해

SPSS수행 결과중 <표 4.12>는 그룹을 나타내는 종속변수의 값이 건실 기업이면 0으로 부실기업이면 1로 재코딩 되었음을 나타낸다. 따라서 로지스틱 판별모형은 다음과 같다.

$$\log \frac{P(Y=1 \mid \text{ROE}, \cdots, \text{CASHFLOW})}{P(Y=0 \mid \text{ROE}, \cdots, \text{CASHFLOW})}$$

$$= \beta_0 + \beta_1 \text{ROE} + \cdots + \beta_5 \text{CASHFLOW}$$

SPSS는 SAS와는 반대로 그룹으로 코딩된 값 중 작은 값이 분모에 들어가는 것이 디폴트이다.

<표 4.12> SPSS에서의 재코딩

Dependent Variable Encoding

Original Value	Internal Value
good	0
bad	1

<표 4.13>은 제0 단계에서의 분류결과이다. 이는 상수항만으로 그룹을 판별한 것인데 그룹판별 기준값(cut value)을 0.5로 했을 때 부실기업에 대한 정확도는 0%임을 나타내고 있다(4.4절의 로지스틱 회귀를 이용한 판별분석 참고).

<표 4.13> 재분류표

Classification Table(a,b)

			Predicted		
			GROUP		Percentage Correct
	Observed		good	bad	
Step 0	GROUP	good	16	0	100.0
		bad	14	0	.0
	Overall Percentage				53.3
a Constant is included in the model.					
b The cut value is .500					

Variables in the Equation

		B	S.E.	Wald	df	Sig.	Exp(B)
Step 0	Constant	-.134	.366	.133	1	.715	.875

<표 4.14>는 제1 단계에서의 결과로 모든 설명변수들이 포함되었고 이에 따른 판별결과, 그룹판별 기준값(cut value)을 0.5로 두었을 때 정확도는 100%를 보이고 있다.

<표 4.14>
재분류표

Model Summary

Step	-2 Log likelihood	Cox & Snell R Square	Nagelkerke R Square
1	.000	.749	1.000

Classification Table(a)

			Predicted		
			GROUP		Percentage Correct
	Observed		good	bad	
Step 1	GROUP	good	16	0	100.0
		bad	0	14	100.0
	Overall Percentage				100.0
a The cut value is .500					

한편 <표 4.15>로부터 4.2절에서 다룬 Fisher의 선형판별분석이나 정준판별분석 또는 단계적 판별분석에서의 결과와 달리 모든 설명변수들이 통계적으로 유의하지 않음을 알 수 있다.

<표 4.15>
변수의 유의성

Variables in the Equation

		B	S.E.	Wald	df	Sig.	Exp(B)
Step 1(a)	ROE	11.246	252.239	.002	1	.964	76609.582
	DEBTRATIO	.090	2.211	.002	1	.967	1.095
	EARNING	.174	4.424	.002	1	.969	1.190
	PER	.729	21.365	.001	1	.973	2.072
	CASHFLOW	-.445	10.096	.002	1	.965	.641
	Constant	59.186	1674.334	.001	1	.972	5.059E+25
a Variable(s) entered on step 1: ROE, DEBTRATIO, EARNING, PER, CASHFLOW.							

많은 변수들 중에 유의한 설명변수들을 찾고자 하는 경우, 로지스틱 판별분석에서도 회귀분석과 마찬가지로 전진선택법, 후진제거법 등을 이용하여 간명한 모형을 모색할 수 있다. 이에 대한 분석은 생략하기로 한다.

4.5 이론적 고찰

Fisher의 선형판별분석

4.5.1 판별분석의 기하와 선형판별식

도산한 기업과 그렇지 않은 기업 사이에는 어떤 차이가 있을까? 도산기업($G=1$)들의 부도(不渡) 1년 전 p개 재무지표를 조사하고 현재 건실한 기업($G=2$)들의 1년전 동일한 재무지표를 조사하여 자료를 만들었다고 하자. 이 때 가장 먼저 해 볼 수 있는 것은 각 변수별로 두 그룹간에 어떤 차이가 있는가를 보는 것이다. 예컨대 X_1과 X_2에서 두 그룹이 <그림 4.9>와 같이 분포한다고 하자.

<그림 4.9>
두 그룹의 일변량 분포 비교

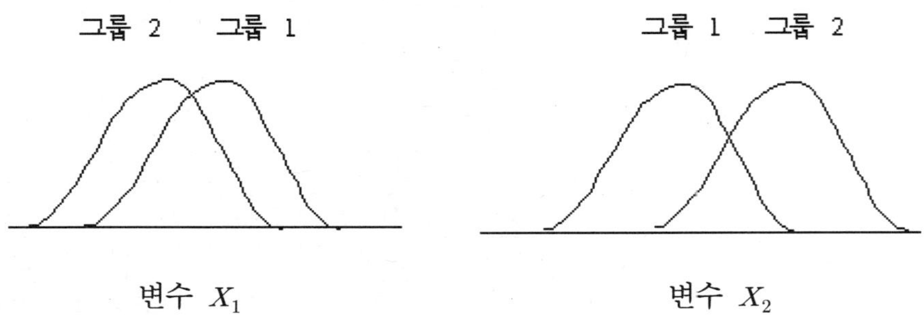

변수 X_1에서는 그룹 1이 그룹 2에 비교하여 약간 큰 경향이 있고 변수 X_2에서는 이와 반대로 그룹 2가 그룹 1에 비교하여 큰 경향이 약간 더 뚜렷하다. 그러나, 이와 같은 일변량 비교보다는 <그림 4.10>과 같은 다변량 비교가 두 그룹의 구분을 더욱 명료하게 한다. 따라서 다변량 변수를 종합적으로 활용하면서 두 그룹을 가장 잘 대비시키는 새로운 축(선형결합)

$$Y = a_1 X_1 + \cdots + a_p X_p$$

를 찾을 수 있지 않을까 하는 것이 이 장에서 추구하는 것이다.

<그림 4.10>
두 집단의 이변량 분포 비교

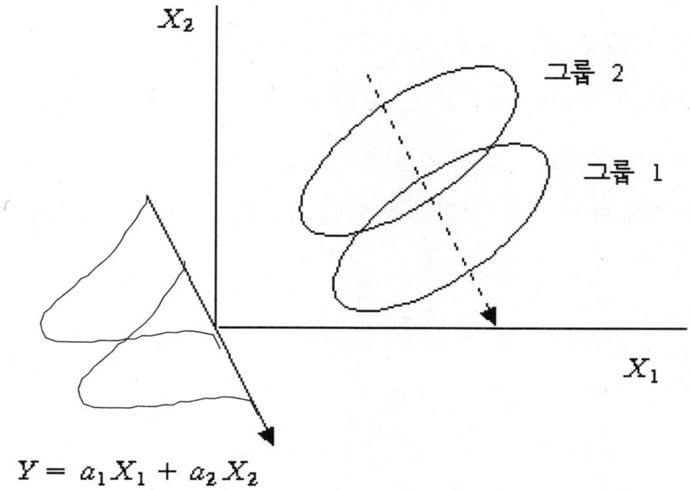

두 그룹의 판별을 위해서는 다음과 같은 형태의 분석자료가 있어야 한다.

그룹 1 $(G=1)$: $(x_{i1}^{(1)}, x_{i2}^{(1)}, \cdots, x_{ip}^{(1)})$, $i = 1, \cdots, n_1$.

그룹 2 $(G=2)$: $(x_{i1}^{(2)}, x_{i2}^{(2)}, \cdots, x_{ip}^{(2)})$, $i = 1, \cdots, n_2$.

그러면 각 그룹의 자료는 다음과 같이 평균 벡터와 공분산 행렬로 요약된다.

그룹 1 $(G=1)$: $\overline{x}^{(1)}$, $S^{(1)}$.

그룹 2 $(G=2)$: $\overline{x}^{(2)}$, $S^{(2)}$.

여기서 두 그룹이 모집단 수준에서 동일한 공분산 행렬을 갖는다고 가정하면 그것은

$$S = \frac{(n_1 - 1)\, S^{(1)} + (n_2 - 1)\, S^{(2)}}{(n_1 - 1) + (n_2 - 1)}$$

로 추정된다. 따라서 임의의 관측벡터

$$x^t = (x_1, x_2, \cdots, x_p)$$

가 그룹 1의 중심점 $\overline{x}^{(1)}$ 보다 그룹 2의 중심점 $\overline{x}^{(2)}$ 에 더 가까울 조건은, 즉 임의의 관측벡터 x를 그룹 2로 판단할 기준은

$$(x - \overline{x}^{(1)})^t\, S^{-1}(x - \overline{x}^{(1)}) \geq (x - \overline{x}^{(2)})^t\, S^{-1}(x - \overline{x}^{(2)}) \tag{4.1}$$

와 같이 마할라노비스 거리의 대소로 표현된다.[1] (4.1)은

$$\begin{aligned}&(x-\bar{x}^{(1)})^t\, S^{-1}(x-\bar{x}^{(1)}) \ge (x-\bar{x}^{(2)})^t\, S^{-1}(x-\bar{x}^{(2)})\\ \Leftrightarrow &-2\,\bar{x}^{(1)t}\, S^{-1}\, x+\bar{x}^{(1)t}\, S^{-1}\bar{x}^{(1)} \ge -2\,\bar{x}^{(2)t}\, S^{-1}\, x+\bar{x}^{(2)t}\, S^{-1}\bar{x}^{(2)} \qquad (4.2)\\ \Leftrightarrow &(\bar{x}^{(2)}-\bar{x}^{(1)})^t\, S^{-1}\, x \ge (\bar{x}^{(2)t}\, S^{-1}\bar{x}^{(2)}-\bar{x}^{(1)t}\, S^{-1}\bar{x}^{(1)})/2\end{aligned}$$

와 마찬가지이다. 따라서 소속 그룹이 알려지지 않은 임의의 관측벡터 x가 어느 그룹에서 나온 것일까를 판별하는 데 다음 기준을 활용할 수 있게 된다.

$$\begin{aligned}&x \in \text{그룹 } 1 \Leftrightarrow b^t x \le c\\ &x \in \text{그룹 } 2 \Leftrightarrow b^t x \ge c\end{aligned} \qquad (4.3)$$

여기서, 계수벡터 b와 실수 c는

$$b = S^{-1}(\bar{x}^{(2)} - \bar{x}^{(1)}) , \; c = (\bar{x}^{(2)t}\, S^{-1}\bar{x}^{(2)} - \bar{x}^{(1)t}\, S^{-1}\bar{x}^{(1)})/2$$

이다. 그룹 별 판별함수의 정의는 다음과 같다.

◦ 판별함수 (정의) :

$$L_g(x) = \bar{x}^{(g)t}\, S^{-1}\, x - \bar{x}^{(g)t}\, S^{-1}\bar{x}^{(g)}/2\,,\; g = 1, 2\,.$$

따라서 (4.3)의 판별기준은 판별함수로써 다음과 같이 재표현될 수 있다 (식 (4.2) 참조).

$$\begin{aligned}&x \in \text{그룹 } 1 \Leftrightarrow L_1(x) \ge L_2(x),\\ &x \in \text{그룹 } 2 \Leftrightarrow L_2(x) \ge L_1(x).\end{aligned} \qquad (4.4)$$

판별함수 $L_1(x)$이나 $L_2(x)$는 x의 선형함수이므로 (4.4)의 경계도 선형으로 주어진다.

4.5.2 사전확률과 오분류 비용, 분류결과의 정리

어떤 경우엔 각 그룹이 다른 사전확률(prior probability)을 가질 수 있다. 예컨대 기업들 중에서 1년이상 건실한 상태를 유지하는 비율이 p이고 1년 이내에 부실해지는 비율이 q라면 $(p+q=1)$, 그룹 1 (건실기업군)에 사전확률

1) 실제로 이것은 그룹별로 다변량 정규분포를 가정하는 것이다. 즉
$f(x \mid \mu^{(g)}, \Sigma) = (2\pi)^{-p/2} \mid \Sigma \mid^{-1/2} \exp[-(x-\mu^{(g)})'\, \Sigma^{-1}(x-\mu^{(g)})/2\,]$, g =1,2.

$p\ (=p_1)$, 그룹 2 (부실기업군)에 사전확률 $q\ (=p_2)$를 부여할 수 있겠다. 이 때에는 베이즈 정리에 따라

$$\text{그룹 1에 대한 사후확률} \propto p_1\ f(x \mid \overline{x}^{(1)}, S),$$

$$\text{그룹 2에 대한 사후확률} \propto p_2\ f(x \mid \overline{x}^{(2)}, S)$$

로 추정된다. 여기서,

$$f(x \mid \mu^{(g)}, \Sigma) = (2\pi)^{-p/2} \mid \Sigma \mid^{-1/2} \exp[-(x-\mu^{(g)})'\Sigma^{-1}(x-\mu^{(g)})/2],\ g=1,2$$

는 다변량 정규분포의 확률밀도이다. 따라서

$$x \in \text{그룹 } 2 \quad \Leftrightarrow \quad p_1\ f(x \mid \overline{x}^{(1)}, S) \le p_2\ f(x \mid \overline{x}^{(2)}, S)$$

$$\Leftrightarrow -2\log p_1 + (x-\overline{x}^{(1)})^t S^{-1}(x-\overline{x}^{(1)})$$

$$\ge -2\log p_2 + (x-\overline{x}^{(2)})^t S^{-1}(x-\overline{x}^{(2)}).$$

따라서 사전확률까지 고려한 그룹 별 판별함수의 정의는 다음과 같게 된다.

◦ 판별함수 (사전확률 p_g를 고려한 정의) :

$$L_g(x) = \overline{x}^{(g)t} S^{-1} x - \overline{x}^{(g)t} S^{-1}\overline{x}^{(g)}/2 + \log p_g,\ g=1,2.$$

마찬가지로, 판별기준은 판별함수로써 (4.4)로 정리된다.

또 어떤 경우에는 오분류(misclassification)의 유형에 따라 다른 비용을 생각해야 하는 경우가 있다. 예컨대 은행의 입장에서는, 부실기업을 건실기업이라고 잘못 분류(예측)함으로써 해당기업에 대출금을 떼이게 되는 금전적 손실을 입게 된다. 반대로 건실기업을 부실기업이라고 잘못 분류(예측)하게 되면 은행이 금전적 손실을 직접 입는 것은 아니지만 기회비용 등 비금전적 손실을 보게 된다. 이것을 고려한 판별함수는 다음과 같이 유도된다.

실제로 그룹 1인데 그룹 2로 분류됨으로써 발생하는 비용을 $C_{2|1}$이라고 하고, 실제로는 그룹 2인데 그룹 1로 분류됨으로써 발생하는 비용을 $C_{1|2}$라고 하자.

▷ 비용행렬 (cost matrix) :

실제그룹	분류그룹	
	1	2
1	$C_{1\|1}$ (=0)	$C_{2\|1}$
2	$C_{1\|2}$	$C_{2\|2}$ (=0)

만약 관측벡터 x를 그룹 1로 분류한다면 그 때 발생하는 기대비용은

$$p_1\ f\,(x \mid \overline{x}^{(1)},\, S) \times C_{1|1} + p_2\ f\,(x \mid \overline{x}^{(2)},\, S) \times C_{1|2}$$

에 비례하게 될 것이고, 반대로 그룹 2로 분류한다면 그 때 발생하는 기대비용은

$$p_1\ f\,(x \mid \overline{x}^{(1)},\, S) \times C_{2|1} + p_2\ f\,(x \mid \overline{x}^{(2)},\, S) \times C_{2|2}$$

에 비례하게 될 것이다 (단, $C_{1|1} = C_{2|2} = 0$). 따라서

$$x \in \text{그룹 } 2 \quad \Leftrightarrow \quad C_{2|1}\ p_1\ f\,(x \mid \overline{x}^{(1)},\, S) \le \ C_{1|2}\ p_2\ f\,(x \mid \overline{x}^{(2)},\, S)$$

$$\Leftrightarrow -2\log(C_{2|1}\,p_1) + \ (x - \overline{x}^{(1)})^t\ S^{-1}(x - \overline{x}^{(1)}) \ \ge$$

$$-2\log(C_{1|2}\,p_2) + \ (x - \overline{x}^{(2)})^t\ S^{-1}(x - \overline{x}^{(2)}).$$

따라서 오분류비용까지 고려한 그룹 별 판별함수의 정의는 다음과 같게 된다.

◦ 판별함수 (사전확률 p_g과 오분류비용 $C_{2|1}$과 $C_{1|2}$를 고려한 정의) :

$$L_1\,(x) = \overline{x}^{(1)t}\ S^{-1}\,x - \ \overline{x}^{(1)t}\ S^{-1}\overline{x}^{(1)}/2 + \ \log(C_{2|1}\,p_1),$$

$$L_2\,(x) = \overline{x}^{(2)t}\ S^{-1}\,x - \ \overline{x}^{(2)t}\ S^{-1}\overline{x}^{(2)}/2 + \ \log(C_{1|2}\,p_2).$$

마찬가지로, 판별기준은 판별함수로써 (4.4)로 정리된다.

이제까지 얻은 판별함수와 기준을 사용하여 소속 그룹이 알려지지 않은 관측개체 x를 분류할 수 있을 것이다. 그리고 한참 후에는 그 분류가 옳았는지 아니면 틀렸는지를 알게 된다. 유감스럽게도 개별 분류의 정확성을 당장 알 수 있는 것은 아니다.

분석자료에 분류규칙을 적용해 보면 어떨까? 분석자료는 소속그룹이 이미 알려져 있으므로 분류의 정확성을 통계적으로 평가해볼 수 있을 것이다. 그 결과를 다음과 같이 재대입 분류표로 정리하여 보자.

▷ 재대입 분류표 (resubstitution classification table) :

실제그룹	분류그룹	
	1	2
1	N_{11}	N_{12}
2	N_{21}	N_{22}

재대입 분류의 정확도, 총오류율, 그룹별 오류율 등을 다음과 같이 정의할 수 있다.

▷ 정확도 (hit ratio) = $(N_{11} + N_{22}) / (N_{11} + N_{12} + N_{21} + N_{22})$

▷ 총오류율(error rate) = $(N_{12} + N_{21}) / (N_{11} + N_{12} + N_{21} + N_{22})$

- 그룹 1 오류율 $E(2|1) = N_{12} / (N_{11} + N_{12})$
- 그룹 2 오류율 $E(1|2) = N_{21} / (N_{21} + N_{22})$

그러나, 재대입 분류의 정확도는 과다하게, 오류율은 과소하게 잡히기 마련이다. 왜냐하면 분류규칙을 만드는 데 쓴 자료와 분류규칙의 평가 자료가 같기 때문이다. (비유적으로 이것은, 갑이 을보다 어떤 점에서 나은가를 보고 평가 기준을 세운 다음 갑과 을을 비교·평가한 것과 마찬가지이다.) 그러므로 분류의 정확도 및 오류율을 공정하게 추정하기 위하여는 분석표본과 평가표본이 중복되지 않아야 한다. 이에 대하여는 다음 장에서 본격적으로 다루기로 하겠다.

정준판별분석

또 하나의 기법으로 정준판별분석(正準判別分析, canonical discriminant analysis)을 설명하기로 하겠다. 판별변수 벡터를 $x = (X_1, \cdots, X_p)^t$ 로 나타내고 선형결합 $Y = b^t x$ 를 생각하기로 하자. 여기서 $b = (b_1, \cdots, b_p)^t$ 는 계수 벡터이다. 즉

$$Y = b_1 X_1 + \cdots + b_p X_p$$

이다. 그러면 Y의 그룹별 평균은 각각 $b^t \bar{x}^{(1)}$ 과 $b^t \bar{x}^{(2)}$ 이고 그룹별 분산은 $b^t S b$ 이다 (x 의 공분산 행렬이 동일하다는 전제하에). 따라서 그룹 평균간 표준화 거리는

$$D = \frac{b^t \, \overline{x}^{(2)} - b^t \, \overline{x}^{(1)}}{\sqrt{b^t S b}}$$

이다. 그러므로

$$\max_b \frac{\left(b^t \, \overline{x}^{(1)} - b^t \, \overline{x}^{(2)} \right)^2}{b^t S b} \tag{4.5}$$

가 되는 $p \times 1$ 계수벡터 b를 찾음으로써 두 그룹을 가장 잘 분리할 수 있을 것이다. 그 해는

$$b \propto S^{-1}(\overline{x}^{(2)} - \overline{x}^{(1)})$$

이다 . 이렇게 찾은 선형결합의 표준화변량, 즉

$$Y_{\text{can}} = \frac{b^t \, (x - \overline{x}^{(\cdot)})}{\sqrt{b^t \, S \, b}}$$

$$(\text{여기서 } \overline{x}^{(\cdot)} = \frac{n_1 \overline{x}^{(1)} + n_2 \overline{x}^{(2)}}{n_1 + n_2}) \tag{4.6}$$

를 정준판별변수라고 하는데 이를 이용한 판별분석이 바로 정준판별분석이다. 그룹 수가 2인 경우 정준판별분석은 앞의 2-그룹 판별분석과 사실상 일치한다. 그러나 그룹 수가 3이상인 경우에는 그렇지도 않다. 이에 대하여는 다음 장에서 설명하기로 하겠다.

출력 중에서 원정준계수는 (4.6)에서 판별변수벡터 x의 계수를 말한다. 그리고 표준화 정준계수는 정준판별변수에 걸리는 표준화된 판별변수의 계수를 말한다. 그러므로 각 판별변수의 상대적 중요도를 의미한다. 그리고 그룹별 평균은 정준판별변수 Y_{can}의 그룹별 평균을 말한다.

단계적 판별분석

판별변수의 수가 많고 잠정적 가치만 있는 경우 이들 중 일부만 선택해서 분석에 활용할 필요가 있다. SPSS에서 제공하는 변수선택방법은 직접선택(DIRECT)방법과 단계적 방법이 있다. 직접선택방법은 사용자가 기술한 모든 변수들을 모형에 포함시키는 방법이다.

단계적방법은 각 단계에서 편 F검증(partial F-test)(또는 Wilks의 Lambda검증) 통계량을 활용하는 것이다. 즉, 각 변수의 기여도를 수정평균(adjusted mean)의 그룹간 차이로 보고 이에 대한 통계적 유의성(p값)을 평가하여 변수의 진입과 제거를 결정한다. 다시 말하여 이미 진입한 변수들을 같은 수준으로 놓았을 때 고려 변수의 그룹 평균간 차이가 얼마나 되는가를 평가하여 변수의 선택여부를 결정한다고 말할 수 있다. 일정 수준의 p값을 가진 변수가 더 이상 없을 때까지 변수선택을 계속하되 일단 선택된 변수라도 p값이 일정 수준이 되지 못하면 제거한다.

4.3절에서 살펴본 <표 4.7>의 결과를 정리하면 다음과 같다.

단계 1: 변수 CASHFLOW 진입 :

(partial F = 8.373 , df=(1, 28) p-value= 0.007)

단계 2: 변수 EARNING 진입 :

(partial F = 5.482 , df=(1, 27) p-value= 0.010)

단계 3: 그 밖의 변수 진입 실패 → 종료 !

로지스틱 회귀를 이용한 판별분석

또 하나의 판별분석기법으로서 로지스틱 회귀(logistic regression)를 이용하는 방법이 있다. 그룹변수인 G를 이항형 반응 $Y(=1,2)$로 보고 판별변수 $X_1, \cdots, X_p$를 p개의 설명변수로 보는 것으로서, 로지스틱 회귀모형은 다음과 같이 기술된다. SPSS는 SAS와는 반대로 디폴트로 반응값이 작은 범주가 분모로 들어간다. 따라서

$$\log \frac{P(Y=2 \mid x_1, \cdots, x_p)}{P(Y=1 \mid x_1, \cdots, x_p)} = \beta_0 + \beta_1 x_1 + \cdots + \beta_p x_p . \tag{4.7}$$

으로부터 그룹 2의 확률 $p_x = P(Y=2 \mid x_1, \cdots, x_p)$를 다음과 같이 로지스틱(logistic) 함수로 표현가능하다.

$$P(Y=2 \mid x_1, \cdots, x_p) = \frac{\exp\{\beta_0 + \beta_1 \mathrm{x}_1 + \cdots + \beta_\mathrm{p} \mathrm{x}_\mathrm{p}\}}{1 + \exp\{\beta_0 + \beta_1 \mathrm{x}_1 + \cdots + \beta_\mathrm{p} \mathrm{x}_\mathrm{p}\}} . \tag{4.8}$$

로지스틱 회귀모형 (4.7)과 로지스틱 함수 (4.8)을 쉽게 이해하기 위하여 $p=1$인 경우를 보자 (당분간 X_1을 X로, x_1을 x로 표기하기로 한다.) 그러면 (4.7)은

$$\log \frac{P(Y=2 \mid x)}{P(Y=1 \mid x)} = \beta_0 + \beta_1 x$$

이 되고 (4.8)은

$$P(Y=2 \mid x) = \frac{\exp\{\beta_0 + \beta_1 \mathrm{x}\}}{1 + \exp\{\beta_0 + \beta_1 \mathrm{x}\}}$$

로 표현된다. 이것을 그래프로 그린 것이 <그림 4.11>이다. $\beta_1 > 0$인 경우, x가 클수록 그룹 2에 속할 가능성이 높아짐을 알 수 있다.

<그림 4.11>
로지스틱 함수
$(\beta_1 > 0)$

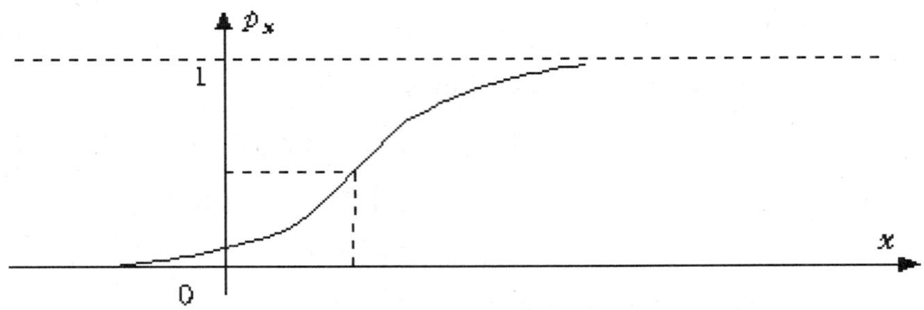

모형 (4.7) 또는 (4.8)에서 모수 $\beta_0, \beta_1, \cdots, \beta_p$는 최대가능도방법(maximum likelihood method)으로 추정될 수 있다. 이를 위하여 뉴튼-라프슨(Newton-Raphson) 알고리즘을 사용하여 할 수 있는데 여기서는 설명을 생략하기로 한다.

일단 모형이 적합되면 각 관측별로 그룹 2의 확률

$$p_x = P(Y=2 \mid x_1, \cdots, x_p)$$

가

$$\hat{p}_x = \frac{\exp\{\hat{\beta}_0 + \hat{\beta}_1 \mathrm{x}_1 + \cdots + \hat{\beta}_\mathrm{p} \mathrm{x}_\mathrm{p}\}}{1 + \exp\{\hat{\beta}_0 + \hat{\beta}_1 \mathrm{x}_1 + \cdots + \hat{\beta}_\mathrm{p} \mathrm{x}_\mathrm{p}\}}$$

로 추정된다. 따라서 적절한 기준치 c을 정하여 판별규칙을

$$\begin{cases} \hat{p}_x \geq c \text{ 이면, 그룹 2로 분류} \\ \hat{p}_x < c \text{ 이면, 그룹 1로 분류} \end{cases}$$

로 정하여 활용할 수 있을 것이다.

로지스틱 회귀에서의 좋은 점 중 하나는 각 회귀계수에 대한 유의성 검증이 쉽다는 것이다. 예컨대

$$H_0 : \beta_p = 0 \quad \text{대} \ H_1 : \beta_p \neq 0$$

의 검증은 왈드(Wald)의 방법으로 하는데 이것은 자유도 1의 카이제곱

$$\chi^2 = \frac{\hat{\beta}_p{}^2}{\mathrm{Var}\hat{\beta}_p \text{의 추정치}}$$

를 검증통계량으로 한다. 이를 이용하여 그룹판별에 도움이 되는 변수와 그렇지 않은 변수를 쉽게 구별해낼 수 있다.

한편 로지스틱 판별분석에서도 회귀분석에서와 유사하게 SPSS에서 제공하는 변수선택 방법으로 2가지 유형의 단계적 방법(stepwise methods)이 있다. 즉, 전진 단계법(FSTEP: forward stepwise method)과 후진 단계법(BSTEP: backward stepwise method)으로 이들 두 방법은 변수를 제거할 때는 왈드(Wald)통계량, 가능도비, 조건부 알고리즘(conditional algorithm) 등을 이용하고 변수를 모형에 진입시킬 때는 스코어(score)통계량을 이용한다.

SPSS에서 제공하는 후진 단계법의 알고리즘을 살펴보면 다음과 같다.

단계 1 : 완전모형에 대한 모수를 추정한다.

단계 2 : 현재모형의 MLE에 기초하여 가능도비통계량, Wald통계량, 조건부 통계량 등을 계산하여 각 변수들에 대한 유의성을 살펴본다.

단계 3 : 유의성이 가장 큰 변수를 선택한다. 유의성이 제거되는 변수에 대한 유의확률보다 작으면 단계 5로 간다. 그렇지 않고 만약 변수가 없는 현재모형이 전 단계의 모형과 동일한 유의성을 가진다면 알고리즘을 종료하고 다음 단계로 간다.

단계 4 : 현재 모형에서 유의성이 가장 큰 변수를 제거한다. 수정된 모형에 대해서 모수를 추정하고 단계 2를 밟는다.

단계 5 : 모형에 포함될 수 있는 다른 가능한 변수들이 있는지 검토해본 후 없으면 종료하고 그렇지 않으면 다음 단계로 넘어간다.

단계 6 : 현재 모형의 MLE에 기초하여 모형에 포함되지 않은 다른 모든 변수들에 대한 스코어통계량을 계산하고 유의성을 살펴본다.

단계 7 : 유의성이 가장 작은 변수를 선택하여 만약 이 유의성이 진입하는 변수에 대한 유의확률보다 작으면 다음 단계로 넘어가고 그렇지 않으면 알고리즘을 종료한다.

단계 8 : 유의성이 가장 작은 변수를 현재 모형에 포함시킨다. 만약 이 모

형이 이전단계의 모형과 같지 않다면 새 모형에 대한 모수를 추정하여 단계 2로 돌아가고 그렇지 않으면 알고리즘을 종료한다.

그리고 만약 분류규칙을

$$\begin{cases} \hat{p}_x \geq 0.5 \text{ 이면, 그룹 2로 분류} \\ \hat{p}_x < 0.5 \text{ 이면, 그룹 1로 분류} \end{cases}$$

로 하는 경우 (즉 c =0.5), 다음과 같이 분류결과를 2원표로 정리할 수 있다 (4.3절의 <표 4.11> 참고).

		분류그룹		
		1 (양호)	2 (불량)	합
실제그룹	1 (양호)	15 (=a)	1 (=b)	16 (=a+b)
	2 (불량)	2 (=c)	12 (=d)	14 (=c+d)
	합	17 (=a+c)	13 (=b+d)	30 (= N)

따라서 정확도와 총 오류율은 다음과 같다.

정확도 (hit ratio, correct ratio) = (a+d)/N = 27/30 = 90.0%,

총 오류율 (toal errror rate) = (b+c)/N = 3/30 = 10.0%.

그리고 그룹별 오류율은 다음과 같다.

그룹 1 오류율 E(2|1) = b/(a+b) = 1/16 = 6.25%,

그룹 2 오류율 E(1|2) = c/(c+d) = 2/14 = 14.3%.

여기서 그룹 1 오류율을 위음도(false negative rate)라고 하고 그룹 2 오류율을 위양도(false positive rate)라고 한다. 또한 a/(a+b)를 민감도(sensitivity), d/(c+d)를 특이도(specificity)라고 하여 개체가 정확하게 분류될 조건부 확률로 비교하기도 한다.

여러 가지 모형을 종합적으로 비교하여 개체에 대한 분류 정확도가 높은 모형을 선별할 때는 <그림 4.12>에서와 같이 ROC 곡선을 활용할 수 있다. <그림 4.12>에서 판별 모형 DIS_2보다 DIS_1의 면적이 더 넓으므로 두 모형중에서는 DIS_1모형에 의해 더 잘 판별됨을 알 수 있다.

<그림 4.12>
ROC Curve

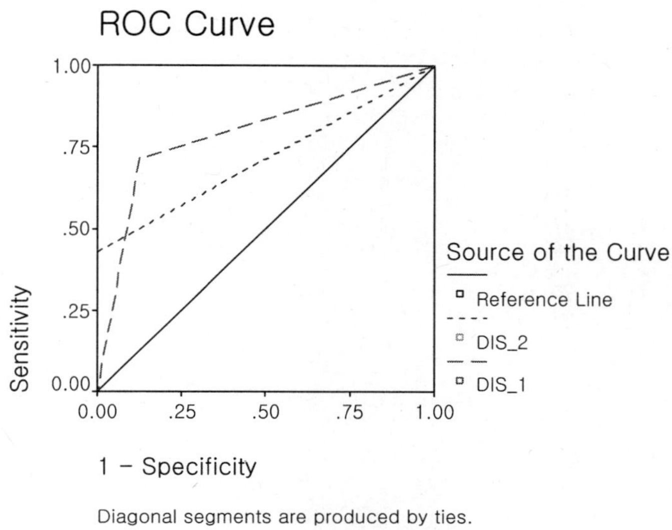

4.6 맺음 말

다변량적 판별분석이 사실상 설명변수(판별변수)들의 정규분포성과 두 그룹의 공분산 행렬이 동일하다는 가정에 의존하는데 비해, 로지스틱 회귀에 의한 판별분석 (로지스틱 판별분석)은 그렇지 않다. 따라서 판별변수들에 다수의 더미변수들이 섞여있는 경우와 같이 정규성을 확인할 수 없는 경우에는 로지스틱 판별분석이 더 우수한 결과를 낸다. 하여튼, 두 방법이 서로 경쟁적인 입장에 있으므로 둘 다 시도해 볼 필요가 있을 것이다.

한편 판별결과에 대한 평가는 그룹간 표본크기의 불균형정도에 영향을 받을 수 있다. 따라서 민감도와 특이도를 이용한 ROC커브나 기타 다른 여러 가지의 통계량들을 비교해보는 것이 필요하다.

판별의 정확도에 대한 공정한 평가와 그룹이 3개 이상인 경우에 대한 판별분석에 대하여는 다음 장에서 다룬다.

제 5 장

판별분석(+3개 그룹)

5.1 사례분석 : 3개 그룹 이상의 판별

4장에서는 2개 그룹을 가장 잘 구분 짓는 판별분석(discriminant analysis)을 다루었다. 이 장에서는 그것을 $g(\geq 3)$개 그룹 이상의 경우로 확장하기로 한다. 따라서 자연스럽게 3개 그룹이상의 판별에 대한 사례분석을 먼저 살펴본 후 이에 대한 이론을 살펴보도록 하자.

<표 5.1>은 1978-79년 동안 38종의 자동차에 대해 조사한 자료로 다음의 8개 변수가 관측되었다[1].

Country : 생산국 (Nationality of manufacturer)
Car : 자동차명 (Make and model)
MPG : 차량연비(Miles per gallon, a measure of gas mileage)
Weight : 중량 (vehicle, ibs)
Drive Ratio : 가동률(Drive ratio of the automobile)
Horsepower : 마력, Cylinder : 실린더 수
Displacement : 엔진 배기량(Displacement of the car, in cubic inches)

데이터가 크지 않으므로 생산국이 Germany, Sweden, France, Italy인 차종을 유럽으로 묶어서 크게 미국(=1), 일본(=2), 유럽(=3)의 3 그룹으로 나누도록 하자. 그리고 자동차의 속성에 따라 3개의 생산국으로 어떻게 분류되는지 살펴보도록 한다.

그룹이 3 이상인 경우 SPSS의 활용은 4장에서와 다르지 않다. 따라서 자료입력 후

Analyze ▶ Classify
▷ Discriminant

와 같이 판별분석 대화상자로 들어가 <그림 5.1>과 같이 그룹을 나타내는 변수와 분석대상이 되는 독립변수들을 지정하도록 한다.

---

1) 데이터출처: http://lib.stat.cmu.edu/DASL/Datafiles/Cars.html

<표 5.1>
자동차 자료

Country	Car name	MPG	Weight	drive ratio	마력	배기량	실린더개수
U.S.	Buick Estate Wagon	16.9	4.360	2.73	155	350	8
U.S.	Ford Country Squire Wagon	15.5	4.054	2.26	142	351	8
U.S.	Chevy Malibu Wagon	19.2	3.605	2.56	125	267	8
U.S.	Chrysler LeBaron Wagon	18.5	3.940	2.45	150	360	8
U.S.	Chevette	30.0	2.155	3.70	68	98	4
Japan	Toyota Corona	27.5	2.560	3.05	95	134	4
Japan	Datsun 510	27.2	2.300	3.54	97	119	4
U.S.	Dodge Omni	30.9	2.230	3.37	75	105	4
Germany	Audi 5000	20.3	2.830	3.90	103	131	5
Sweden	Volvo 240 GL	17.0	3.140	3.50	125	163	6
Sweden	Saab 99 GLE	21.6	2.795	3.77	115	121	4
France	Peugeot 694 SL	16.2	3.410	3.58	133	163	6
U.S.	Buick Century Special	20.6	3.380	2.73	105	231	6
U.S.	Mercury Zephyr	20.8	3.070	3.08	85	200	6
U.S.	Dodge Aspen	18.6	3.620	2.71	110	225	6
U.S.	AMC Concord D/L	18.1	3.410	2.73	120	258	6
U.S.	Chevy Caprice Classic	17.0	3.840	2.41	130	305	8
U.S.	Ford LTD	17.6	3.725	2.26	129	302	8
U.S.	Mercury Grand Marquis	16.5	3.955	2.26	138	351	8
U.S.	Dodge St Regis	18.2	3.830	2.45	135	318	8
U.S.	Ford Mustang 4	26.5	2.585	3.08	88	140	4
U.S.	Ford Mustang Ghia	21.9	2.910	3.08	109	171	6
Japan	Mazda GLC	34.1	1.975	3.73	65	86	4
Japan	Dodge Colt	35.1	1.915	2.97	80	98	4
U.S.	AMC Spirit	27.4	2.670	3.08	80	121	4
Germany	VW Scirocco	31.5	1.990	3.78	71	89	4
Japan	Honda Accord LX	29.5	2.135	3.05	68	98	4
U.S.	Buick Skylark	28.4	2.670	2.53	90	151	4
U.S.	Chevy Citation	28.8	2.595	2.69	115	173	6
U.S.	Olds Omega	26.8	2.700	2.84	115	173	6
U.S.	Pontiac Phoenix	33.5	2.556	2.69	90	151	4
U.S.	Plymouth Horizon	34.2	2.200	3.37	70	105	4
Japan	Datsun 210	31.8	2.020	3.70	65	85	4
Italy	Fiat Strada	37.3	2.130	3.10	69	91	4
Germany	VW Dasher	30.5	2.190	3.70	78	97	4
Japan	Datsun 810	22.0	2.815	3.70	97	146	6
Germany	BMW 320i	21.5	2.600	3.64	110	121	4
Germany	VW Rabbit	31.9	1.925	3.78	71	89	4

<그림 5.1>
판별분석을 위한
변수지정

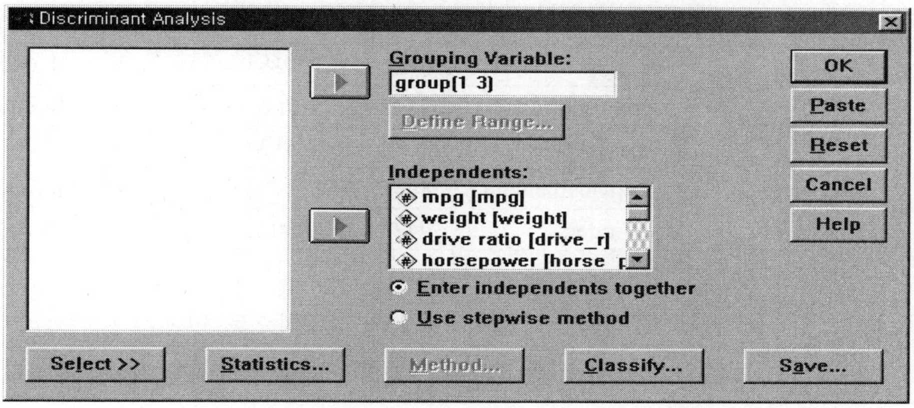

먼저 3 그룹(1=미국, 2=일본, 3=유럽)별 변수들의 특성을 기초통계 분석 결과를 통해서 살펴보자.

<표 5.2>
기초통계

Group Statistics

group		Mean	Std. Deviation	Valid N (listwise)		C.V
				Unweighted	Weighted	
1	mpg	22.99545	6.05424	22	22.000	26.31
	weight	3.18273	.68301	22	22.000	20.81
	drive ratio	2.77545	.39104	22	22.000	14.89
	horsepower	110.18182	26.38296	22	22.000	20.31
	displacement	223.00000	90.56752	22	22.000	40.61
	cylinders	6.09091	1.68775	22	22.000	27.71
2	mpg	29.60000	4.53284	7	7.000	15.31
	weight	2.24286	.33495	7	7.000	14.93
	drive ratio	3.39143	.35069	7	7.000	10.34
	horsepower	81.00000	15.22060	7	7.000	18.79
	displacement	109.42857	23.94339	7	7.000	21.88
	cylinders	4.28571	.75593	7	7.000	17.64
3	mpg	25.31111	7.56529	9	9.000	29.89
	weight	2.55556	.52944	9	9.000	20.72
	drive ratio	3.63889	.23508	9	9.000	6.46
	horsepower	97.22222	25.26251	9	9.000	25.98
	displacement	118.33333	29.76575	9	9.000	25.15
	cylinders	4.55556	.88192	9	9.000	19.36

<표 5.2>
기초통계
(계속)

Total	mpg	24.76053	6.54731	38	38.000	26.44
	weight	2.86105	.70718	38	38.000	24.72
	drive ratio	3.09342	.51766	38	38.000	16.73
	horsepower	101.73684	26.44493	38	38.000	25.99
	displacement	177.28947	88.87675	38	38.000	50.13
	cylinders	5.39474	1.60303	38	38.000	29.71

<표 5.2>의 결과를 살펴보면 대략적으로 일본이나 유럽국가에서 생산되는 자동차에 비해 미국에서 생산되는 자동차의 평균 엔진 배기량이 2배 가량 많다. 마력과 실린더 개수도 다소 높은 수치를 보여주고 있다. 그리고 일본과 유럽국가에서 생산되는 자동차의 속성을 비교해보면 마력에 있어 약간의 차이를 보일 뿐이다. 그러나 C.V.로 그룹별 특성을 살펴보면 유럽에서 제조된 자동차들은 특히 미국이나 일본에서 제조된 자동차들에 비해 가동률(drive ratio)이 작은 산포를 지니고 있음을 살펴볼 수 있다.

Fisher의 선형판별분석

<표 5.3>은 3개 그룹별 관측 빈도에 기초한 사전확률로 각 그룹의 개체수가 동일하지 않으므로 각 그룹별 사전확률을 다르게 고려한 결과이다. <표 5.4>는 각 변수와 판별함수와의 상관관계를 나타내는 구조행렬로 제1 판별함수와 상관관계가 높은 변수는 가동률과 엔진 배기량이고 나머지 중량, 마력, 차량연비, 실린더 수가 제2 판별함수와 상관이 높다는 것을 알 수 있다.

<표 5.3>
3 그룹별
사전확률

Prior Probabilities for Groups

	Prior	Cases Used in Analysis	
GROUP		Unweighted	Weighted
1	.579	22	22.000
2	.184	7	7.000
3	.237	9	9.000
Total	1.000	38	38.000

<표 5.4>
구조행렬

Structure Matrix

	Function	
	1	2
DRIVE RATIO	.871(*)	-.168
DISPLACEMENT	-.570(*)	.564
WEIGHT	-.452	.774(*)
HORSEPOWER	-.267	.736(*)
MPG	.211	-.713(*)
CYLINDER	-.439	.509(*)

Pooled within-groups correlations between discriminating variables and standardized canonical discriminant functions
Variables ordered by absolute size of correlation within function.

* Largest absolute correlation between each variable and any discriminant function

<표 5.5>
판별계수

Classification Function Coefficients

	GROUP		
	1	2	3
mpg	16.875	16.723	16.905
weight	212.243	205.909	210.585
drive ratio	104.929	108.422	112.470
horsepower	.864	.925	1.012
displacement	-.541	-.537	-.566
cylinder	9.461	9.834	9.496
(Constant)	-694.244	-693.430	-726.563

Fisher's linear discriminant functions

그리고 <표 5.3>의 각 그룹별 사전확률을 다르게 고려하여 구한 판별함수는 <표 5.5>와 같다. 따라서 3개의 판별함수는 다음과 같이 표현된다.

$$F_1 = -694.244 + 16.875\text{mpg} + 212.243\text{weight} + 104.929\text{driveratio}$$
$$+ 0.864\text{horsepower} - 0.541\text{displacement} + 9.461\text{cylinders}$$

$$F_2 = -693.430 + 16.723\text{mpg} + 205.909\text{weight} + 108.422\text{driveratio}$$
$$+ 0.925\text{horsepower} - 0.537\text{displacement} + 9.834\text{cylinders}$$

$$F_3 = -726.430 + 16.905\text{mpg} + 210.585\text{weight} + 112.470\text{driveratio}$$
$$+ 1.012\text{horsepower} - 0.566\text{displacement} + 9.496\text{cylinders}$$

<표 5.6>
재대입 분류표

Classification Results(a)

			Predicted Group Membership			Total
		GROUP	1	2	3	
Original	Count	1	20	2	0	22
		2	2	3	2	7
		3	1	2	6	9
	%	1	90.0	9.1	.0	100.0
		2	28.6	42.9	28.6	100.0
		3	11.1	22.2	66.7	100.0
a 76.3% of original grouped cases correctly classified.						

<표 5.6>의 재대입 분류표를 살펴보면 그룹판별에 대한 정확도는 29/38 = 0.763이다. 미국에서 생산된 자동차는 거의 91%가 정확하게 분류되었으며 유럽에서 생산된 자동차는 약 66%, 일본에서 생산된 자동차는 이 판별함수에 의해서 약 43% 정도만이 정확히 분류되었다. 일본에서 생산된 자동차 7대 중 4대가 미국이나 유럽에서 생산된 차량으로 오분류되었다. 물론 이 결과는 정확도에 있어 과대추정될 수 있다. 따라서 교차타당성 평가를 위해

Classify 탭을 클릭한 후

Display : ☑ Leave-one-out classification

을 선택하여 추가분석을 하도록 한다(5.2절 참고).

정준판별분석

<표 5.7>의 고유값 계산 결과로부터 제1 고유값이 1.649, 제2 고유값이 0.199로 제1 축에 의해 총분산의 89.3%가 설명됨을 알 수 있다. 아울러 윌크스의 람다 통계량을 보더라도 제2 축은 통계적으로 유의하지 않다.

<표 5.8>은 각 판별함수별로 계산한 각 그룹의 중심을 나타낸다. <표 5.7>의 결과에서 제1 축의 분산량이 제2 축에 비해 월등하므로 제1 축만 살펴보면 미국에서 생산된 자동차의 제1 판별함수에 의한 중심은 -1.011이고 이와 대조적으로 유럽에서 생산된 자동차들에 대한 중심은 1.848로 제1 판별함수에 의해 미국과 유럽에서 생산된 차량이 대별되고 있고 일본에서 생산된 차량은 이들 두 생산국의 사이에 위치하고 있다는 것을 알 수 있다.

<표 5.7>
고유값과
Wilks' Lambda

Eigenvalues

Function	Eigenvalue	% of Variance	Cumulative %	Canonical Correlation
1	1.649(a)	89.3	89.3	.789
2	.199(a)	10.7	100.0	.407
a First 2 canonical discriminant functions were used in the analysis.				

Wilks' Lambda

Test of Function(s)	Wilks' Lambda	Chi-square	df	Sig.
1 through 2	.315	37.550	12	.000
2	.834	5.888	5	.317

<표 5.8>
판별함수의
그룹별 평균값

Functions at Group Centroids

	Function	
GROUP	1	2
1	-1.011	9.981E-02
2	.801	-.856
3	1.848	.422
Unstandardized canonical discriminant functions evaluated at group means		

<그림 5.2>
정준판별플롯

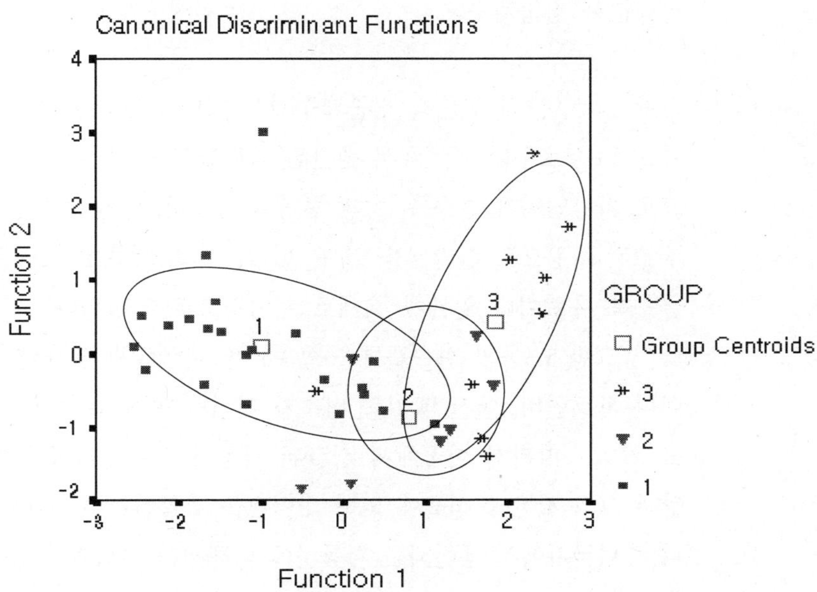

<그림 5.2>는 38종의 자동차에 대한 제1, 제2 판별점수를 산점도로 나타낸 것이다. 일본과 유럽에서 생산된 자동차들이 비슷한 위치에 포진하고 있고 미국에서 생산된 자동차들은 이들 자동차들이 위치한 곳과 대략적으로 직각방향에 위치하고 있어 대별된다.

제1 판별함수만을 고려해볼 때 미국에서 생산된 차량들은 제1 축을 중심으로 왼쪽에 포진하고 있고 일본과 유럽에서 생산된 차량들은 제1 축을 중심으로 오른쪽에 위치하고 있어 이 축에 의해 미국에서 생산된 차량과 나머지 일본과 유럽에서 생산된 차량으로 분류됨을 알 수 있다.

<표 5.9>
표준화
정준계수와
원정준계수

	Function	
	1	2
mpg	-.036	.915
weight	-.658	2.744
drive ratio	.890	.392
horsepower	1.195	.685
displacement	-.496	-1.230
cylinder	.065	-.426

<표준화 정준계수>

	Function	
	1	2
mpg	-.006	.147
weight	-1.093	4.555
drive ratio	2.513	1.108
horsepower	.049	.028
displacement	-.007	-.017
cylinder	.046	-.302
(Constant)	-8.481	-18.301

<원정준계수>

<표 5.9>의 표준화 정준계수에서 제1 축에 대한 계수만 살펴보자. 우선 <표 5.8>로부터 미국에서 생산된 차량들의 중심은 음의 부호를 가지고 있으므로 차량연비가 클수록, 차의 중량이 클수록, 엔진 배기량이 클수록 미국에서 제조된 차량으로 판별됨을 알 수 있다. 이와 반대로 가등률이 클수록, 마력이 클수록 유럽이나 일본에서 제조된 차량으로 판별된다.

<그림 5.3>의 변수플롯을 살펴보면 미국에서 생산된 자동차의 경우 중량이나 차량연비, 엔진 배기량 변수가 위치한 곳에 대략적으로 개체들이 위치하고 있다. 따라서 미국에서 생산된 자동차들은 일본이나 유럽에서 생산된 차량과 그와 같은 특성들에 의해 대별됨을 재확인할 수 있다. 이와 달리 일본이나 유럽국가에서 생산되는 자동차에 대해서는 마력과 가동률이 미국에서 생산된 차량에 비해 구별되는 속성이라고 할 수 있다.

<그림 5.3>
변수플롯

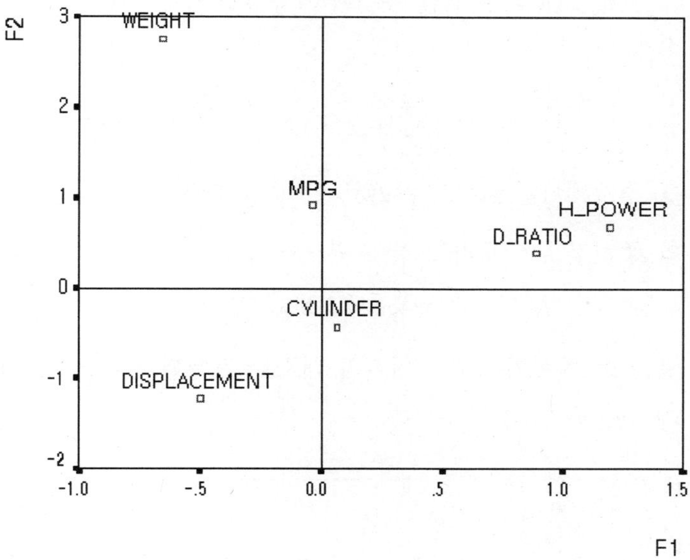

5.2 이론적 고찰

Fisher의 선형판별분석과 교차타당성

3 그룹이상의 판별분석은 예컨데 선거 예측조사에서 지지후보를 밝히지 않은 무응답자(non-respondent)를 인구적·사회적 특성을 토대로 A, B, C, … 후보의 지지자로 분류하고자 하는 경우 이용할 수 있다.

분석자료의 형태가 다음과 같다고 하자.

$$
\begin{aligned}
&\text{그룹 } 1\ (G=1) :(x_{i1}^{(1)}, x_{i2}^{(1)}, \cdots, x_{ip}^{(1)}),\ i=1,\cdots,n_1, \\
&\qquad \vdots \\
&\text{그룹 } k\ (G=k) :(x_{i1}^{(k)}, x_{i2}^{(k)}, \cdots, x_{ip}^{(k)}),\ i=1,\cdots,n_k, \\
&\qquad \vdots \\
&\text{그룹 } g\ (G=g) :(x_{i1}^{(g)}, x_{i2}^{(g)}, \cdots, x_{ip}^{(g)}),\ i=1,\cdots,n_g.
\end{aligned}
\tag{5.1}
$$

그룹 k의 자료는 다음과 같이 평균 벡터와 공분산 행렬로 요약된다.

$$\text{그룹 } k\ (G=k) :\ \overline{x}^{(k)},\ S^{(k)},\ k=1,\cdots,g.$$

모든 그룹이 모집단 수준에서 동일한 공분산 행렬을 갖는다고 가정하고 그 것을

$$S = \sum_{k=1}^{g} (n_k - 1)\, S^{(k)} \Big/ \sum_{k=1}^{g} (n_k - 1)$$

로 추정하기로 하자. 따라서 임의 관측벡터 $x^t = (x_1, x_2, \cdots, x_p)$가 그룹 l의 중심점 $\overline{x}^{(l)}$ 보다 그룹 k의 중심점 $\overline{x}^{(k)}$에 더 가까울 조건은

$$(x - \overline{x}^{(k)})^t\, S^{-1}(x - \overline{x}^{(k)}) \le (x - \overline{x}^{(l)})^t\, S^{-1}(x - \overline{x}^{(l)})$$

과 같이 마할라노비스 거리의 대소로 표현된다.[2] 이로부터 그룹별 판별함수가 다음과 같이 유도된다.

◦ 판별함수 (정의) : $L_k(x) = \overline{x}^{(k)t}\, S^{-1} x - \overline{x}^{(k)t}\, S^{-1} \overline{x}^{(k)}/2,\ k = 1, \cdots, g.$

그룹 k에 사전확률 p_k를 부여하고 ($k = 1, \cdots, g\,; p_1 + \cdots + p_g = 1$), 이를 고려하여 판별함수를 정의하면 다음과 같다.

◦ 사전확률을 고려한 판별함수 (정의) : $L_k(x) = \overline{x}^{(k)t}\, S^{-1} x - \overline{x}^{(k)t}\, S^{-1} \overline{x}^{(k)}/2 + \log p_k,\ k = 1, \cdots, g.$

따라서 관측 $x^t = (x_1, x_2, \cdots, x_p)$를 그룹 k에 분류하기 위한 기준은

$$L_k(x) \ge L_l(x),\ \text{모든}\ l = 1, \cdots, g\ (l \ne k)\text{에 대하여} \qquad (5.2)$$

이다. 다시 말하자면 가장 가까운 중심 그룹에 관측 x를 분류한다.

(5.1)의 분석자료에 분류규칙 (5.2)를 적용하여 다음의 재대입 분류표를 산출하였다고 하자.

---

2) 5장에서와 마찬가지로 이것은 그룹별로 다변량 정규분포를 가정하는 것과 마찬가지이다. 즉 $f(x \mid \mu^{(k)}, \Sigma) = (2\pi)^{-p/2} \mid \Sigma \mid^{-1/2} \exp[-(x-\mu^{(k)})' \Sigma^{-1}(x-\mu^{(k)})/2],\ k = 1, \cdots, g.$

▷ 재대입 분류표 (resubstitution classification table) :

실제그룹	분류그룹				
	1	2	…	g	합 계
1	N_{11}	N_{12}		N_{1g}	n_1
2	N_{21}	N_{22}		N_{2g}	n_2
⋮					⋮
g	N_{g1}	N_{g2}		N_{gg}	n_g

따라서 재대입 분류의 정확도, 총오류율, 그룹별 오류율 등을 다음과 같이 정의할 수 있다 (아래에서 $N=\sum_{k=1}^{g}\sum_{l=1}^{g} N_{kl} = \sum_{k=1}^{g} n_k$).

- 정확도 (hit ratio) $= \sum_{k=1}^{g} N_{kk} / N.$
- 총 오류율(error rate) $= \sum_{k=1}^{g}\sum_{l\neq k} N_{kl} / N.$
- 그룹 k 오류율 E(not k | k) $= \sum_{l\neq k} N_{kl} / n_k$, $k = 1,\cdots,g$.

그러나, 분류규칙을 만드는 데 쓴 자료와 분류규칙의 평가 자료가 같기 때문에 재대입 분류의 정확도는 과다하게, 오류율은 과소하게 잡히기 마련이다. 이를 제대로 평가하기 위한 방법 중 한가지는 교차타당성(cross-validation) 기법을 이용하는 것이다.

교차타당성을 이해하기 위해서는 두 종류의 표본자료에 대한 이해가 우선된다. 오류율 및 정확도를 편향 없이 추정하기 위하여 다음과 같이 두 종류의 표본자료가 필요하다.

- 분석표본(analysis sample, training sample):
  분류규칙의 산출에 필요한 표본,
- 평가표본(validation sample, holdout sample):
  분류규칙의 수행평가를 위한 표본.

이제까지는 모든 관측자료를 분류규칙의 산출에 써버렸기 때문에 평가용 표본이 하나도 남지 않았다. 그래서 분류규칙의 수행평가가 어려웠던 것이다.

이를 극복하기 위한 한 방법은 관측개체 $I(=1,\cdots,N)$를 제외한 나머지

$N-1$개 개체들을 분석표본으로, 개체 I를 평가표본으로 역할분담을 하는 것이다. 그럼으로써 개체 I에 대한 분류(예측)가 정확한가를 공정하게 볼 수 있기 때문이다. 물론 이런 과정은 모든 I에 대하여 반복된다. 즉 교차타당성(cross-validation, leave-one-out) 수행평가는 다음과 같이 진행된다.

```
do I =1 to N;
  총 관측자료에서 I 번째 관측을 제외하고 나머지로 분석표본을 구성;
  분석표본으로부터 분류규칙 Rule I를 산출;
  I 번째 관측에 Rule I를 적용하여 분류그룹을 찾음;
  I 번째 관측이 실제로 그룹 k 에 속하고 Rule I에 의하여 그룹 l 에 분류된
    경우,  분류표의 (k, l) 칸에 돗수 1을 더함;
end;
```

따라서 교차타당성 평가를 위해서는 분류규칙을 모두 N번 산출해야 한다. 그렇기 때문에 계산량이 많아지는 것은 사실이다. (그러나 $N \le 1000$인 경우 요즘 컴퓨터는 실제 몇 초안에 해내므로 부담 가질 필요가 없다.)

정준판별분석

앞의 자료분석에서 답답한 점은 그룹간의 차이를 시각적으로 볼 수 없었다는 것이다. 그러므로 그룹 수가 3이상인 경우 판별분석 및 분류의 시각적 이해를 돕기 위하여 저차원의 그래프를 활용해야 할 필요가 있다. 차원축소된 공간에 관측점들을 찍음으로써 그룹들의 특성을 한 눈에 파악하고자 시도하자는 것이다. 이를 위해 4장에서 소개한 바 있는 2개 그룹간 정준판별분석(canonical discriminant analysis)을 다음과 같이 3개 그룹 이상의 경우로 확장하기로 한다.

판별변수들의 선형결합 $Y = c_1 X_1 + \cdots + c_p X_p = c^t x$를 생각하자 (여기서 $c^t = (c_1, \cdots, c_p)$는 계수벡터, $x^t = (X_1, \cdots, X_p)$는 p변량 관측). 그룹 k에서 Y의 평균과 분산이 각각 $c^t \overline{x}^{(k)}$, 분산 $c^t S c$로 추정되므로

$(k=1,\cdots,g)$, 선형결합 $Y=c^t x$는

$$\max_c \frac{\sum_{k=1}^{g} n_k \{ c^t (\overline{x}^{(k)} - \overline{x}^{(\cdot)}) \}^2}{c^t S c} \tag{5.3}$$

를 풀어 얻어진다 (여기서 $\overline{x}^{(\cdot)} = \sum_{k=1}^{g} n_k \overline{x}^{(k)} / \sum_{k=1}^{g} n_k$, 즉 전체평균). 왜냐하면 위 식이 그룹간 변동과 그룹내 변동의 비의 최대화를 뜻하기 때문이다. (5.3)의 풀이 과정은 생략하기로 한다. 단, 이것을 풀어 $\min(g-1,p)$개의 정준변량

$$Y_1 = c_{11} x_1 + \cdots + c_{p1} x_p, \quad Y_2 = c_{12} x_1 + \cdots + c_{p2} x_p, \quad \cdots$$

등을 얻을 수 있음을 말하고자 한다 (식 (5.3)의 값은 행렬 $W^{-1}B$의 고유값으로부터, $p \times 1$ 계수벡터 c는 그 행렬의 고유벡터로부터 얻어진다. 여기서 B는 그룹간 제곱합, W는 그룹내 제곱합 행렬이다)[3]. 이 때 정준변량의 계수들이 의미를 갖게 하기 위하여 판별변수 $X_1, \cdots, X_p$가 사전 표준화되었음을 가정하나 단순히 각 관측개체별로 정준변량만 산출하고자 하는 경우에는 그럴 필요가 없다.

관측개체별로 제1 정준변량 Y_1과 제2 정준변량 Y_2의 값을 2차원 공간에 플롯하고 또 그 공간에 그룹 중심점(group centroids)를 산출해 넣으면 그룹간 차이가 잘 드러나게 된다.

한편 <표 5.9>의 표준화 정준계수란 판별변수 MPG, ⋯, CYLINDER가 사전 표준화되었을 경우에 정준변량에 걸리는 계수이고 원정준계수(비표준화 계수)는 정준변량에 걸리는 원 판별변수의 계수이다. 단지 표현이 다를 뿐이지 어느 경우에도 정준변량 자체는 동일하다. 정준변량의 그룹간 변동과 그룹내 변동의 비인 고유값으로 보건대 제 1축이 압도적인 것을 볼 수 있고, 1축의 표준화계수들을 보면 1축 정준변량이 MPG, WEIGHT, DISPLACEMENT와 나머지 변수들의 대비로 구성됨을 볼 수 있다. 즉 MPG, WEIGHT, DISPLACEMENT 가 큰 변수들이 제1 정준 축에서 좌측에 위치하게 된다.

---

3) $B = \sum_{k=1}^{g} n_k (\overline{x}^{(k)} - \overline{x}^{(\cdot)})(\overline{x}^{(k)} - \overline{x}^{(\cdot)})^t$, $W = \sum_{k=1}^{g} \sum_{i=1}^{n_k} (x_i^{(k)} - \overline{x}^{(k)})(x_i^{(k)} - \overline{x}^{(k)})^t$

5.3 사례분석 : 나무구조형 판별 · 분류

이제까지 판별변수 $X_1, \cdots, X_p$는 연속형 변수이었어야 한다. 그리고 그룹별로 동일한 공분산행렬을 가져야 의미가 있다. 다변량 정규분포를 따른다면 더욱 좋다. 그러므로 실제자료가 이런 가정을 충족시키지 않는다면 크고 작은 문제가 발생한다.

한 경우는 판별변수가 범주형인 경우이다. 그 중에서도 명목형인 경우가 문제이다. 이런 경우 한가지 방편은 가변수(dummy variable)화 하는 것이다. 예컨대 X_1이 1, 2, 3의 범주코드를 값으로 갖는다면 이것을 다음과 같이 2개의 가변수 D_1, D_2로 바꾸어준다.

$$D_1 = \begin{cases} 1 & \text{if } X_1 = 1, \\ 0 & \text{otherwise} \end{cases} \qquad D_2 = \begin{cases} 1 & \text{if } X_1 = 2, \\ 0 & \text{otherwise.} \end{cases}$$

최근 들어 많이 쓰이는 나무구조형 분류(tree-structured classification)는 특히 많은 변수들이 범주형인 경우에 크게 효과가 있다.

이 절에서는 나무구조(tree-structure)형 판별 · 분류 기법을 사례를 통해 설명하기로 한다. 나무구조형 판별 · 분류(discrimination and classification)는 그 결과를 해석하기 쉽기 때문에 최근 데이터마이닝(data mining) 분야에서 많이 활용되고 있다. SPSS제품 중 AnswerTree 툴은 이와 관련된 데이터분석용 툴로 <그림 5.4>와 같이 CHAID, CART, C4.5등을 제공한다.

<그림 5.4>
나무구조형
판별 · 분류 기법

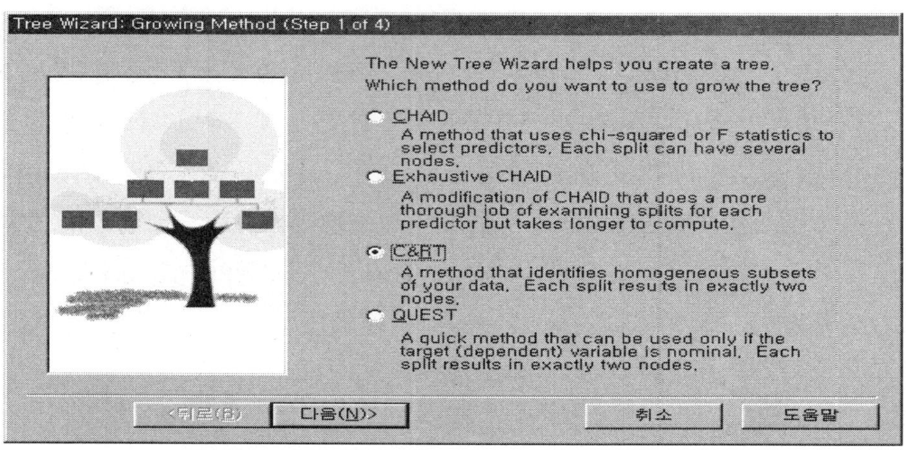

여러 가지 방법들이 있지만 AnswerTree에 포함되어 있는 데이터로 신용유무에 대해 조사된 <표 5.10>의 자료를 가지고 CHAID로 분류해보기로 한다. 이 데이터는 총 323 케이스로 다루는 각 변수들은 다음과 같다.

신용등급(Credit Ranking) : 나쁨(=0), 좋음(=1).

직업(Social Class) : 관리직(=1), 전문직(=2), 사무직(=3), 기술직(=4), 미숙련공(=5).

주급/월급 여부 : 주급(=1), 월급(=2).

연령 범주 : 25세 미만(=1), 25세- 35세 (=2), 36세이상 (=3).

Amex 카드 소지 여부 : 없음(=0), 있음(=1).

<표 5.10>
신용등급 자료
(credit.sav)

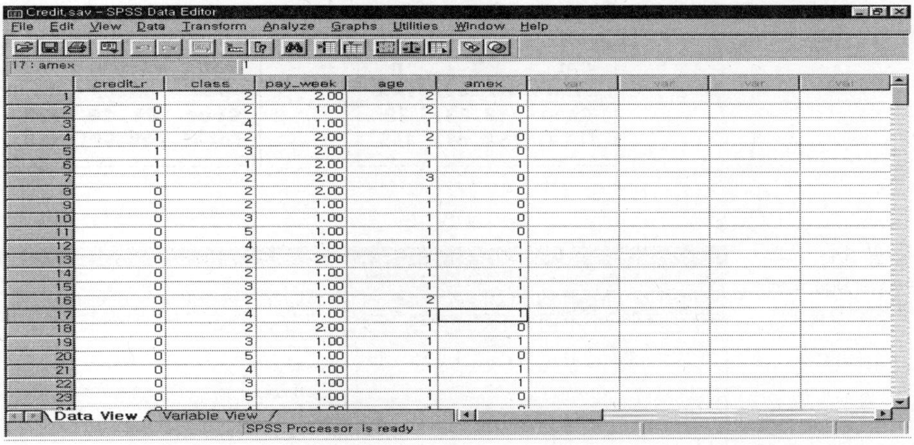

Credit.sav - SPSS Data Editor

File Edit View Data Transform Analyze Graphs Utilities Window Help

17 : amex 1

	credit_r	class	pay_week	age	amex	var	var	var	var
1	1	2	2.00	2	1				
2	0	2	1.00	2	0				
3	0	4	1.00	1	1				
4	1	2	2.00	2	0				
5	1	3	2.00	1	0				
6	1	1	2.00	1	1				
7	1	2	2.00	3	0				
8	0	2	2.00	1	0				
9	0	2	1.00	1	0				
10	0	3	1.00	1	0				
11	0	5	1.00	1	0				
12	0	4	1.00	1	1				
13	0	2	2.00	1	1				
14	0	2	1.00	1	1				
15	0	3	1.00	1	1				
16	0	2	1.00	2	1				
17	0	4	1.00	1	1				
18	0	2	2.00	1	0				
19	0	3	1.00	1	1				
20	0	5	1.00	1	0				
21	0	4	1.00	1	1				
22	0	3	1.00	1	1				
23	0	5	1.00	1	0				

Data View / Variable View

SPSS Processor is ready

AnswerTree를 수행하여 얻은 <그림 5.5>의 결과를 분류변수가 봉급형태(Weekly pay, Monthly salary), 연령(young, middle, old)까지를 나누어 살펴보도록 하겠다.

먼저 가장 상단에 있는 뿌리마디에 있는 신용등급에 따른 분포를 살펴보자. 총 323명중 신용등급이 나쁘다고 평가받은 사람이 52.01%인 168명이고 좋다고 평가받은 사람은 47.9%인 155명임을 알 수 있다.

다음으로 카드소지여부나 연령, 직업, Amex카드 소지 여부 등의 변수 중 신용등급 분류에 가장 큰 영향을 미치는 변수는 봉급형태이다. 주급과 월급에 따라 통계적으로 유의하게 분류됨을 알 수 있다. 즉, 주급으로 봉급을 받고 있는 사람이 165명인데 이중 86,67%의 사람인 143명이 신용등급이 불량하고 반대로 월급제 형태로 봉급을 받는 사람 158명중 84.18%의 사람인 133명이 신용등급이 좋은 것으로 분류되고 있다. 이때 분류기준에 사용된 카이제곱통계량 값은 179.66으로 유의확률이 0.0000이므로 5%의 유의수준에서 통계적으로 유의한 변수임을 나타낸다.

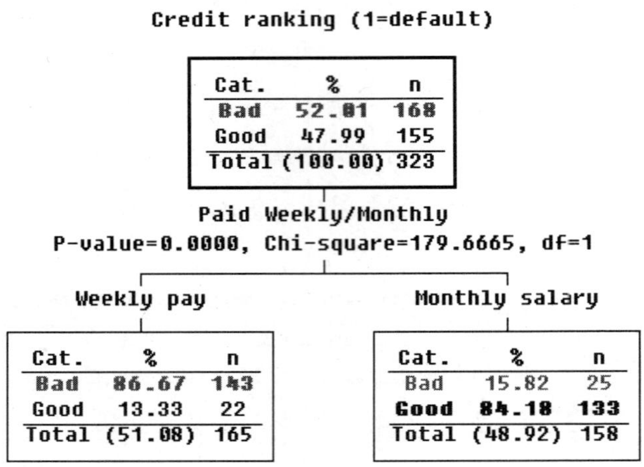

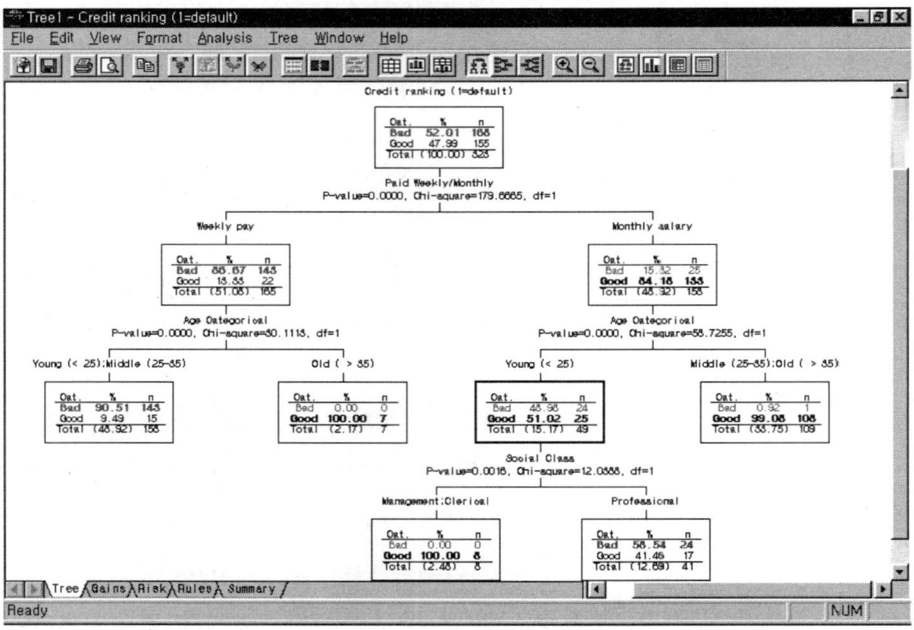

<그림 5.5> AnswerTree 툴에 의한 판별결과

한편 <그림 5.5>로부터 신용등급을 분류하는데 가장 우선시 된 것은 봉

급형태이고 그 다음으로 중요한 변수가 바로 연령임을 알 수 있다. 즉, 주급을 받는 165명중 연령이 25세 미만(young)이거나 25-35세(middle)인 연령층 158명중 90.51%에 해당되는 143명이 신용등급이 불량한 그룹으로 판정받았다. 그리고 주급형태로 봉급을 받는 165명중 7명이 35세를 넘긴 'old'그룹으로 이들 모두는 신용등급이 좋은 것으로 판정받고 있다. 여기서도 마찬가지로 주급형태와 연령그룹에 따른 분류가 카이제곱 통계량값 30.11로 5% 유의수준에서 통계적으로 유의함을 나타낸다.

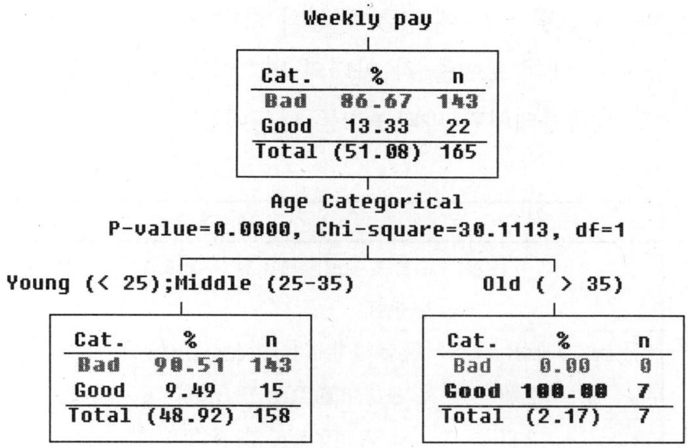

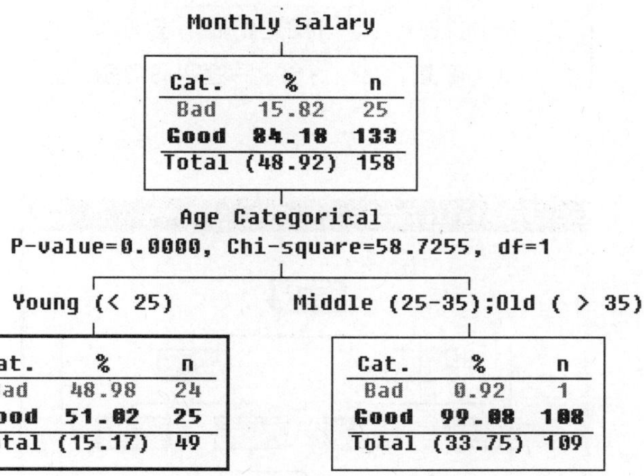

봉급형태가 월급제인 158명을 살펴보면 25세미만인 young그룹에 속한 49명의 사람 중 51.02%에 해당되는 25명이 신용등급이 불량한 것으로 판정되었

다. 반대로 월급제로 봉급을 받는 사람 중 25세 이상에 속하는 middle, old 그룹에 속한 109명중 99.08 %에 해당되는 108명이 신용등급이 좋은 것으로 판정되었고 이에 대한 카이제곱 통계량 값은 58.72로 5%의 유의수준에서 마찬가지로 통계적으로 유의하다. 따라서 323명의 본 자료를 통해 신용등급 판단에 결정적인 영향을 주는 변수들은 다른 무엇보다 월급형태 > 연령 > 직업형태의 순으로 중요도를 나타냄을 알 수 있다.

한편 <그림 5.7>은 이익지수(gains index)를 나타내는 도표이다. 전체 집단을 세분화시켜 이익지수가 매우 낮거나 높은 그룹을 분류하는데 도움이 된다. <그림 5.7>에서 첫째 열의 마디(Node)에 나타난 숫자는 <그림 5.8>의 treemap에서 보여준 각 마디의 번호이다. 즉, 봉급이 주급형태이면 마디는 1로, 월급형태이면 마디는 2를 나타내는 것이다.

<그림 5.7>
gain summary

Gain Summary													
Target variable: Credit ranking (1=default) Target category: Good													
Node-by-Node							Cumulative						
Node	Node: n	Node: %	Resp: n	Resp: %	Gain (%)	Index (%)	Node: n	Node: %	Resp: n	Resp: %	Gain (%)	Index (%)
6	8	2.48	8	5.16	100.00000	208.38710	8	2.48	8	5.16	100.00000	208.38710
3	7	2.17	7	4.52	100.00000	208.38710	15	4.64	15	9.68	100.00000	208.38710
8	109	33.75	108	69.68	99.08257	206.47529	124	38.39	123	79.35	99.19355	206.70656
7	41	12.69	17	10.97	41.46341	86.40441	165	51.08	140	90.32	84.84848	176.81329
2	158	48.92	15	9.68	9.49367	19.78359	323	100.00	155	100.00	47.98762	100.00000

<그림 5.8>
tree map

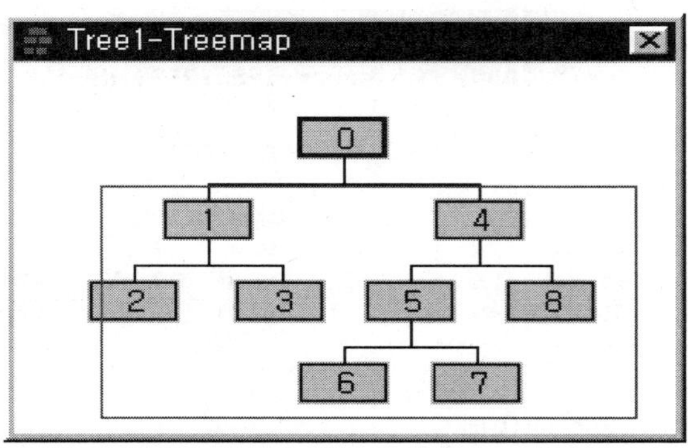

<그림 5.7>의 첫 번째 행을 살펴보면 6번째 마디에 속하는 개체수(Node:n)는 8명이고 이는 총 323명중 2.48%에 해당됨을 나타낸다(Node:%). Resp:n 에서의 수치 8은 6번째 마디에서 신용등급이 좋은 그룹으로 분류되고 있는 사람이 8명임을 나타낸다. 그리고 Resp:% 의 5.16%는 전체 신용등급이 좋은 것으로 분류된 155명중 6마디에 속하는 8명이 차지하는 비율이 5.16%임을 나타낸다. 즉 Resp:%는 마디에 속하는 목표범주의 개체의 수/전체에서 목표범주의 개체의 수의 비율이다. 한편 Gain:%의 100%는 마디에 속하는 목표범주의 개체수/마디에 속하는 개체의 수의 비율로 8/8이므로 100%를 나타내고 있다. 마지막으로 이익지수 index:%에서의 208.387은

$$\text{Index}(\%) = \frac{\text{마디에서의 목표 범주의 비율}}{\text{전체에서의 목표 범주의 비율}} \times 100$$

으로 323명중 신용등급이 좋은 그룹으로 판정된 사람의 비율이 47.99%이고 6번째 마디에 속한 사람 8명중 8명 모두가 신용등급이 좋은 그룹으로 판정되고 있으므로 그 비율은 100%이다. 따라서 이들 두 비율의 비는

$$\frac{100}{47.99} \times 100 \fallingdotseq 208.38$$

과 같이 계산된다. 따라서 전체집단을 세분화시켜 이익을 최대화시키기 위해서는 6번째 마디, 3번째 마디, 8번째 마디에 속한 사람 등의 순으로 신용여부에 따라 거래를 하는 것이 이익을 극대화시킬 수 있는 한 방안이 될 수 있을 것이다.

이제 오분류를 나타내고 있는 아래의 <그림 5.9>를 살펴보자. 전체 323명에 대해서 그룹분류에 대한 정확도는 약 90%이고 오분류율은 10%이며 이에 대한 표준오차가 0.01임을 나타내고 있다. 그러나 이 역시 분석용자료에 대한 평가이므로 정확도는 과대평가, 오분류율은 과소평가될 수 있다. 따라서 표본크기가 어느 정도 클 경우에는 평가용과 분석용으로 데이터를 나누어 오분류율과 정확도를 살펴보는 것이 바람직하겠다. 물론 이런 경우 분석용 및 평가용 데이터의 표본추출에서 대표성을 어느 정도 유지하느냐가 그룹간 표본크기가 상당히 불균형일 경우에는 중요하다.

<그림 5.9>
risk summary

Misclassification Matrix				
		Actual Category		
		Bad	Good	Total
Predicted Category	Bad	167	32	199
	Good	1	123	124
	Total	168	155	323
		Resubstitution		
Risk Estimate		0.102167		
SE of Risk Estimate		0.016852		

5.4 나무구조형 판별 · 분류 기법의 이해

5.3절에서 살펴본 나무구조형 판별 · 분류기법으로는 CHAID(CHi-squared Automatic Interaction Detector), CART(Classification And Regression Trees), QUEST, C4.5 등이 있다. CHAID는 AID(Automatic Interaction Detection)로부터 J.A. Hartigan에 의해 개발된 도구로 분류와 설명변수에 따른 예측값을 제공해준다. 본 절에서는 CHAID를 중심으로 살펴보도록 한다.

CHAID는 카이제곱통계량으로부터 독립변수의 유용성과 추가적인 마디분리 여부를 결정하게 된다. 이 알고리즘은 뿌리노드에서 출발하여 더 이상 마디분리를 할 수 없을 때까지 여러 개의 자식노드로 나누게 된다. 그리고 이때 마디를 분리하는 방법은 이항, 다항 등이 될 수 있으며 가지를 증대시키는 것에 대한 검증은 카이제곱검증에 의한다.

CART나 C4.5는 가지치기를 하여 나무를 키우는데 이와는 다른 알고리즘을 적용한다. 또 인공신경망(Artificial Neural Network)을 이용하여 판별 · 분류기법에 적용하기도 한다.

CHAID의 장점은 직관적으로 명확하고 독립변수나 그룹변수가 쉽게 정의되고 이해하기 쉽다는 것이다. 또 하나의 장점은 나무구성이 쉽다는 것이다. CHAID는 범주형 변수와 연속형인 변수들을 모두 다룰 수 있고 교호작용도 모두 가능하다. 특히 독립변수들이 일정한 순서성을 지닌 범주형 변수일 때

더 잘 수행된다. CHAID는 자동적으로 과부합을 막고 결측치를 처리하는 알고리즘으로 구성되어 있다. 또한 많은 계산기능(much computational power)을 요구하지 않는다.

CHAID의 약점은 데이터의 양이다. 자식노드가 유의할 만큼 충분히 많은 데이터가 요구된다. 그리고 연속형 변수들은 사전에 일정한 범주로 나누어서 처리해야 한다. 그러나 여기서 주의를 기울여야 할 것은 어떤 통계분석이든 마찬가지지만 입력된 데이터의 질을 잘 살펴보아야 한다는 것이다. 매우 불량한 데이터를 가지고 CHAID를 할 경우 타당하지 않은 모형을 세우게 되는 것은 당연한 일이다. 지금까지 살펴본 내용을 인공신경망(ANN: Artificial Neural Network)과 비교해보면 다음과 같이 정리할 수 있다.

- 명확성과 설명력

  CHAID는 이해하기 쉽고 나무구조 자체가 룰의 집합인데 반해 ANN은 모호하고 가중치들이 직관적이지 않다.

- 수행력과 통합성

  ANN보다 CHAID가 수행시키는데 훨씬 수월하다. 또한 ANN보다 CHAID가 속도면에서 유의할만큼 빠르다.

- 요구되는 데이터

  CHAID는 ANN에 비해 훨씬 더 많은 양의 데이터를 요구한다. 그리고 두 방법 모두 실행하기 전에 데이터를 재조정해야하는데 ANN은 독립변수들의 값을 가능한 0/1로 변환시키는 것이 요구되고 CHAID는 연속형 변수들에 대해서는 몇 개의 그룹으로 사전에 범주화시켜야 한다는 것이다.

- 모형의 정확성

  ANN은 보다 복잡한 문제에 대해서 CHAID보다 좀 더 정확한 예측 모형을 제공한다. 그러나 아직까지 국소적인 최적 해를 발견할 위험성이 있거나 과부합시킬 위험성이 해결되지 않았다.

- 모형의 구조

  CHAID가 좀더 쉽고 빠르게 모형을 형성하는데 반해 ANN은 많은 모수가 요구되고 과부합이 발생하지 않도록 하는 정교한 방법이 요구된다.

- 비용

ANN을 수행하는 것이 CHAID모형을 구축하는 것보다 비용이 더 든다.

C4.5는 처음에는 나무를 형성하기 위해 다양성 측도의 감소(reduction of a measure of diversity)를 이용한다. 그런 후 가지치기(pruning)를 한다. 이런 면이 가지치기를 하지 않는 CHAID와 다른 점이다. 그러나 과부합 되기 전에 나무형성을 중단한다. C4.5도 범주형 변수와 연속형 변수에 모두 적용 가능하다.

CART는 이항분리만으로 나무를 형성해나갈 수 있는데 이 역시 처음에는 C4.5와 마찬가지로 다양성 측도의 감소를 이용하고 그런 후 가지치기를 한다. CHAID와 구별되는 점은 바로 가지치기를 한다는 것이고 과부합되기 전에 종료한다는 것이다. CART도 범주형 변수와 연속형 변수에 모두 사용할 수 있다.

이 중에서 처음 3개는 현재 SPSS사에 의하여 종합된 데이터마이닝 소프트웨어인 AnswerTree에 구현되어 있다. 그리고 C5.0은 SPSS사의 데이터마이닝 툴인 Clementine에서 제공되고 있다.

이제 CHAID가 어떤 방법으로 중요한 설명변수를 찾아내고 어떤 시점에서 적절히 판별 · 분류작업을 매듭짓는가를 알아보기로 하자. (CHAID에서는 각 설명변수가 범주형 변수임을 전제한다.)

예를 들어 어떤 교통사고 자료에서 고려하는 4개의 설명변수가 다음과 같이 측정되었다고 하자.

명목형: WEIGHT,

순서형: SPEED, AGE, YEAR

먼저, 1 단계에서는 다음과 같이 범주들을 통합하여 유의한 변수를 찾는다.

<u>단계 I [변수선택].</u> 종속변수와 각 설명변수와의 2원 분할표, 카이제곱통계량과 해당하는 p-값을 계산하여 가장 유의한 변수를 찾는다. 이 때 만약 설명변수가 2개 이상의 범주를 갖는 경우에는 설명변수의 측정수준 특성에 관련된 제한하에서 범주 통합의 모든 경우를 다 고려한다. 이 때 범주 수준이 명목형이면 모든 범주들의 자유결합이 허용되지만 범주수준이 순서형이면 인접 범주들의 결합만 허용된다.

이제 2 단계의 CHAID 작업과정을 살펴보자.

	INJURY	
WEIGHT	1:severe	2: non-severe
low	1754(19.6%)	7216(80.4%)
middle	8067(18.0%)	36698(82.0%)
high	5460(17.8%)	26611(82.2%)

Chi-square = 33.5 (df=2; p ≤ 5.3e-8) R-squared: 0.000

	INJURY	
SPEED	1:severe	2: non-severe
low	8950(14.1%)	54450(85.9%)
middle	6331(28.3%)	16075(71.7%)

Chi-square = 2261.1 (df=1; p ≤ 1.7e-493) R-squared: 0.026

	INJURY	
AGE	1:severe	2: non-severe
young	14366(17.6%)	67284(82.4%)
old	915(22.0%)	3241(78.0%)

Chi-square = 52.8 (df=1; p ≤ 3.6e-13) R-squared: 0.001

	INJURY	
YEAR	1:severe	2: non-severe
1	9709(19.5%)	40038(80.5%)
2,3,4	5572(15.5%)	30487(84.5%)

Chi-square = 235.9 (df=1; p ≤ 9.1e-53) R-squared: 0.003

따라서 다음과 같이 요약되며 가장 유의한 카이제곱을 산출한 SPEED(속도)가 실제 마디(자료세트)의 분리에 쓰이게 된다 (카이제곱 p-값=1.7×10^{-493}). 여기서 변수를 선택할 때 YEAR의 범주 2,3,4가 통합되어 있음을 알 수 있으나 YEAR가 이 단계에서 선택되지 않았기 때문에 범주 2,3,4는 원상태로 복귀된다.

```
  predictor    p-value    r-sq      groups
  ---------    --------   -----     -------------------
2 SPEED        1.7e-493   0.026   2 low    high
4 YEAR         9.1e-53    0.003   2 1      234
3 AGE          3.6e-13    0.001   2 young old
1 WEIGHT       5.3e-8     0.000   3 low    middle  high
```

단계 II [마디 분리 및 정지]. 선택된 분리변수의 p-값이 사용자가 지정한 유의수준 α (흔히 0.05)보다 작으면 해당 마디를 그 변수로 분리하고 단계 I로 돌아간다. 그러나 p-값이 수준 α (흔히 0.05)보다 작지 않거나 더 이상 남아있는 후보변수가 없으면 마디의 분리는 정지된다.

CRASH 자료의 첫 분리변수인 SPEED의 p-값은 0.05 이하이기 때문에 전체자료는 SPEED의 low 수준인 63,400 사례(중상율 14%)와 SPEED의 high 수준인 22,406 사례(중상율 28%)로 1차 분리된다.

요약하자면, CHAID나 CART 등 나무구조형 기법의 장점은 비모수적 판별・분류방법인데 해석은 쉽지만 자료크기가 커야하고 공정한 오류율 추정이 어려운 등 문제가 없는 것은 아니다. 나무구조형 판별・분류방법에 대한 참고서적으로 최종후・한상태・강현철・김은석 (1998)의 「데이터마이닝 의사결정 나무분석」(자유아카데미)을 추천한다.

5.5 맺음 말

본 장에서는 2 그룹에 대한 판별분석을 3 그룹 이상의 판별분석에 확장 적용시켜 분류해 보았다. 3그룹 이상의 경우에는 2차원의 축소된 공간에서 변수플롯과 개체플롯을 대응시켜 그룹의 특성을 가늠하는 중요변수들을 탐색적으로 살펴볼 수 있다.

한편 데이터의 양이 기하급수적으로 늘어나고 아울러 변수들도 상당량 많이 관측되고 있는 요즘, 정규분포 가정을 떠나 비모수적으로 그룹을 분류하는데 관심들이 모아진다. CHAID는 종속변수 및 설명변수가 모두 범주형인 경우에 적용되는 나무구조형 판별・분류기법인데, 또 다른 나무형 기법인 CART는 종속변수 및 설명변수가 범주형인 경우에 뿐만 아니라 연속형인 경우에도 적용 가능하다. 따라서 데이터의 질, 측정 변수들의 척도, 데이터의 양 등을 잘 고려하여 적절한 분석기법을 사용해야겠다.

참고로 SPSS 버전 13.0부터는 AnswerTree에서 다루어진 알고리즘들이 제공되고 있다.

제 6 장

군집분석

6.1 군집분석이란?

4장과 5장에서 다룬 판별분석은 목표변수, 즉 신용유무와 같은 반응변수가 존재하며 그러한 그룹을 잘 분류할 수 있는 합성식, 즉 판별식을 찾아 개체를 분류·예측하는 것이 분석 목적이었다. 이와 달리 본 장에서 다루게 될 군집분석은 그러한 목표변수 또는 반응변수를 가지고 있는 않은 데이터에 적용하여 개체를 분류하고자 할 때 사용할 수 있는 분석기법이다. 여기서 군집(群集, cluster; 集落)이란 관련 다변량적 특성이 그룹 내적으로는 균일하고 외적으로는 (타 그룹과는) 이질적인 관측개체들의 모임을 말한다.

군집분석(cluster analysis)의 목적은 주어진 많은 수의 관측개체를 몇 개의 그룹(군집)으로 나눔으로써 (즉 세분화함으로써) 대상집단을 이해하고 군집을 효율적으로 활용하고자 하는 것이다.

예를 들어 전국의 소비자들을 그들의 나이, 성, 소득 수준, 라이프 스타일 등을 기준으로 몇 개의 그룹으로 나눈 뒤 각 그룹을 겨냥한 제품 개발 및 홍보에 군집분석을 활용할 수 있다. IMF직후 모든 사람들의 소비성향이 줄어들었을 때 일부 백화점에서 부유층을 대상으로 고가의 상품들을 따로 진열해서 소득을 올린 것은 군집분석을 활용해서 나온 아이디어인지 확인할 수 없으나 일부 그룹의 특성을 정확히 파악하여 이익을 창출한 예라 하겠다.

또 다른 예로 뇌파결과를 이용해서 간질환자를 분류하거나 질병의 경·중에 따른 분류를 통해 적절한 치료방안을 강구하는데 사용되기도 한다. 동·식물학에서는 동·식물에 대해 측정한 제반 관련항목들을 이용한 분류에 사용된다. 향기의 성분들을 측정하여 가지고 있는 성분에 따라 향기를 분류하는 것도 한 예라 하겠다.

이 외에도 지리정보를 활용하여 군집분석을 하기도 한다. 경제·문화적 수준에 따른 지역간의 차이를 이용하여 자사의 소매점이나 지점을 개설하는 마케팅전략을 수립할 수 있게된다. 또는 토양의 성분들에 대한 대규모 데이터와 지리정보 데이터를 결합시켜 토질의 특성에 따른 지역분류를 할 수 있게 된다. 이 경우 기상정보도 활용하면 농업이나 산림자원에 대한 정책수립에 도움을 줄 수 있을 것이다.

군집분석은 기법에 따라 크게 다음과 같이 두 가지로 분류된다. 하나는 계층적 방법 (hierachical method)이다. 이 방법에서는 군집의 형성에 위계가 있어서 일단 한 군집에 속하게 된 두 개체는 다시 흩어지지 않는다. 다른 하나는 비계층적 방법 (nonhierachical method)이다. 이 방법에서는 군집이 형성된 이후에도 일정 기준에 따라 개체들이 이합집산을 되풀이하게 된다.

한편 군집분석은 관측개체간 거리, 즉 비유사성을 어떻게 정의하느냐에 따라 또 달라진다. 여러 가지 방법들이 있지만 6.2절의 사례분석에서는 제곱유클리드 거리로 개체간의 거리를 측정하여 먼저 분석해보도록 한다.

6.2 사례분석: SPSS의 활용

<표 6.1>의 자료는 1999-2000년 정규시즌 한국 프로농구(KBL)의 각 선수별 기록으로 총 45 게임 중 30 게임 이상에 출전한 69명의 선수들에 대한 자료[1])이다.

<표 6.1> 한국프로농구의 선수별 개인 기록

이름	X1	X2	X3	X4	X5	X6	X7	X8	X9
강기중	38	142	30	21	19	43	108	30	1
강동희	38	455	87	70	71	124	292	84	6
강혁	41	225	48	33	30	77	47	30	0
김상식	40	315	52	47	70	62	84	35	0
김성철	45	573	145	58	109	139	76	48	5
김승기	38	178	47	21	21	34	43	33	0
중략									
이인규	38	131	16	25	24	53	59	18	1
위성우	31	134	15	31	11	22	11	11	10
다운스	44	716	227	59	85	303	115	63	35
신종석	38	189	48	22	27	47	25	23	18
김택훈	36	108	27	14	12	74	30	18	24

1) 데이터 출처: http://www.kbl.or.kr/player.html

관측된 각 변수는 다음과 같다.

X1=출전게임 수, X2=총득점, X3=2점 슛,
X4=3점 슛, X5=자유투, X6=리바운드,
X7=어시스트, X8=가로채기, X9=블록킹.

1 계층적 방법

<표 6.1>의 자료에 대한 계층적 군집분석은 <그림 6.1>과 같이 입력한 후 각 변수들의 단위가 다르므로 군집분석에 들어가기에 앞서 자료를 먼저 표준화시켜야 한다.

<그림 6.1> 자료입력 (basket.sav)

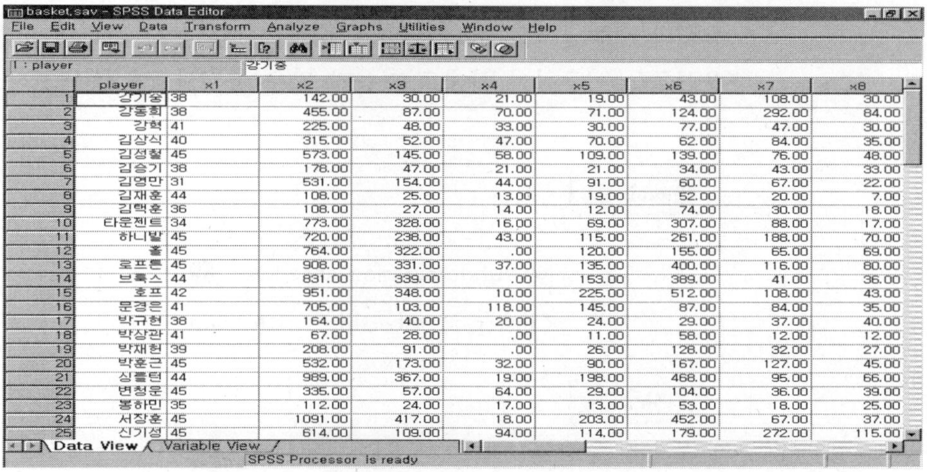

	player	x1	x2	x3	x4	x5	x6	x7	x8
1	강기중	38	142.00	30.00	21.00	19.00	43.00	108.00	30.00
2	강동희	38	455.00	87.00	70.00	71.00	124.00	292.00	84.00
3	강혁	41	225.00	48.00	33.00	30.00	77.00	47.00	30.00
4	김상식	40	315.00	52.00	47.00	70.00	62.00	84.00	35.00
5	김성철	45	573.00	145.00	58.00	109.00	139.00	76.00	48.00
6	김승기	38	178.00	47.00	21.00	21.00	34.00	43.00	33.00
7	김영만	31	531.00	154.00	44.00	91.00	60.00	67.00	22.00
8	김재훈	44	108.00	25.00	13.00	19.00	52.00	20.00	7.00
9	김택훈	36	108.00	27.00	14.00	12.00	74.00	30.00	18.00
10	타운젠트	34	773.00	328.00	16.00	69.00	307.00	88.00	17.00
11	하니발	45	720.00	238.00	43.00	115.00	261.00	188.00	70.00
12	홀	45	764.00	322.00	.00	120.00	155.00	65.00	69.00
13	로프튼	45	908.00	331.00	37.00	135.00	400.00	116.00	80.00
14	브룩스	44	831.00	339.00	.00	153.00	389.00	41.00	36.00
15	호프	42	951.00	348.00	10.00	225.00	512.00	108.00	43.00
16	문경은	41	705.00	103.00	118.00	145.00	87.00	84.00	35.00
17	박규현	38	164.00	40.00	20.00	24.00	29.00	37.00	40.00
18	박상관	41	67.00	28.00	.00	11.00	58.00	12.00	12.00
19	박재헌	39	208.00	91.00	.00	26.00	128.00	32.00	27.00
20	박훈근	45	532.00	173.00	32.00	90.00	167.00	127.00	45.00
21	싱글턴	44	989.00	367.00	19.00	198.00	468.00	95.00	66.00
22	변청운	45	335.00	57.00	64.00	29.00	104.00	36.00	39.00
23	봉하민	35	112.00	24.00	17.00	13.00	53.00	18.00	25.00
24	서장훈	45	1091.00	417.00	18.00	203.00	452.00	67.00	37.00
25	신기성	45	614.00	109.00	94.00	114.00	179.00	272.00	115.00

계층적 군집분석을 하기 위한 메뉴선택은 다음과 같다.

Analyze ▶ Classify
▷ Hierarchical Cluster...

변수군집이 아니라 각 선수들로부터 관측된 9개의 변수들을 가지고 몇 개의 그룹으로 나누고자 하므로 <그림 6.2>와 같이 개체(cases)군집을 선택하고 분석대상 변수들을 옮겨 놓는다.

<그림 6.2>
계층적
군집분석
대화상자

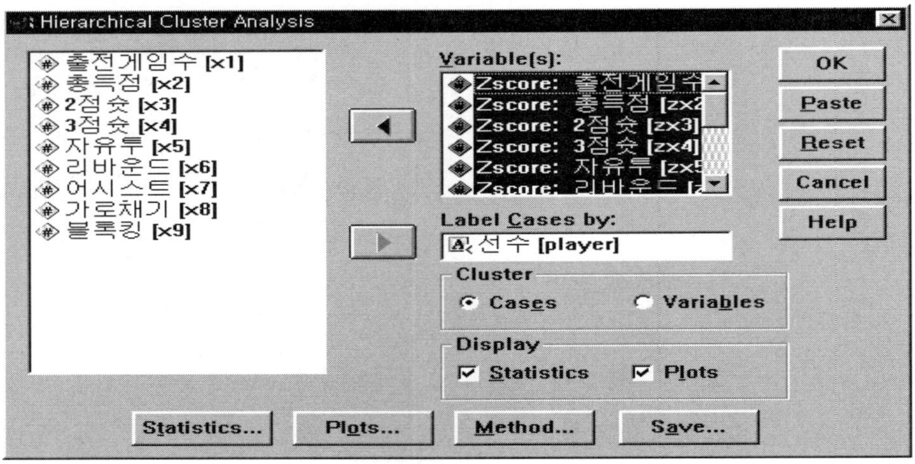

그리고 <그림 6.2>의 계층적 군집분석 대화상자 하단에 보이는 4개의 하위 옵션들을 이용하여 차례로 다음과 같은 통계량들을 선택한다.

Statistics...

☑ Agglomeration schedule ❶

Cluster Membership : ◉ None

Plots...

☑ Dendrogram ❷

Icicle : ◉ None

Method...

Cluster Method : Between-groups linkage ❸

Measure : ◉ Interval : Squared Euclidean distance ❹

Transform Values : Standardize : Z scores

Transform Measures : default

Save...

Cluster Membership : ◉ Single solution

여기서 ❶은 각 개체들이 차례로 군집을 형성해 나가는 모든 단계들을 결과로 출력하며 ❷는 군집분석에 대한 덴드로그램을 제공해준다. ❸은 군집화시키는 방법 중 하나를 선택한 것이며 ❹는 구간측정된 데이터에 대해 개체간의 거리를 제곱유클리드 거리로 정의한 것이다.

[2] 비계층적 방법

비계층적 군집분석을 하기 위해서는

Analyze ▶ Classify
▷ K-Means Cluster...

를 이용한다. 여기서는 사전에 총 개체를 몇 개의 군집으로 나눌 것인가를 먼저 정해주어야 한다. <그림 6.3>에서는 사전에 군집 4개를 고려하고 있음을 알 수 있다.

<그림 6.3> 비계층적 군집분석

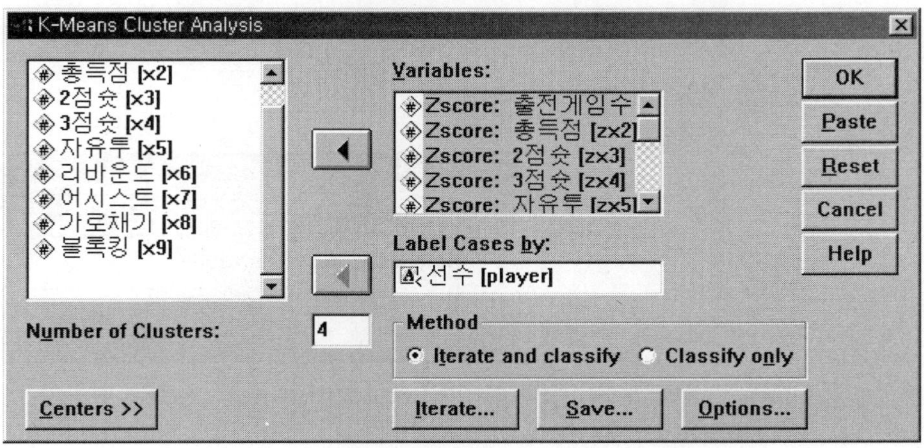

<그림 6.3>의 하단에 보이는 비계층적 군집분석 수행에 필요한 여러 옵션들을 살펴보도록 하자.

Centers >>

그룹중심의 초기값을 특정 파일로부터 불러 읽거나 최종값을 파일에 저장할 때 이용한다.

Iterate...

K평균 군집분석을 수행하기 위한 최대 반복회수, 수렴조건 등을 지정한다. 새로운 개체의 진입에 따른 군집의 평균값 이용여부도 선택할 수 있다.

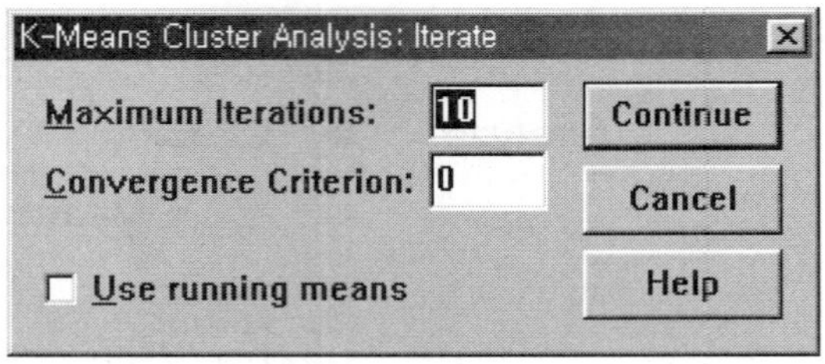

Save...

각 개체를 여러 개의 그룹으로 분류한 결과와 군집중심까지의 거리를 데이터 창에서 변수로 생성시킨다. 이를 이용하여 각 그룹별로 여러 변수들의 특성에 대한 추가적인 분석이 가능하겠다.

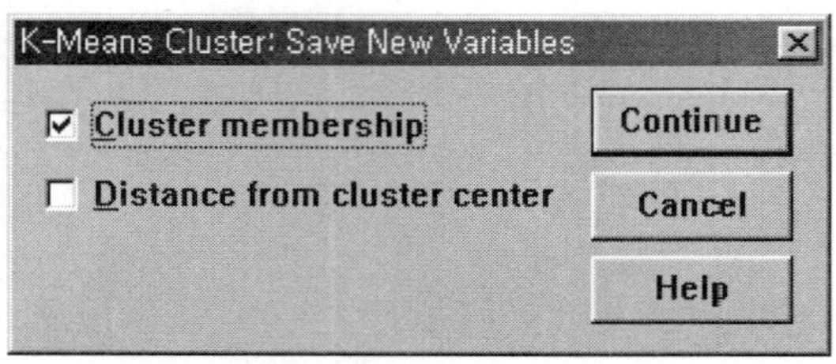

Options...

이 옵션은 통계량과 결측치 처리방법을 선택할 수 있는 대화상자로 초기 군집의 중심값과 분산분석표, 각 관측에 대한 군집정보 등을 제공한다.

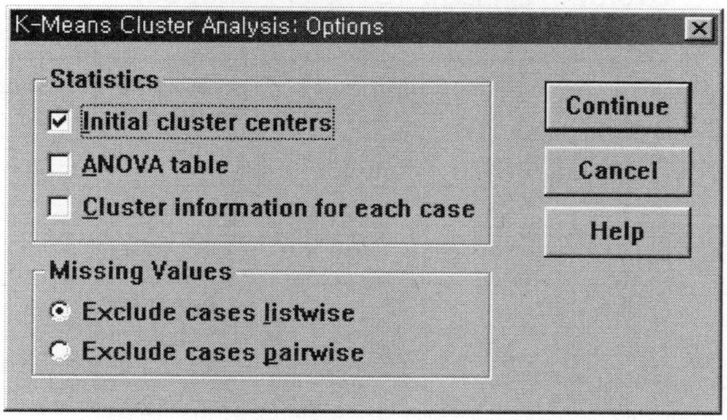

6.3 사례분석: 결과의 이해

1 계층적 방법

계층적 군집방법은 거리가 가까운 개체부터 차례대로 묶어 그룹을 형성해 나가는 응집된 계층방법(AHM: Agglomerative Hierarchical Method)과 전체대상을 하나의 군집으로 묶은 후 개체들을 차례로 크기가 더 작은 여러 개의 군집들로 나누는 분할된 계층방법(DHM: Devisive Hierarchical Method)이 있다.

6.2절에서 선택한 방법 ❸은 AHM의 하나이다. 이는 군집간의 거리를 각 군집에 속해있는 개체와의 평균거리로 계산하는 군집간 평균연결법(Average Linkage Between Groups)이다. <표 6.2>가 바로 이에 따른 69명의 선수들에 대한 계층적 군집분석 결과이다. 단계(stage) 1에서 9번째 개체와 69번째 개체가 하나의 군집을 형성했음을 나타낸다. 그리고 단계 2에서는 37번째 개체와 38번째 개체가 또 다른 하나의 군집을 형성했음을 보여준다.

<표 6.2>에서 주목해야 하는 것은 계수(Coefficients)가 급속히 증가하는 단계를 찾는 것이다. 이 표에서는 2,3곳이 눈에 띄는데 급속히 증가하는 시점에서 군집의 개수를 결정하도록 한다.

<표 6.2>의 결과로부터 군집의 수를 2, 3, 4 개 정도 고려해 볼 수 있겠는데 4개로 정하기로 하겠다. 군집의 개수를 2개로 하는 것은 69명의 선수들을 군집화하는데 큰 의미가 별로 없기 때문이다.

<표 6.2>
평균기준 결합방식에 의한 군집결과

Average Linkage (Between Groups)

Agglomeration Schedule

Stage	Cluster Combined		Coefficients	Stage Cluster First Appears		Next Stage
	Cluster 1	Cluster 2		Cluster 1	Cluster 2	
1	9	69	.000	0	0	12
2	37	38	.000	0	0	33
3	32	33	1.960E-03	0	0	18
4	6	17	.193	0	0	16
5	55	65	.203	0	0	13
6	63	68	.306	0	0	12
7	58	66	.308	0	0	35
8	18	64	.314	0	0	14
9	5	27	.351	0	0	17
10	23	56	.357	0	0	15

중략

55	1	7	8.370	48	0	65
56	3	11	8.534	53	41	58
57	13	14	9.223	51	47	63
58	3	16	9.541	56	40	60
59	2	51	11.404	54	0	60
60	2	3	12.151	59	58	65
61	12	36	12.379	0	0	67
62	10	31	12.839	49	0	66
63	13	54	14.230	57	0	64
64	13	28	14.928	63	0	66
65	1	2	16.568	55	60	68
66	10	13	17.196	62	64	67
67	10	12	25.025	66	61	68
68	1	10	29.196	65	67	0

한편, SPSS에서 제공하고 있는 계층적 군집방법들을 간략히 살펴보면 <표 6.3>과 같이 평균기준 결합방식, 단일기준 결합방식, 와드(Ward)방식에 의한 결합방식 등이 있다.

<표 6.3>
군집형성 방법

방법	내용
Between-groups linkage (군집간 평균연결법)	평균기준 결합방식에 의한 그룹형성. 어느 한 군집과 다른 군집에 속해있는 모든 개체들에 대한 거리를 평균하여 비교 형성.
Within-groups linkage (군집내 평균연결법)	평균기준 결합방식에 의한 그룹형성. 각 그룹내에서의 개체들에 대한 거리를 평균하여 비교 형성.
Nearest neighbor (최단 연결법)	단일기준 결합방식에 의한 그룹형성. 어느 한 군집에 속해있는 개체와 타군집에 속해있는 거리가 가장 가까운 개체를 새로운 하나의 군집으로 형성.
Furthest neighbor (최장 연결법)	완전기준 결합방식에 의한 그룹형성. 각 단계마다 한 군집에 속해있는 대상과 다른 군집에 속해있는 개체사이의 유사성이 최대거리로 정해짐.
Centroid clustering (중심 연결법)	군집 p와 군집 q를 합친 새로운 군집을 t번째 군집이라 할 때 또 다른 r번째 군집과의 유사성 거리를 다음과 같이 정의. $s_{tr}=\frac{N_p}{N_p+N_q}s_{pr}+\frac{N_q}{N_p+N_q}s_{qr}-\frac{N_pN_q}{(N_p+N_q)^2}s_{pq}$
Median clustering (중위수 연결법)	$s_{tr}=(s_{pr}+s_{qr})/2-s_{pq}/4$
Ward's method (와드방법)	$s_{tr}=\frac{1}{(N_t+N_r)^2}[(N_r+N_p)s_{rp}+(N_r+N_q)s_{rq}-N_rs_{pq}]$

2 비계층적 군집

앞에서 수행한 계층적 군집분석 결과를 토대로 군집의 개수를 4개로 정한 후 비계층적 방법을 이용해서 군집을 형성해 나갈 수 있다. <표 6.4>는 K-평균 군집분석시 반복알고리즘에 의해 이합집산으로 그룹을 형성할 때 사용된 그룹별 초기값이다.

<표 6.4>
초기 그룹평균값

Initial Cluster Centers

	Cluster			
	1	2	3	4
Zscore: 출전게임수	.92679	.92679	-2.43892	.92679
Zscore: 총득점	2.21581	.32878	-1.20383	.92905
Zscore: 2점슛	2.75828	-.36998	-1.12013	.43602
Zscore: 3점슛	-.31903	1.67378	-.25771	1.55114
Zscore: 자유투	1.23385	.51584	-1.24499	.48165
Zscore: 리바운드	-.52780	.08643	-1.03490	.50782
Zscore: 어시스트	-.31072	2.16948	-1.16729	1.07001
Zscore: 가로채기	.10225	2.87530	-1.36584	1.89658
Zscore: 블록킹	-.60446	-.33881	-.25025	4.35443

<표 6.4>의 초기값들을 통해 각 그룹의 특성을 살펴보자. 4번째 그룹에 속한 선수들은 9개의 모든 변수에 대해 양의 값을 나타내고 있다. 총득점, 2점슛, 3점슛, 자유투, 리바운드 등 조사된 모든 항목에서 우수한 능력을 발휘하고 있는 그룹으로 특히 눈에 띄는 것은 블록킹에 대한 평균점수가 상당히 높다는 것이다. 이와 대조적으로 그룹 3에 속해있는 선수들은 모두 전 항목에 대해 음의 값을 나타내고 있다. 따라서 상대적으로 모든 항목들에 대해 성적이 저조한 그룹임을 짐작할 수 있다. 그룹 1은 총득점이나 2점슛, 자유투 등에 높은 성적을 보이는 그룹이고 그룹 2는 총득점은 높지 않지만 3점슛이나 어시스트, 가로채기 등에서 활약을 보인 선수들 그룹임을 짐작할 수 있다.

<표 6.5>는 K-평균 군집분석에 의해 각 개체들이 분류된 그룹을 나타낸다. 그룹 4로 분류되고 있는 선수들은 모두 외국에서 영입해온 선수들이다. 그룹 1에도 상당수의 선수들이 외국선수들이나 익히 잘 알려진 서장훈 선수나 양희승, 전희철, 현주엽 선수들이 포함되어 있다. 그리고 허재, 문경은, 강동희 선수들은 그룹 2로 분류되고 있다. 이들 네 그룹의 특성은 <표 6.6>의 자료를 통해 비교될 수 있겠다.

<표 6.5>
군집분석 결과

Cluster Membership

Case	선수	Cluster	Distance	Case	선수	Cluster	Distance
1	강기중	3	2.298	36	존스	4	.000
2	강동희	2	2.455	37	전희철	1	3.930
3	강혁	3	2.684	38	정인교	1	3.930
4	김상식	3	2.910	39	정재근	3	1.708
5	김성철	1	3.702	40	콥	1	3.304
6	김승기	3	2.053	41	맥도웰	1	4.478
7	김영만	3	2.419	42	조상현	2	3.305
8	김재훈	3	3.212	43	조성원	2	3.815
9	김택훈	3	1.548	44	조우현	3	3.594
10	타운젠트	3	4.198	45	와센버그	1	2.944
11	하니발	2	2.961	46	주희정	2	2.232
12	홀	4	3.518	47	추승균	1	3.347
13	로프튼	1	3.148	48	그레이	1	3.791
14	브룩스	1	4.108	49	저머니	1	5.033
15	호프	4	4.801	50	허재	2	2.428
16	문경은	2	4.323	51	현주엽	1	3.623
17	박규현	3	2.139	52	홍사붕	3	3.753
18	박상관	3	2.615	53	황성인	2	2.393
19	박재헌	3	2.502	54	헌터	2	2.858
20	박훈근	1	3.709	55	허영	3	1.916
21	싱글턴	1	4.143	56	하상윤	3	1.230
22	변청운	3	3.849	57	최명도	3	3.016
23	봉하민	3	1.265	58	최호	3	.555
24	서장훈	1	3.199	59	조신영	3	1.611
25	신기성	2	.000	60	조동현	3	3.792
26	양경민	3	3.806	61	정진영	2	2.580
27	양희승	1	3.536	62	정낙영	3	4.153
28	이버츠	1	.000	63	장창곤	3	1.585
29	오성식	2	3.688	64	이지승	3	2.728
30	우치원	1	3.718	65	이인규	3	1.892
31	루즈그린	1	4.145	66	위성우	3	.000
32	유도훈	2	3.017	67	다운스	2	3.631
33	이상민	2	3.017	68	신종석	3	1.874
34	이은호	3	3.394	69	김택훈	3	1.548
35	이창수	3	3.602				

최종적으로 각 4개의 군집에 대한 9개 변수의 평균값을 살펴보면 <표 6.6>과 같다. 전희철, 정인교 선수가 포함된 군집 1의 특징은 다른 그룹에 비해 총득점이나 2점 슛을 많이 하고 자유투, 리바운드도 좋은 편이다. 그리고 허재나 문경은 선수가 포함된 그룹 2의 특징은 총득점은 낮지만 어시스트, 가로채기에 특기가 있으며 3점슛에 대한 평균값이 약 0.96으로 다른 그룹에 비해 장거리에서 득점을 올리는 특기를 가진 선수들로 구성되어 있음을 알 수 있다. 이에 반해 그룹 4는 총득점이 매우 높고 2점슛, 자유투, 가로채기, 블록킹 등 모든 면에서 고르게 잘하는 선수들로 구성되어 있다. 이 그룹에는 홀, 호프, 존스와 같은 외국선수들이 해당된다. 한편 그룹 3에 속한 선수들은 전반적으로 모든 면에서 활발한 활동이 보이지 않고 있다.

<표 6.6>
K-평균
군집분석에 의한
최종 그룹평균

Final Cluster Centers

	Cluster			
	1	2	3	4
Zscore: 출전게임수	.67373	.39789	-.65089	.68638
Zscore: 총득점	1.03694	.28046	-.84532	1.04719
Zscore: 2점슛	1.09880	-.09706	-.71014	1.10104
Zscore: 3점슛	-.02051	.95637	-.41867	-.18617
Zscore: 자유투	.95672	.28790	-.81280	1.17116
Zscore: 리바운드	.97809	-.03832	-.65302	.96255
Zscore: 어시스트	.11655	1.20894	-.65670	.22197
Zscore: 가로채기	.18810	1.09185	-.71208	.94504
Zscore: 블록킹	.26707	-.23845	-.38447	3.60174

<표 6.7>
최종군집중심간의
거리와 각 군집에
속한 개체수

Distances between Final Cluster Centers

Cluster	1	2	3	4
1		2.604	4.044	3.432
2	2.604		3.603	4.576
3	4.044	3.603		5.887
4	3.432	4.576	5.887	

Number of Cases in each Cluster

Cluster	1	19.000
	2	15.000
	3	32.000
	4	3.000
Valid		69.000
Missing		.000

<표 6.7>을 보면 각 그룹간 평균차는 그룹 3과 그룹 4가 5.887로 가장 크게 벌어지는 집단임을 알 수 있으며 전반적으로 총득점이 저조한 그룹 3에 선수들의 약 50%정도가 분포되어 있다. 그리고 최종적으로 각 군집에 속한 선수들은 제1 군집에 19명, 제2 군집에 15명, 제3 군집에 32명이고 제4 군집에는 3명 뿐이다.

<표 6.8>의 분산분석 결과는 9개 변수에 대해서 4 그룹별 평균차 검증을 한 것으로 9개 변수 모두 4그룹 분류에 유의한 변수임을 확인할 수 있다.

<표 6.8> 분산분석결과

ANOVA

	Cluster		Error		F	Sig.
	Mean Square	df	Mean Square	df		
Zscore: 출전게임수	8.656	3	.647	65	13.387	.000
Zscore: 총득점	15.922	3	.311	65	51.147	.000
Zscore: 2점슛	14.285	3	.387	65	36.929	.000
Zscore: 3점슛	6.480	3	.747	65	8.674	.000
Zscore: 자유투	14.630	3	.371	65	39.441	.000
Zscore: 리바운드	11.541	3	.513	65	22.476	.000
Zscore: 어시스트	12.043	3	.490	65	24.561	.000
Zscore: 가로채기	12.487	3	.470	65	26.575	.000
Zscore: 블록킹	15.285	3	.341	65	44.867	.000

The F tests should be used only for descriptive purposes because the clusters have been chosen to maximize the differences among cases in different clusters. The observed significance levels are not corrected for this and thus cannot be interpreted as tests of the hypothesis that the cluster means are equal.

한편 군집분석에 있어 계층적 군집에서의 <표 6.2>의 군집 수와 이에 대한 계수 값으로 산비탈그림을 그리면 군집의 개수를 결정하는데 도움이 될 수 있다. <그림 6.4>가 바로 이를 이용한 산비탈그림이다 (10개의 군집형성에 대해서만 작성되었다).

<그림 6.4>를 보면 3개의 군집을 고려하는 것이 더 타당해 보인다. 따라서 3개의 군집을 이용한 비계층적 군집분석을 수행하면 <표 6.9>와 같이 반복 알고리즘을 수행한 최종결과가 나온다. 제1 그룹은 총득점이 높은 그룹으로 이들이 총득점을 올릴 수 있었던 요인들은 주로 2점 슛, 자유투, 리바운드,

블록킹임을 알 수 있다. 반면 제2 그룹은 총득점은 그다지 높지 않으나 3점슛, 어시스트, 가로채기 등에서 점수를 높게 받은 그룹에 속한다. 제3 그룹은 총득점이 마이너스로 전반적으로 저조한 점수를 얻은 그룹임을 알 수 있다. 제1 군집에 14명, 제2 군집에 28명, 제3 군집에 27명이 배속되어 군집을 4개로 했을 때보다 군집별로는 다소 균형적으로 분류되었다.

<그림 6.4>
Agglomeration list를 이용한 산비탈그림

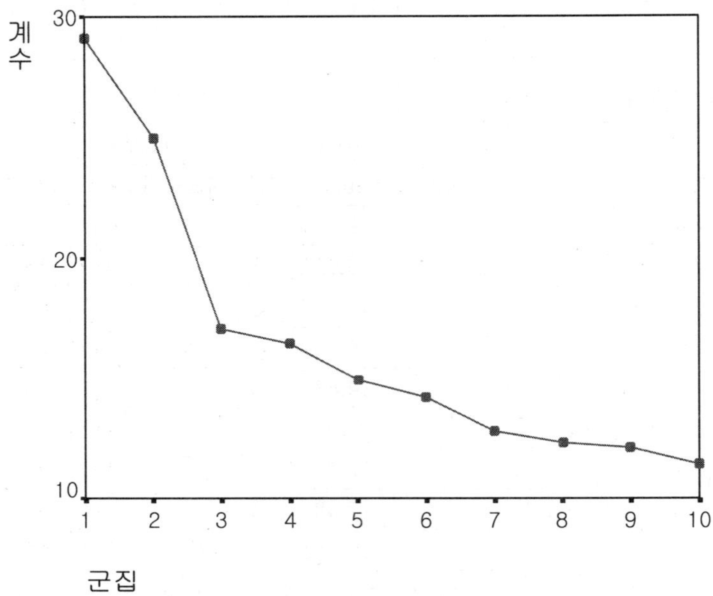

<표 6.9>
비계층적 군집분석 (군집개수=3)

Final Cluster Centers

	Cluster		
	1	2	3
Zscore: 출전게임수	.46315	.42022	-.67593
Zscore: 총득점	1.28621	.34349	-1.02313
Zscore: 2점슛	1.61026	.01278	-.84821
Zscore: 3점슛	-.65189	.86461	-.55862
Zscore: 자유투	1.09708	.35709	-.93918
Zscore: 리바운드	1.51233	-.04238	-.74022
Zscore: 어시스트	.06551	.69926	-.75913
Zscore: 가로채기	.46927	.55083	-.81455
Zscore: 블록킹	1.26145	-.24235	-.40276

Number of Cases in each Cluster

Cluster	1	14.000
	2	28.000
	3	27.000
Valid		69.000
Missing		.000

한편 <표 6.10>의 결과 역시 3개 군집을 비계층적으로 형성했을 때 다변량들에 대한 그룹간 차이를 검증한 결과이다. 총득점, 2점슛, 자유투, 리바운드 등에 의해 3개 군집에 대한 차이가 크게 식별되고 있다.

<표 6.10>
3개 군집에 대한 분산분석결과

ANOVA

	Cluster		Error		F	Sig.
	Mean Square	df	Mean Square	df		
Zscore: 출전게임수	10.142	2	.723	66	14.027	.000
Zscore: 총득점	27.364	2	.201	66	136.076	.000
Zscore: 2점슛	27.866	2	.186	66	149.900	.000
Zscore: 3점슛	17.653	2	.495	66	35.637	.000
Zscore: 자유투	22.118	2	.360	66	61.429	.000
Zscore: 리바운드	23.432	2	.320	66	73.171	.000
Zscore: 어시스트	14.655	2	.586	66	25.000	.000
Zscore: 가로채기	14.746	2	.583	66	25.275	.000
Zscore: 블록킹	14.151	2	.601	66	23.527	.000

The F tests should be used only for descriptive purposes because the clusters have been chosen to maximize the differences among cases in different clusters. The observed significance levels are not corrected for this and thus cannot be interpreted as tests of the hypothesis that the cluster means are equal.

6.4 이론적 고찰

군집분석은 개체간의 유사성 혹은 비유사성 거리에 기초하여 그룹을 나누는 것으로 모든 개체간의 거리를 계산해야하는 것을 제외하고는 아이디어는 매우 간단하다.

6.1절에서 언급했듯이 군집분석은 크게 계층적 군집과 비계층적 군집으로 분류된다. 한편 개체간의 거리를 어떻게 정의하느냐에 따라서도 군집분석결과가 영향을 받는다. 관측변수들이 구간척도로 측정된 경우, 가장 통상적으로 이용되는 것은 유클리드 공간에서 정의된 직선거리이다.

개체 i의 관측을

$$x_i = (x_{i1}, \cdots, x_{ip})^t,\ i = 1, \cdots, n$$

이라고 할 때, 가장 통상적인 개체간 비유사성의 정의는 제곱 유클리드 거리(squared Euclidean distance)이다. 개체 i와 k 사이의 제곱 유클리드 거리 d_{ik}^2는

$$d_{ik}^2 = (x_{i1} - x_{k1})^2 + \cdots + (x_{ip} - x_{kp})^2 = \sum_{j=1}^{p} (x_{ij} - x_{kj})^2$$

로 정의된다.

SPSS에서 제공하고 있는 개체 i와 k에 대한 다양한 유클리드 거리들은 다음과 같다.

<표 6.11>
구간척도에 대한 개체간거리 측정

옵션	거리
Euclidean Distance (유클리드 거리 : 디폴트)	$d_{ik} = \sqrt{\sum_j^p (x_{ij} - x_{kj})^2}$
Squared Euclidean Distance (제곱 유클리드 거리)	$d_{ik}^2 = \sum_j^p (x_{ij} - x_{kj})^2$
Pearson's correlation (피어슨의 상관)	$d_{ik} = \dfrac{\sum_{j=1}^p (x_{ij}\, x_{kj})}{\sqrt{\left(\sum_{j=1}^p x_{ij}^2\right)\left(\sum_{j=1}^p x_{kj}^2\right)}}$
Chebyshev (체비셰프 거리)	$d_{ik} = \max_j \lvert x_{ij} - x_{kj} \rvert$
Block (블록거리)	$d_{ik} = \sum_{j=1}^p \lvert x_{ij} - x_{kj} \rvert$
Minkowski (민코브스키 거리)	$d_{ik} = \left(\sum_{j=1}^p \lvert x_{ij} - x_{kj} \rvert^m \right)^{1/m},\quad m > 0$

여기서 블록거리는 도시블록(City blcok)거리 또는 맨해튼(Manhattan)거리라고 도 한다. 그리고 민코브스키 거리는 $m=2$ 이면 유클리드 거리와 같고 $m=1$ 이면 도시블록(city block) 거리이다. 유클리드 거리나 민코브스키 거리를 산출하기 전에 각 변수를 표준화하는 것이 원칙이다 (그렇지 않다면 서로 다른 단위의 것들이 더해지는 등 혼란이 생긴다).

한편 직선거리로 정의되지는 않지만 다음의 몇 가지 규칙을 만족시키는 거리로 비유클리드 측도(Non-Euclidean metrics)를 이용하여 측정할 수 있다. 즉, i와 k번째 개체간의 거리를 d_{ik} 라고 할 때

i) $d_{ik} \geqq 0$, ii) $d_{ik} = d_{ki}$

iii) $d_{ii} = 0$, iv) $d_{ij} \leqq d_{ik} + d_{kj}$

를 만족시키는 거리이다. 구간측정자료에 대한 비유클리드 거리로는 코사인(Cosine) 거리가 있는데 이는 두 관측벡터간의 코사인각도로 측정된다.

빈도자료(count data)의 경우 두 가지 측도가 있다. 카이제곱과 파이제곱이다. 카이제곱은 디폴트로 동질성 검증에 대한 카이제곱통계량에 기초한다. 그리고 파이제곱 측도는 $\phi^2 = \chi^2/n$ 이다.

이항자료(binary data)의 경우는 <표 6.12>와 같이 측정할 수 있다. 이외에도 SPSS(버전 10.0)에는 더 많은 기법들이 포함되어 있다.

<표 6.12> 이항자료에 대한 개체간 거리 측정

옵션	내 용
Euclidean distance	$\sqrt{b+c}$
Squared Euclidean distance	$b+c$
Size difference	비유사성의 한 지표. 범위: 0에서 1.
pattern difference	bc/n^2 , 범위: 0에서 1.
Variance	$(b+c)/4n$
Simple matching	$(a+d)/n$
Dice	$2a\ (2a+b+c\ )$
Lance and Williams	$(b+c)/(2a+b+c)$. 범위: 0에서 1
Nei & Lei's genetic distance	$2a/((a+b)+(a+c))$
Yule coefficient	$(ad-bc)/(ad+bc)$. 범위: -1에서 1.

여기서 $a, b, c, d, n(=a+b+c+d)$ 은 각각 다음을 나타낸다.

	+	-
+	a	b
-	c	d

그리고 유사성 혹은 비유사성 거리를 계산하기 전에 빈도자료나 구간자료에 대해서 가능한 변환기법으로 SPSS에서 다음의 방법들이 제공된다.

옵션	내용
Z scores	평균 0, 분산 1을 가지는 표준화점수로 변환
Range -1 to 1.	각 관측값을 범위로 나눔.
Range 0 to 1	각 관측값에서 최소값을 뺀 후 범위로 나눔.
Maximum magnitude of 1	각 관측값을 최대값으로 나눔.
Mean of 1.	각 관측값을 평균값으로 나눔.
Standard deviation of 1	각 관측값을 표준편차로 나눔.

1 계층적 군집화

계층적 군집화 방법은 군집간 거리가 어떻게 정의되느냐에 따라 <표 6.3>과 같이 여럿으로 나뉘게 된다 (단, Ward의 방법은 예외).

① Nearest-Neighbor Method (최단연결법) :

두 군집의 개체간 최단거리를 군집간 거리로 한다. 그 결과로 군집의 모양이 가늘고 길게 되는 사슬효과(chain effect)가 발생한다.

하나의 예를 통해 실제 결합되어 가는 과정을 살펴보기로 하자. 4개 개체간의 유사성거리가 다음과 같이 계산되었다고 하자.

$$D_0 = \begin{array}{c|cccc|} & (1) & (2) & (3) & (4) \\ (1) & 0 & 1 & 8 & 9 \\ (2) & 1 & 0 & 3 & 6 \\ (3) & 8 & 3 & 0 & 5 \\ (4) & 9 & 6 & 5 & 0 \end{array}$$

먼저 첫 번째 개체와 두 번째 개체간의 거리가 $d_{12}=1$ 로 가장 가까우므로 (1,

2)가 하나의 군집을 형성한다. 다음으로

$$d_{[3,(1,2)]} = \min d_{31}, d_{32} = d_{32} = 3$$

$$d_{[4,(1,2)]} = \min d_{41}, d_{42} = d_{42} = 6$$

와 첫 번째 묶인 군집과 나머지 개체간의 유사성 거리를 계산한다.

$$D_1 = \begin{array}{c|ccc|} & (1,2) & (3) & (4) \\ (1,2) & 0 & 3 & 6 \\ (3) & 3 & 0 & 5 \\ (4) & 6 & 5 & 0 \end{array}$$

여기서 $d_{(1,2),3} = 3$ 이 최소거리이므로 첫 번째 묶인 군집 (1,2)에 3번째 개체를 포함시켜 하나의 군집을 형성하게 된다. 그리고 최종적으로 나머지 4번째 개체를 묶어 하나의 군집을 이루게 된다.

이와 같은 계층적 군집화는 어느 방식에서든 각 개체가 스스로 군집인 상태에서 출발한다 (따라서 첫 단계에서의 군집 수는 n 이다). 다음 단계에서는 앞의 제 기준에 따라 가장 유사한 두 개체 군집을 합병함으로써 군집 수를 하나 줄인다. 그리고 그 다음 단계에서는 전 단계에서 형성된 군집 중에서 다시 가장 유사한 두 군집을 합병함으로써 군집 수를 하나 더 줄이는 방식으로 쭉 진행된다. 그리하여 최종적으로는 모든 개체가 단일 군집으로 묶여지게 된다.

군집화 결과는 덴드로그램(dendrogram, 나무형 그림)으로 표현하는 것이 효과적이다. 위의 최단연결법 결과를 덴드로그램(dendrogram)으로 나타내면 다음과 같다.

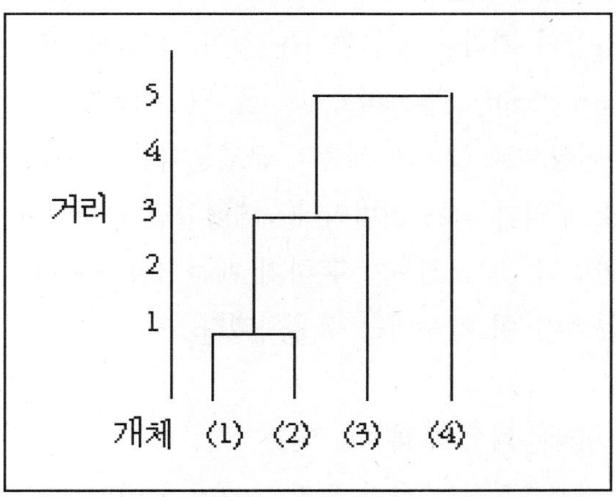

이 결과는 고드름 그림(icicle plot)으로도 살펴볼 수 있는데 덴드로그램과는 모양이 약간 다르지만 동동하다. 나머지 다른 군집방법들은 다음과 같다.

② Furthest-Neighbor Method (최장연결법)

두 군집의 개체간 제일 먼 거리를 군집간 거리로 한다. 그 결과로 군집의 형태가 대체적으로 동그랗게 된다. 앞서 설명한 최단연결법이 고립되어 있는 군집을 찾는데 주안점을 둔다면 최장연결법은 군집들간의 내부적 응집성에 중점을 둔다. 이 두 방법의 장단점을 고려한 방법이 중심연결법, 중위수연결법, 평균연결법이다.

③ Centroid Method (중심연결법)

군집전체를 군집의 중심(centroid)으로 대표시켜 군집간 거리를 얻는다. 따라서 새로운 개체를 포함시키는 경우 군집의 중심과의 거리가 가장 가까운 군집에 개체를 포함시키게 된다. 이 방법은 이상치(outlier)의 영향을 적게 받기 때문에 특이값이 포함되어 있는 경우 효과적이다.

④ Between-groups linkage (군집간 평균연결법)

두 군집의 모든 개체간 (제곱)거리들의 평균을 군집간 (제곱)거리로 한다.

⑤ Within-groups linkage (군집내 평균연결법)

군집간 평균연결법과 유사하나 새 개체를 기존 군집에 포함시킬 때 새 개체를 포함한 모든 개체간의 평균거리가 최소가 되는 군집에 포함시키는 방법이다.

⑥ Ward's Method (와드의 방법) :

중심연결법과 유사한 방법으로 군집중심간의 거리에 가중치를 부여하여 군집간의 거리를 계산한다는 점이 다르다. 총 군집내 (제곱)거리의 오차제곱합(error sum of squares, ESS)를 최소화하도록 군집끼리 합병한다.

이상으로 살펴본 계층적 군집분석은 요즘의 데이터마이닝에서 다루기에는 다소 무리가 되는 기법이다. 왜냐하면 다루어야 할 케이스가 몇 십만 혹은 몇 백만건이 되는 경우가 흔하기 때문이다. 따라서 다음에 설명할 비계층적 군집분석이 이 경우에는 유용하겠다.

2 비계층적 군집화

비계층적 군집화의 특징은 그것이 어떤 기준의 최적화라는 것이다. 이 부류의 방법 중 대표적인 것이 다음의 K-평균 군집화인데, 여기서 K는 군집 수로서 미리 지정되어야 한다.

K-평균 군집화 알고리즘은 다음의 단계를 반복적으로 밟아 최적의 군집을 형성하게 된다.

<u>K-평균 군집화 알고리즘</u>

단계 1] K개의 각 군집에 1개씩의 개체(initial seeding)를 심는다.

단계 2] 모든 개체를 각각 가장 가까운 군집중심을 찾아 배속시키다.

단계 3] 새로 군집중심을 계산한다.

단계 4] 변화가 없을 때까지 단계 2와 단계 3을 반복한다.

K-평균 군집화의 단점은 첫째, 군집화의 결과가 단계1에서의 첫 심기(initial seeding)에 크게 좌우될 수 있다는 것이다. 따라서 첫 심기를 임의로 하는 것은 좋지 않은 것으로 알려져 있다. 좀 더 객관적이고 합리적인 군집 수 k의 선정과 첫 심기 방법은 계층적 군집화의 결과를 이용하는 것이다. 둘째, K-평균 군집화는 군집 수 K를 얼마로 정하느냐에 따라 그 결과가 크게 달라질 수 있다. 그러므로 군집 수 K를 증감하면서 의미가 있는 것을 주관적 판단으로 고를 수도 있다. 앞에서도 언급한 것처럼 군집분석에서는 꼭 한 개의 정답이 존재하는 것은 아니다.

3 변수군집과 인자분석

지금까지 <그림 6.2>에서 선택한 개체들의 군집화에 중요하게 사용되고 있는 계층적 군집분석과 비계층적 군집분석에 대해서 살펴보았다. 한편 <그림 6.2>를 주시하면 군집화 대상을 개체(cases)로 할 것인지 아니면 변수(variable)로 할 것인지 선택해야 한다. 통상적으로는 개체를 대상으로 군집분석을 하지만 변수가 많은 경우 변수들간의 유사성 혹은 비유사성 거리를 기초로 하여 변수군집을 시도할 수 있다. 이 경우에도 물론 계층적 군집화와 비계층적 군집화가 모두 가능하다.

<그림 6.5>는 98년 와튼 계량경제예측 연구소에서 16개 국가에 대하여 발표한 국가위험도 데이터에 대한 변수군집 결과이다. 데이터가 크지 않지만 덴드로그램 결과를 보면 관측된 16개 국가에 대해서는 금리, 경제성장과 금융

시장 그리고 나머지 변수들이 묶여 크게 3개의 변수군집을 이루고 있다. 계층적 군집분석결과에서 계수(Coefficient)를 보면 크게 군집 3개정도로 묶인다.

<그림 6.5>
덴드로그램(변수군집)과 계층적 군집분석결과

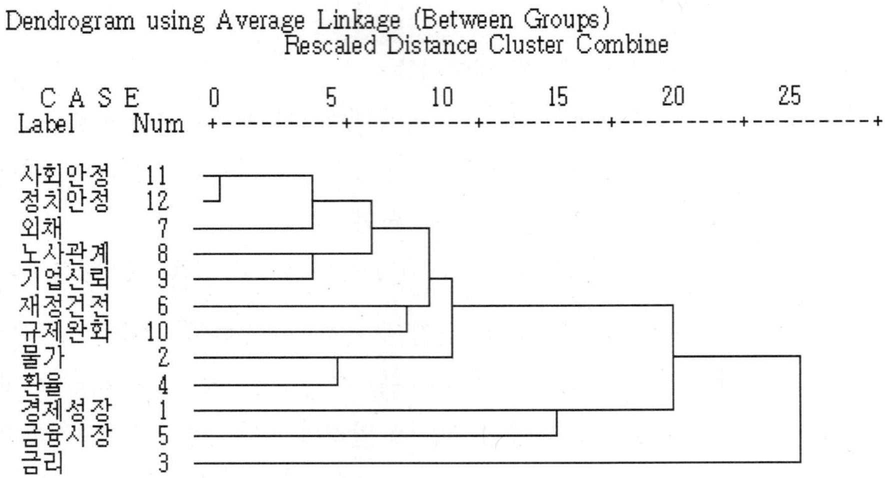

Agglomeration Schedule

	Cluster Combined		Coefficients	Stage Cluster First Appears		Next Stage
Stage	Cluster 1	Cluster 2		Cluster 1	Cluster 2	
1	11	12	.143	0	0	2
2	7	11	.427	0	1	5
3	8	9	.435	0	0	5
4	2	4	.454	0	0	8
5	7	8	.527	2	3	7
6	6	10	.611	0	0	7
7	6	7	.725	6	5	8
8	2	6	.798	4	7	10
9	1	5	1.029	0	0	10
10	1	2	1.339	9	8	11
11	1	3	1.687	10	0	0

<그림 6.6>과 <그림 6.7>은 동일한 데이터에 대한 인자분석결과이다. 변수플롯에서 금리, 경제성장과 금융시장, 그리고 나머지 변수들이 그룹을 형성하고 있는 것을 살펴볼 수 있다. 개체플롯으로부터는 <그림 6.6>에서 금

융시장이나 경제성장, 기업신뢰 등의 항목에 있어 안정적인 국가로 미국, 독일, 호주 등이 대응되고 있음을 알 수 있다. 금리에 대해서는 일본이 독보적인 위치에 놓여있다. 반면 한국, 인도네시아, 파키스탄은 3사분면에 위치하고 있어 조사된 모든 항목에 대해 불안정하고 저조한 상황의 국가임을 나타내고 있다.

<그림 6.6>
인자분석
(변수플롯)

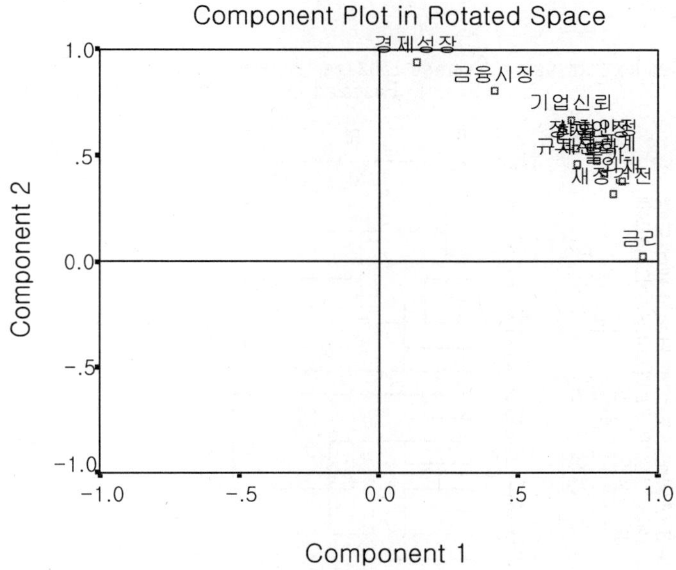

<그림 6.7>
인자분석
(개체플롯)

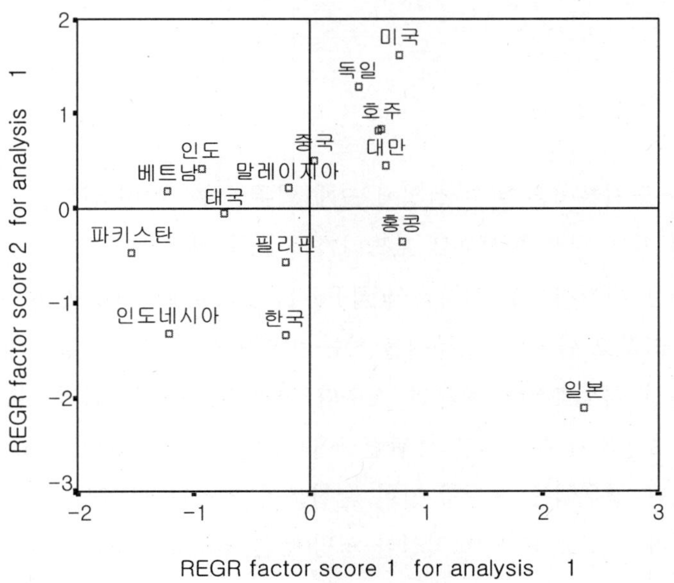

분석에 사용된 데이터가 우리나라에 IMF가 있기 바로 직전에 측정된 자료이므로 국가의 상황을 잘 반영하고 있음을 알 수 있다. 한편 개체에 대한 군집분석결과는 <그림 6.8>과 같다. 독일, 호주, 미국, 싱가포르가 유사한 국가로 묶이고 일본이 독자적으로 군집을 형성하고 있으며 한국, 베트남 등이 유사한 국가로 분류되고 있어 변수군집결과는 인자분석결과와 크게 다르지 않음을 알 수 있다.

<그림 6.8>
덴드로그램
(개체군집)

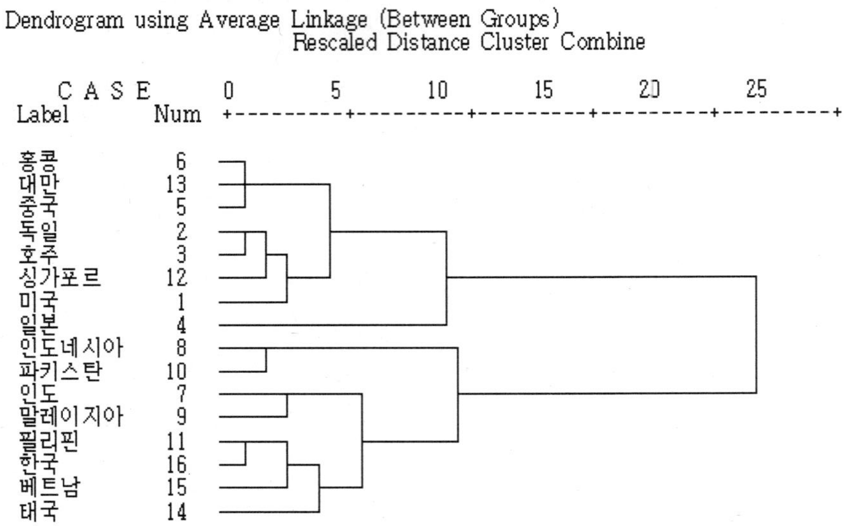

6.5 맺음 말

군집분석은 변수 선정에 크게 의존한다. 어떤 변수들을 군집화 목적과 관련 있는 개체 특성으로 보느냐가 중요한 관건이다. 많은 변수가 가용된 경우에는 사전적으로 인자분석(因子分析, factor analysis)을 하여 변수들의 차원을 정리하고 난 뒤 군집분석을 하는 방법도 있다. 다시 말하여 다수의 원 변수들 대신 이들로부터 추출된 소수의 인자점수를 군집화변수로 선정하는 것이다. 추출인자가 분석내용과 관련하여 의미있는 구인(構因, construct)의 역할을 잘 하는 경우에는 권장할 만한 군집분석 기법이다. 형성된 군집에 대한 개념적 이해가 쉽고 따라서 적절한 명명(命名, naming)이 가능하다는 점이 장점이다.

한편 SPSS에서 제공하고 있는 변수군집 결과는 인자분석결과와 유사하다. 그러나 분석의 초점이 변수들의 합성식을 만들어서 결국 축약된 간명한 식의 유도라면 인자분석으로 더 간단히 해결된다고 할 수 있다. 특히 요즘에 다루어지고 있는 대규모의 데이터에서 변수가 1000개가 넘는 경우 인자분석으로 변수 개수를 줄인 후 개체들을 분류하는 것이 효율적일 가능성이 있다.

제 7 장

다변량 분산분석과 선형회귀

7.1 다변량 분산분석이란?

일변량에 대한 분산분석은 3개 이상의 그룹간 평균차를 검증하기 위한 목적으로 사용된다. 가령 '허준'이라는 TV프로그램에 대하여 10대, 20대, 30대간에 대해 1주일간의 평균시청시간에 있어 차이가 나는가에 관심이 있다고 하자. 이런 경우, 일변량에 대한 분산분석으로 연령대별 평균차 검증을 할 수 있다.

한편, 산림생태계에 관한 연구에서 질소와 인 시비가 소나무, 낙엽송 묘목의 생장과 양분이용효율에 미치는 영향을 분석하고 한다고 하자 이 경우 어린 묘목에 대하여 적절히 질소와 인의 양을 달리하면서 시비를 만든 후 질소와 인의 유효도 증가에 따른 총 생장량의 차이를 비교하고자 할 것이다. 그런데 이와 같이 산림생태에 대한 실험은 보통 잎, 줄기, 뿌리 등 식물의 여러 부분으로 나누어 반응을 측정한다. 왜냐하면 각 부위마다 흡수력이 다를 수 있기 때문이다. 이때 잎, 줄기, 뿌리에서의 총생장량을 각각 Y_1, Y_2, Y_3 라고 하자. 이 경우 Y_1, Y_2, Y_3 는 서로 완전 독립이 아니다. 뿌리에서 생장량이 많았으면 잎에서도 생장량이 많든지 해서 서로 상관이 있게 된다.

물론 잎, 줄기, 뿌리를 각각 하나씩 본다면 일변량 분산분석으로 해결될 수 있는 문제이다. 그러나 다변량 반응을 여러 개의 일변량 반응으로 보게 되면 다변량적 자료특성을 충분히 분석할 수 없는 것은 당연하다. 그렇기 때문에 일변량 분산분석을 확장한 다변량 분산분석을 생각하게 된다.

다변량 분산분석(multivariate analysis of variance, MANOVA)은 일변량 분산분석을 이와 같은 다변량의 경우로 확장한 것이다. 따라서

종속변수 :	연속형	$Y_1, \cdots, Y_m$
설명변수 :	범주형 (분류형)	$X_1, X_2, \cdots$

에 적용되는 선형모형이라고 하겠다. 이때 분류형 변수가 1개이면 1원 다변량 분산분석, 2개이면 2원 다변량 분산분석이라고 한다. 본 장에서는 이와 같은 다변량 분산분석에 대해서 살펴보고 아울러 선형회귀모형에서 반응변수가 2개 이상 확장된 경우의 다변량 선형회귀모형을 살펴보도록 하겠다.

7.2 사례분석 1: 1원 MANOVA

7.2.1 SPSS의 활용

1원 MANOVA 분석사례를 들기로 하겠다. 신문, 라디오, TV의 3 뉴스원 및 대조 그룹을 비교하기 위하여 20명의 피험자를 5명씩 4 그룹으로 나누었다. 그룹 1에는 매체와의 접촉을 금지시켰고, 그룹 2에는 신문을 읽게 하였고, 그룹 3에는 라디오를 청취하도록 하였으며, 그룹 4에는 TV를 시청하게 하였다. 그리고 나서 습득한 사회정보의 정확도(=Y1)와 동의정도(=Y2)를 측정하여 <표 1>의 자료를 관측하였다. 여기서 처리변수 TRT는 1=무, 2:신문, 3:라디오, 4:TV의 4 수준을 갖는다. 사회정보의 수용에 있어 매체 종류별로 다른 효과가 있는지 분석하도록 한다.

<표 7.1> 뉴스매체의 효과자료

TRT	Y_1	Y_2	Y_1	Y_2	Y_1	Y_2	Y_1	Y_2	Y_1	Y_2
1	1	2	2	1	3	2	2	3	2	2
2	8	9	9	8	7	9	8	9	8	10
3	2	4	3	2	3	3	3	5	4	6
4	4	5	3	3	3	4	5	6	5	7

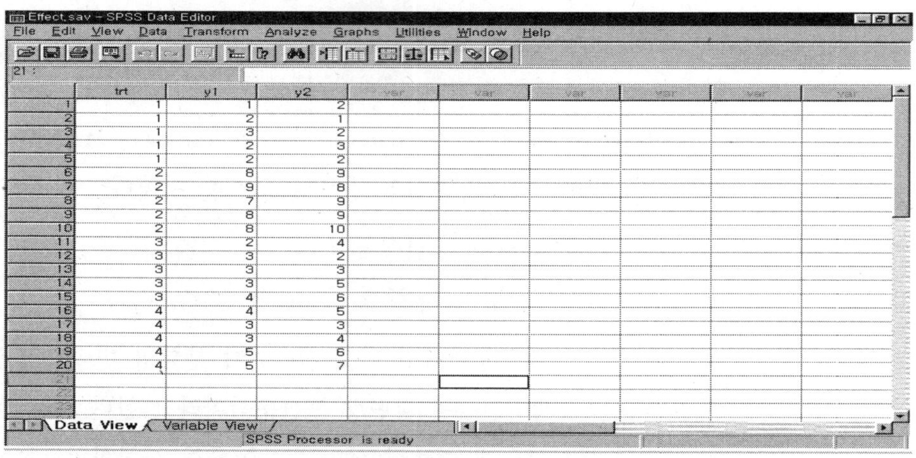

<그림 7.1> 데이터 입력 (effect.sav)

다변량 분산분석을 위해서는 무엇보다도 <그림 7.1>과 같은 형태로 데이

터가 입력되어야 한다. SPSS를 활용할 때는 데이터의 입력 형태, 변수들의 척도 지정 등에 주의를 기울여야 한다. <그림 7.1>과 같은 형태로 입력이 끝나면

Analyze ▶ General Linear Model ▷ Multivariate

와 같이 일반선형모형에서 제공하는 다변량분산분석을 위한 대화상자로 들어간다. <그림 7.2>가 바로 MANOVA를 위한 대화상자이다.

<그림 7.2> 다변량 분산분석 대화상자

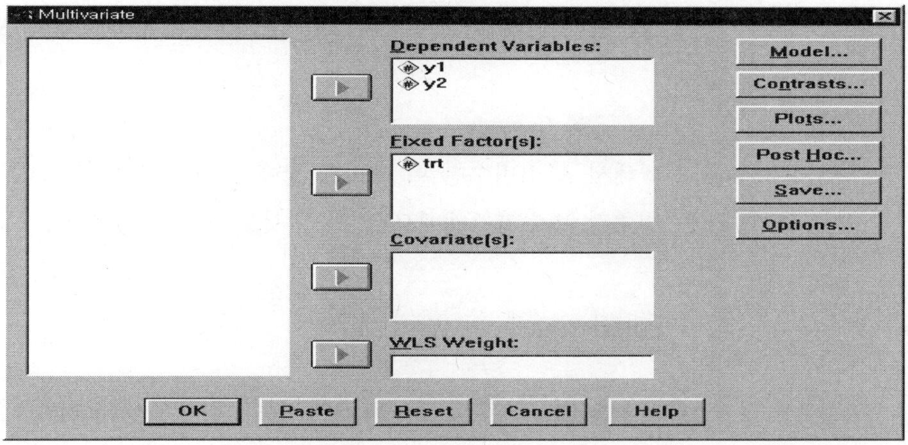

<그림 7.2>를 보면 변수의 관측성질에 따라 변수들을 종속변수(dependent variable), 고정요인(fixed factor), 공변량(covariate), 가중최소제곱을 위한 가중치(WLS weight)로 분산시켜 옮겨놓을 수 있게 된다. <표 7.1>의 데이터에서 정확도와 동의 정도는 반응을 측정한 것이므로 종속변수로 지정하고 대조군을 포함시킨 TRT는 처리변수로서 고정요인으로 지정한다. 즉, 분류변수를 고정요인에 옮겨 놓으면 된다. 이 외에 만약 실험대상이 되었던 사람들의 연령이 관측되었다면 연령은 연속형 변수이고 이때는 공변량으로 지정하게 된다. 즉, 설명변수 중 연속형 변수를 공변량으로 지정한다.

이와 같이 변수들을 각 관측성질에 맞게 옮겨놓은 후 <그림 7.2>의 우측

에 있는 옵션들을 이용해서 모형설정, 추정 및 검증을 수행할 수 있다.

◉ Full factorial

☑ include intercept in model

Model...은 분산분석모형을 지정하기 위한 것으로 만약 분류변수가 A, B이고 Full factorial을 지정했다면 이들 고정요인들의 주효과와 상호작용효과를 모두 고려한

$$y = \mu + \alpha_i + \beta_j + (\alpha\beta)_{ij} + \epsilon$$

을 설정하는 것을 의미한다. 따라서 상호작용효과를 모형에 포함시키고 싶지 않다면

◉ Custom

을 선택해서 A, B변수만 이 Custom창에 옮겨 놓으면 된다. <표 7.1>의 사례는 범주형 변수가 1개이므로 어느 것을 선택하든 결과는 동일하게 된다.

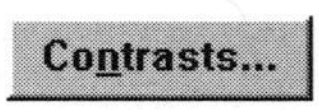

Contrasts...는 대조(contrast)에 대한 검증시 필요하다. 가령 선형적인 효과가 있는지 아니면 2차 곡선형태의 효과가 있는지를 검증하고자 하는 경우 이용할 수 있다.

아래의 대화상자에서처럼 **Contrast**에서 **Polynomial**을 선택한 후 **Change** 버튼을 누르면 trt(Polynomial)로 바뀌게 된다. 이렇게 선택해 놓으면 처리수준에 대한 선형효과, 2차 곡선의 효과 등을 살펴볼 수 있다.

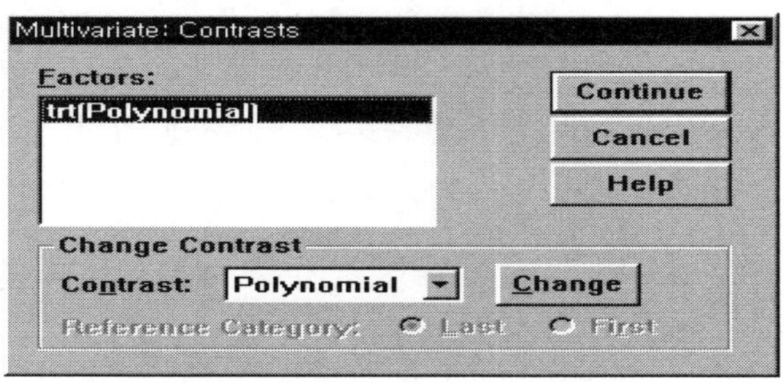

Plots...

Plots...을 통해 각 처리별 평균값에 대한 프로파일 플롯을 작성할 수 있다. 처리변수를 수평축(Horizontal Axis)에 옮겨놓은 후 **Add** 버튼을 클릭한다. 세로축은 자연스럽게 평균 반응값들이 된다.

Post Hoc...

Post Hoc Test for : trt

Equal Variances Assumed : ☑ Tukey

☑ S-N-K

Post Hoc...은 모형에 대한 유의성 검증결과 처리간에 차이가 통계적으로 유의하다는 결과를 얻은 후 처리별로 구체적으로 어떻게 차이가 나는지를 살펴보기 위한 대화상자이다. 다중비교를 위한 변수 선택 후 등분산가정을 만족할 경우와 그렇지 않은 경우 각각 이용 가능한 다중비교법을 선택한다.

Save...

예측값, 잔차, Cook통계량 값등을 선택하여 저장할 수 있다.

Options...

☑ Descriptive statistics

☑ Parameter estimates

주효과의 비교, 기술통계량 출력, 모수 추정치, 분산의 동일성 검증, 잔차 플롯등을 선택하여 결과를 볼 수 있다

7.2.2 결과의 이해

기술통계량에 대한 옵션의 선택으로 <표 7.2>와 각 반응변수들에 대하여

처리별 평균과 표준편차가 계산되었다. 대체로 정확도와 동의정도가 매체별로 비슷하게 분포되어 있다.

<표 7.2>
기술통계량

Descriptive Statistics

	TRT	Mean	Std. Deviation	N
Y1	1	2.00	.71	5
	2	8.00	.71	5
	3	3.00	.71	5
	4	4.00	1.00	5
	Total	4.25	2.45	20
Y2	1	2.00	.71	5
	2	9.00	.71	5
	3	4.00	1.58	5
	4	5.00	1.58	5
	Total	5.00	2.85	20

<표 7.3>
다변량분산분석 결과

Multivariate Tests(c)

Effect		Value	F	Hypothesis df	Error df	Sig.	Eta Squared
Intercept	Pillai's Trace	.976	303.141(a)	2.000	15.000	.000	.976
	Wilks' Lambda	.024	303.141(a)	2.000	15.000	.000	.976
	Hotelling's Trace	40.419	303.141(a)	2.000	15.000	.000	.976
	Roy's Largest Root	40.419	303.141(a)	2.000	15.000	.000	.976
TRT	Pillai's Trace	1.027	5.631	6.000	32.000	.000	.514
	Wilks' Lambda	.073	13.566(a)	6.000	30.000	.000	.731
	Hotelling's Trace	11.414	26.632	6.000	28.000	.000	.851
	Roy's Largest Root	11.292	60.223(b)	3.000	16.000	.000	.919

a Exact statistic
b The statistic is an upper bound on F that yields a lower bound on the significance level.
c Design: Intercept+TRT

<표 7.3>의 다변량 분산분석결과를 살펴보면 처리변수에 대하여 윌크스의 람다나 필라이의 대각합, 로이의 최대근에 의한 검증결과 모두 5% 유의수준에서 통계적으로 의미가 있다. 이것은 매체 종류에 따라 수용자가 다른 영향을 받는다는 것을 의미하지만 구체적으로 어떤 차이인가를 살펴보기 위해서

는 추가적인 자료분석이 필요하다. <표 7.4>는 매체 종류별로 구체적으로 어떤 차이를 보이고 있는지 살펴보기 위해 수행한 사후검증 결과이다. 여기서는 튜키의 다중비교 검증을 수행하였다.

<표 7.4>
튜키의 다중비교 결과

Dependent Variable	(I) TRT	(J) TRT	Mean Difference (I-J)	Std. Error	Sig.	95% Confidence Interval	
						Lower Bound	Upper Bound
Y1	1	2	-6.00(*)	.50	.000	-7.43	-4.57
		3	-1.00	.50	.229	-2.43	.43
		4	-2.00(*)	.50	.005	-3.43	-.57
	2	1	6.00(*)	.50	.000	4.57	7.43
		3	5.00(*)	.50	.000	3.57	6.43
		4	4.00(*)	.50	.000	2.57	5.43
	3	1	1.00	.50	.229	-.43	2.43
		2	-5.00(*)	.50	.000	-6.43	-3.57
		4	-1.00	.50	.229	-2.43	.43
	4	1	2.00(*)	.50	.005	.57	3.43
		2	-4.00(*)	.50	.000	-5.43	-2.57
		3	1.00	.50	.229	-.43	2.43

Dependent Variable	(I) TRT	(J) TRT	Mean Difference (I-J)	Std. Error	Sig.	95% Confidence Interval	
						Lower Bound	Upper Bound
Y2	1	2	-7.00(*)	.77	.000	-9.22	-4.78
		3	-2.00	.77	.084	-4.22	.22
		4	-3.00(*)	.77	.007	-5.22	-.78
	2	1	7.00(*)	.77	.000	4.78	9.22
		3	5.00(*)	.77	.000	2.78	7.22
		4	4.00(*)	.77	.000	1.78	6.22
	3	1	2.00	.77	.084	-.22	4.22
		2	-5.00(*)	.77	.000	-7.22	-2.78
		4	-1.00	.77	.581	-3.22	1.22
	4	1	3.00(*)	.77	.007	.78	5.22
		2	-4.00(*)	.77	.000	-6.22	-1.78
		3	1.00	.77	.581	-1.22	3.22

Based on observed means.

* The mean difference is significant at the .05 level.

<표 7.4>의 결과로부터 정확도나 동의정도에 있어 (1, 2), (1, 4), (2, 3), (4, 2) 처리간에 차이가 있음을 알 수 있다. 무처리와 라디오 매체를 통한 정확도나 동의정도는 5%의 유의수준에서 통계적으로 유의하지 않다.

<그림 7.3>
평균 반응 프로파일
(상) 정확도
(하) 동의정도

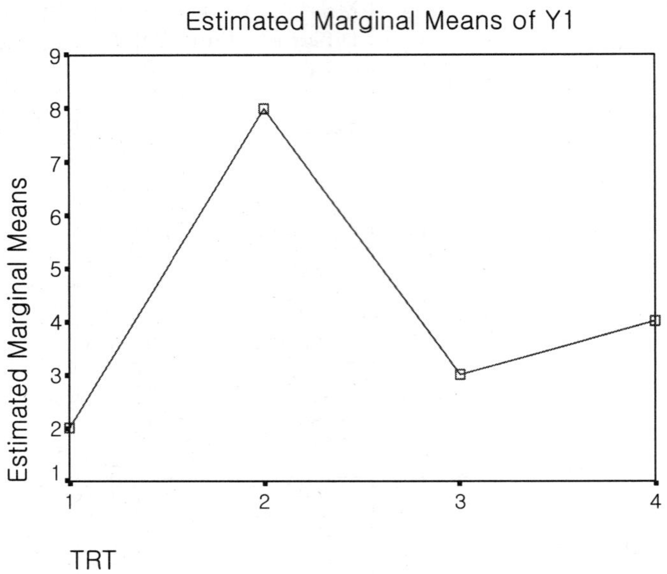

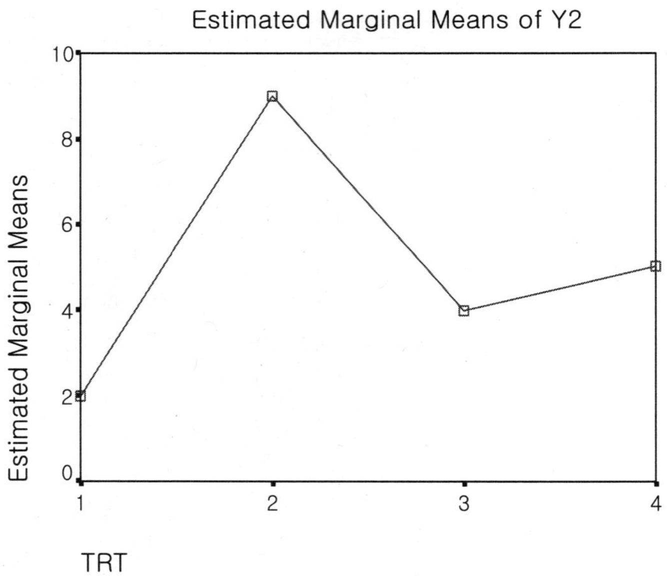

<그림 7.3>의 평균 반응 프로파일로부터도 검증에 앞서 각 매체별 반응

정도를 탐색적으로 파악할 수 있다.

7.3 이론적 고찰: 1원 MANOVA

분산분석이 적용되는 대표적인 대상은 비교실험(comparative experiments) 자료이다. 예컨대 가장 간단한 비교실험 설계인 1원 설계(one-way design)는 처리 요인이 하나인 경우에 세워지는데 그 구체적인 방법은 다음과 같다.

- 1원 설계 : 처리 수준 수가 I인 경우
  - 임의화(randomization)에 의하여 피험자를 I개의 그룹으로 나눈다. 이 때 각 그룹의 크기를 가급적 같게 하는 것이 좋다.
  - 각 그룹에 해당하는 처리를 한다.
  - 동일한 방식으로 각 피험자의 다변량적 반응을 측정한다.

그 결과로 다음과 같은 자료가 만들어졌다고 하자.

$$\{y_{k:ij},\ k=1,\cdots,p:\ i=1,\cdots,I;\ j=1,\cdots,n_i\}$$

여기서 $k\,(=1,\cdots,p)$는 변수를 나타내는 첨자이고 $i\,(=1,\cdots,I)$는 처리수준을 나타내는 첨자이며 $j\,(=1,\cdots,n_i)$는 각 처리에서 반복을 나타내는 첨자이다.

이런 자료에 대한 1원 일변량 분산분석 (one-way univariate ANOVA) 모형은 다음과 같다.

- 1원 일변량 분산분석 모형

  각 반응변수 Y_k에 대하여 $(k=1,\cdots,p)$

  $$y_{k:ij}=\mu_k+\alpha_{k:i}+\epsilon_{k:ij}\ ,\ i=1,\cdots,I;\ j=1,\cdots,n_i$$

  여기서 μ_k는 평균, $\alpha_{k:i}$는 처리수준 i의 효과를 나타내고 $\epsilon_{k:ij}$는 오차를 나타내는 독립적인 확률변수이다 ($\epsilon_{k:ij}\sim N(0,\sigma_k^2)$).

이 모형에서 반응이 처리수준에 따라 차이가 있는가, 즉

$$H_0:\ \alpha_{k:1}=\cdots=\alpha_{k:I}\quad 대\quad H_1:\ \text{not H}_0$$

를 검증하는 방법은 전체 제곱합을 처리(그룹)간 제곱합 B_k와 처리(그룹)내

제곱합 W_k로 분해하고 그 비를 활용하는 것이다.

- F 검증 : 각 반응변수 Y_k에 대하여 $(k=1,\cdots,p)$

$$F=\frac{B_k/(I-1)}{W_k/(N-I)} \sim F-\text{분포}(I-1, N-I),\ H_0 \text{ 하에서.}$$

여기서 B_k는 처리간 제곱합, W_k는 처리내 제곱합이다. 즉,

$$B_k=\sum_{i=1}^{I} n_i(\bar{y}_{k:i.}-\bar{y}_{k:..})^2,\quad W_k=\sum_{i=1}^{I}\sum_{j=1}^{n_i}(y_{k:ij}-\bar{y}_{k:i.})^2.$$

피험자 반응이 다변량인 경우, 이러한 일변량 분산분석의 문제점은 총체적으로는 그룹간 차이가 유의한 데도 불구하고 각 변량에 있어서는 그룹간 유의한 차이가 유의하지 않을 수 있다는 데 있다. 예를 들어서, 호흡 훈련을 받은 그룹을 대조 그룹과 비교한다고 하자. 두 그룹이 영어에 있어서 유의한 차이가 없고 수학에 있어서도 유의한 차이가 없는 경우에서 '영어+수학'에서는 유의한 차이가 있을 수 있는 것이다.

또한, 총체적(다변량적)으로는 그룹간 차이가 유의하지 않은데도 불구하고, 일변량 분산분석에서는 산발적(개별 변량적)인 그룹간 차이를 과다하게 해석할 위험이 있다. 그러므로 다변량 분산분석으로 자료분석을 하는 것이 원칙이다.

- 다변량 분산분석 (multivariate ANOVA) 모형:

$$\begin{pmatrix} y_{1:ij} \\ \vdots \\ y_{p:ij} \end{pmatrix} = \begin{pmatrix} \mu_1 \\ \vdots \\ \mu_p \end{pmatrix} + \begin{pmatrix} \alpha_{1:i} \\ \vdots \\ \alpha_{p:i} \end{pmatrix} + \begin{pmatrix} \epsilon_{1:ij} \\ \vdots \\ \epsilon_{p:ij} \end{pmatrix},$$

여기서

$$\epsilon_{ij} \equiv \begin{pmatrix} \epsilon_{1:ij} \\ \vdots \\ \epsilon_{p:ij} \end{pmatrix} \sim \text{독립적으로 } N_p(0,\Sigma)$$

이고 Σ는 $p\times p$ 공분산행렬.

- 다변량 가설:

$$H_0: \begin{pmatrix} \alpha_{1:1} \\ \vdots \\ \alpha_{p:1} \end{pmatrix} = \cdots = \begin{pmatrix} \alpha_{1:I} \\ \vdots \\ \alpha_{p:I} \end{pmatrix} \text{ 대 } H_1: \text{not } \mathrm{H}_0.$$

처리효과에 관한 영가설 H_0을 검증하는 방법은 일변량 방법을 다음과 같이 확장한 것이다. 다변량 관측을

$$y_{ij} \equiv \begin{pmatrix} y_{1:ij} \\ \vdots \\ y_{p:ij} \end{pmatrix}, \quad i = 1, \cdots, I; j = 1, \cdots, n_i$$

라고 표기할 때, 처리(그룹)간 교차곱(sum-of-squares and cross products) 행렬 B와 처리(그룹)내 교차곱 행렬 W를

$$B = \sum_{i=1}^{I} n_i (\bar{y}_{i.} - \bar{y}_{..})(\bar{y}_{i.} - \bar{y}_{..})^t \ : \ p \times p$$

$$W = \sum_{i=1}^{I} \sum_{j=1}^{n_i} (y_{ij} - \bar{y}_{i.})(y_{ij} - \bar{y}_{i.})^t \ : \ p \times p$$

로 표현할 수 있다. H_0 하에서는 처리간 교차곱 행렬 B가 커지기 어렵다. 그러나 H_0가 옳지 않을수록 행렬 B가 자연스레 커지게 된다. 처리내 교차곱 행렬 W가 기준이므로 H_0의 검증을 위해 $W^{-1}B$의 고유값 $\lambda_1, \cdots, \lambda_p$를 활용한다.

- MANOVA 검증 통계량 :

  ① 윌크스 람다 (Wilks' lambda)

  $$= \det(W)/\det(B + W) = \prod_{k=1}^{p} 1/(1+\lambda_k).$$

  ② 필라이 대각합 (Pillai's trace)

  $$= \text{trace}(B(B+W)^{-1}) = \sum_{k=1}^{p} \lambda_k/(1+\lambda_k).$$

  ③ 호텔링-로리 대각합 (Hotelling-Lawley trace)

  $$= \text{trace}(W^{-1}B) = \sum_{k=1}^{p} \lambda_k.$$

  ④ 로이 최대근 (Roy's maximum root) $= \lambda_1 (\equiv \max_k \lambda_k)$.

이들 검증 통계량들의 분포는 영가설 H_0 하에서 어떤 경우는 근사하게 또 어떤 경우는 정확하게 F-분포로부터 유도된다. 세부적 사항은 참고문헌으로 넘기기로 하겠다 (Johnson and Wichern 1992, p.248 등).

7.4 사례분석 2: 요인실험자료의 MANOVA

<표 7.4>는 광고효과가 성별(요인 A: Gender = M, F)과 광고유형(요인 B: AdType = Humorous, Emotional, Comparative)에 의하여 어떻게 영향을 받는가 알아보기 위하여 2×3 실험이 수행된 데이터이다. 측정 반응은 두 가지로서 첫 변수 Y_1 은 얼마나 정보가 전달되었는가(how informative), 두 번째 변수 Y_2 는 얼마나 믿을 만 한가(how believable)이며 모두 11점 척도로 조사되었다. 각 처리당 반복 수는 4 $(=n)$이다.

한편 SPSS의 수행에서 데이터는 <그림 7.4>와 같이 입력한 후 7.2절에서 다룬 것과 마찬가지로

Anaylze ▶ General Linear Model
▷ Multivariate

의 대화상자로부터 마찬가지로 선택하면 된다. 단지 고정요인에 한 개의 범주형 변수만 옮겨지는 것이 아니라 이 사례에서는 성별(Gender), 광고유형(AdType)의 2 변수가 옮겨지게 된다.

<표 7.4>
광고효과에 관한 요인실험 자료

	Humorous		Emotional		Comparative	
	Y_1	Y_2	Y_1	Y_2	Y_1	Y_2
남자(M)	8	6	5	3	2	1
	8	7	5	4	2	2
	10	9	7	6	4	3
	10	10	7	7	4	2
여자(F)	2	1	4	2	10	10
	2	2	4	6	10	9
	4	2	2	3	8	6
	4	3	2	1	8	7

<그림 7.4>
데이터 입력
(ad.sav)

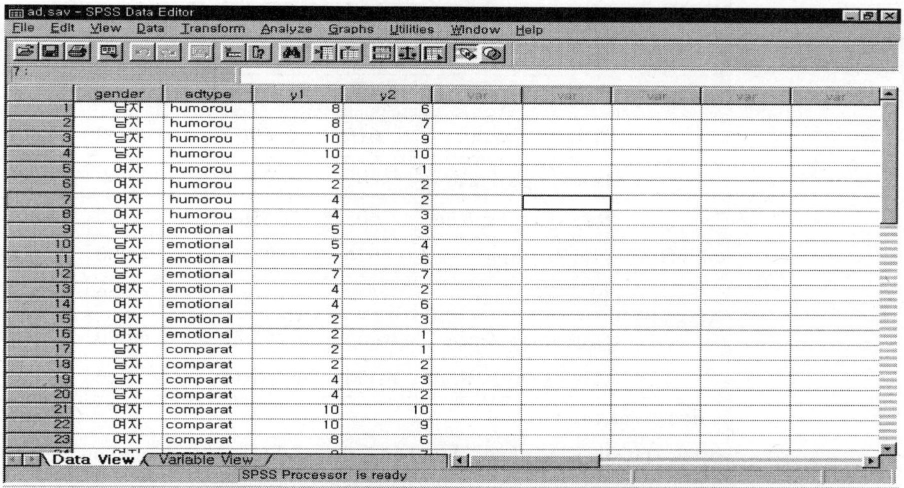

<표 7.5>는 성별과 광고유형에 대한 주효과와 이들 두 변수의 상호작용효과를 고려한 다변량 분산분석 수행 결과이다. 5%의 유의수준에서 성별(GENDER)는 모두 통계적으로 유의하지 않았고 광고유형(ADTYPE)도 로이의 최대근 통계량에 의한 것을 제외하고는 유의하지 않다. 그러나 성별과 광고유형간의 상호작용효과는 윌크스 람다 등을 볼 때 상호작용이 매우 유의함을 알 수 있다.

<표 7.5>
다변량분산분석
결과

Effect		Value	F	Hypothesis df	Error df	Sig.	Eta Squared
Intercept	Pillai's Trace	.970	274.286(a)	2.000	17.000	.000	.970
	Wilks' Lambda	.030	274.286(a)	2.000	17.000	.000	.970
	Hotelling's Trace	32.269	274.286(a)	2.000	17.000	.000	.970
	Roy's Largest Root	32.269	274.286(a)	2.000	17.000	.000	.970
GENDER	Pillai's Trace	.232	2.571(a)	2.000	17.000	.106	.232
	Wilks' Lambda	.768	2.571(a)	2.000	17.000	.106	.232
	Hotelling's Trace	.303	2.571(a)	2.000	17.000	.106	.232
	Roy's Largest Root	.303	2.571(a)	2.000	17.000	.106	.232

<표 7.5>
다변량분산분석
결과
(계속)

Effect		Value	F	Hypothesis df	Error df	Sig.	Eta Squared
ADTYPE	Pillai's Trace	.377	2.090	4.000	36.000	.102	.188
	Wilks' Lambda	.623	2.269(a)	4.000	34.000	.082	.211
	Hotelling's Trace	.605	2.420	4.000	32.000	.069	.232
	Roy's Largest Root	.605	5.445(b)	2.000	18.000	.014	.377
GENDER * ADTYPE	Pillai's Trace	.926	7.759	4.000	36.000	.000	.463
	Wilks' Lambda	.124	15.630(a)	4.000	34.000	.000	.648
	Hotelling's Trace	6.655	26.622	4.000	32.000	.000	.769
	Roy's Largest Root	6.594	59.349(b)	2.000	18.000	.000	.868

a Exact statistic

b The statistic is an upper bound on F that yields a lower bound on the significance level.

c Design: Intercept+GENDER+ADTYPE+GENDER * ADTYPE

<그림 7.5>는 성별과 광고유형간에 어떤 상호작용효과가 존재하는 지를 알아보기 위해 작성한 평균 프로파일 플롯이다. 두 변수 Y_1 과 Y_2 의 상호작용 패턴을 시각적으로 확인해볼 수 있다. 즉, 다변량적으로 볼 때 여자(F)는 비교분석적(Comparative) 광고에 반응이 좋고 반면 남자(M)는 코믹한(Humorous) 광고에 좋은 반응을 보인다고 해석할 수 있겠다.

<그림 7.5>
평균 프로파일
플롯 (Y1)

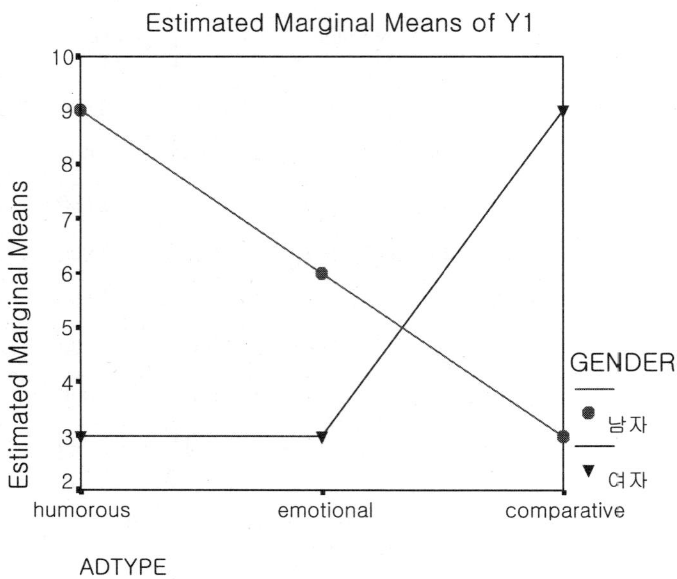

<그림 7.5>
평균 프로파일
플롯 (Y2)
(계속)

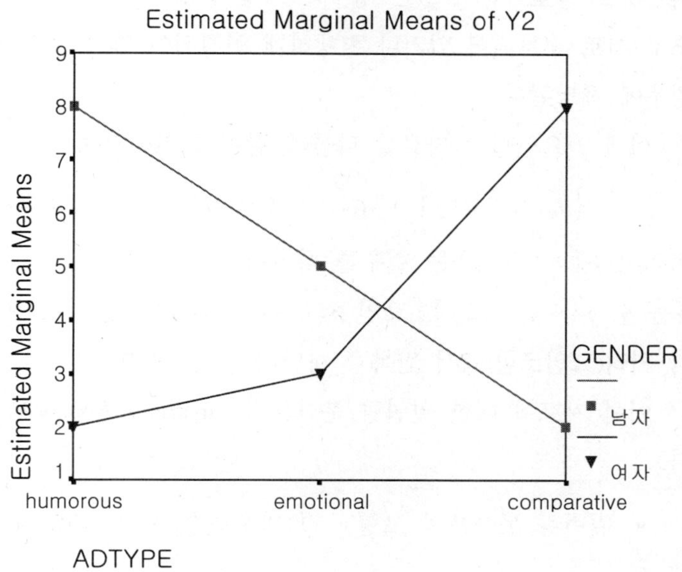

7.5 이론적 고찰: 요인실험자료의 MANOVA

2-요인실험(two-factor experiment)이란 비교요인을 2개로 하는 실험이다. 예컨대 성별로 광고유형에 따라 어떻게 반응하는가를 보기 위한 경우이다. 처리요인을 A와 B라고 하고 두 요인의 수준 수가 각각 I와 J인 경우 기본적인 설계방법은 다음과 같다.

- 임의화(randomization)에 의하여 실험개체(피험자)를 $I \times J$ 개의 그룹으로 나눈다. 이때 각 처리그룹의 크기를 동일하게 한다 $(=n)$.
- 각 그룹에 해당하는 처리를 한다.
- 동일한 방식으로 각 실험개체의 다변량적 반응을 측정한다.

요인실험 자료분석에서 주안점은 요인간 상호작용(interaction) A*B를 추정하고 해석하는 데 있다. 상호작용의 개념을 간단히 설명하기로 한다. 2×2 실험에서 대표적으로 상호작용이 없는 경우와 있는 경우의 평균반응 프로파일을 고려해보자. 상호작용이 없는 경우는 B의 각 수준 평균반응 프로파일들이 평행하고 상호작용이 있는 경우는 그렇지 않다. <그림 7.5>와 같이 대각선으로 서로 교차되어 있거나 평행하게 연결되어 있지 않으면 상호작용이 있는 경우에 해당된다.

이제 2-요인실험 자료를 다음과 같이 표기하기로 하자.

$$\{y_{k:ijl},\ k=1,\cdots,p:\ i=1,\cdots,I;\ j=1,\cdots,J;\ l=1,\cdots,n\}$$

여기서 $k\,(=1,\cdots,p)$는 변수를 나타내는 첨자이고 $i\,(=1,\cdots,I)$는 요인 A의 수준을, $j\,(=1,\cdots,J)$는 요인 B의 수준을 나타내는 첨자이며, $l\,(=1,\cdots,n)$은 각 처리(요인조합)에서 반복을 나타내는 첨자이다.

이런 자료에 대한 일변량 분산분석(univariate ANOVA) 모형은 다음과 같다.

- 일변량 분산분석 모형 : 각 반응변수 Y_k에 대하여 $(k=1,\cdots,p)$

  $$y_{k:ijl}=\mu_k+\alpha_{k:i}+\beta_{k:j}+(\alpha\beta)_{k:ij}+\epsilon_{k:ijl},\ \epsilon_{k:ijl}\sim N(0,\sigma_k^2)$$
  $$i=1,\cdots,I;\ j=1,\cdots,J,\ l=1,\cdots,n.$$

  여기서 $\alpha_{k:i}$는 요인 A의 주효과, $\beta_{k:j}$는 요인 B의 주효과, $(\alpha\beta)_{k:ij}$는 두 요인 A와 B 사이의 상호작용이다.

이 모형에서 요인 A와 B사이에 상호작용이 있는가, 즉

$$H_0:\ (\alpha\beta)_{k:11}=\cdots=(\alpha\beta)_{k:IJ}\ (=0) \quad \text{대} \quad H_1:\ \text{not } \mathrm{H}_0$$

를 검증하는 방법은 다음과 같다.

- 상호작용에 대한 F 검증 : 각 반응변수 Y_k에 대하여 $(k=1,\cdots,p)$

  H_0 하에서 검증통계량 F는 다음의 분포를 따른다.

  $$F=\frac{H_{A\times B:k}\,/\,(I-1)(J-1)}{W_k\,/\,IJ(n-1)}$$
  $$\sim\quad F-\text{분포}\,((I-1)(J-1),\ IJ(n-1))$$

  여기서 $H_{A\times B:k}$는 상호작용 제곱합, W_k는 처리내 제곱합이다. 즉,

  $$H_{A\times B:k}=\sum_{i=1}^{I}\sum_{j=1}^{J}n\,(\overline{y}_{k:ij.}-\overline{y}_{k:i..}-\overline{y}_{k:.j.}+\overline{y}_{k:...})^2,$$
  $$W_k=\sum_{i=1}^{I}\sum_{j=1}^{J}\sum_{l=1}^{n}(y_{k:ijl}-\overline{y}_{k:ij.})^2.$$

한편, 2-요인실험 자료에 대한 다변량 분산분석 모형과 상호작용에 대한 영가설은 다음과 같이 표현된다.

- 다변량 분산분석 모형 :

$$\begin{pmatrix} y_{1:\,ijl} \\ \vdots \\ y_{p:\,ijl} \end{pmatrix} = \begin{pmatrix} \mu_1 \\ \vdots \\ \mu_p \end{pmatrix} + \begin{pmatrix} \alpha_{1:\,i} \\ \vdots \\ \alpha_{p:\,i} \end{pmatrix} + \begin{pmatrix} \beta_{1:\,j} \\ \vdots \\ \beta_{p:\,j} \end{pmatrix} + \begin{pmatrix} (\alpha\beta)_{1:\,ij} \\ \vdots \\ (\alpha\beta)_{p:\,ij} \end{pmatrix} + \begin{pmatrix} \epsilon_{1:\,ijl} \\ \vdots \\ \epsilon_{p:\,ijl} \end{pmatrix},$$

여기서

$$\epsilon_{ijl} \equiv \begin{pmatrix} \epsilon_{1:\,ijl} \\ \vdots \\ \epsilon_{p:\,ijl} \end{pmatrix} \sim \text{독립적으로 } N_p(\mathbf{0}, \Sigma)$$

이고 Σ 는 $p \times p$ 공분산행렬을 나타낸다.

- 다변량 상호작용 가설 :

$$H_0 : \begin{pmatrix} (\alpha\beta)_{1:\,ij} \\ \vdots \\ (\alpha\beta)_{p:\,ij} \end{pmatrix} = \begin{pmatrix} 0 \\ \vdots \\ 0 \end{pmatrix} \text{ (모든 } i \text{ 와 } j \text{ 에 대하여) 대 } H_1 : \text{ not } H_0 .$$

마찬가지로, 상호작용 효과에 관한 영가설 H_0를 검증하는 방법은 다변량 방법을 확장하여 얻어진다. 다변량 관측을

$$y_{ijl} \equiv \begin{pmatrix} y_{1:\,ijl} \\ \vdots \\ y_{p:\,ijl} \end{pmatrix}, \quad i = 1, \cdots, I;\ j = 1, \cdots, J;\ l = 1, \cdots, n$$

로 표기하면, 상호작용 교차곱 행렬 $H_{A \times B}$ 와 처리(그룹)내 교차곱 행렬 W가 각각 $p \times p$ 크기의

$$H_{A \times B} = \sum_{i=1}^{I} \sum_{j=1}^{J} n\,(\overline{y}_{ij.} - \overline{y}_{i..} - \overline{y}_{.j.} + \overline{y}_{...})(\overline{y}_{ij.} - \overline{y}_{i..} - \overline{y}_{.j.} + \overline{y}_{...})^t,$$

$$W = \sum_{i=1}^{I} \sum_{j=1}^{J} \sum_{l=1}^{n} (y_{ijl} - \overline{y}_{ij.})(y_{ijl} - \overline{y}_{ij.})^t$$

로 표현된다. 상호작용에 대한 영가설 H_0의 검증을 위해 $W^{-1} H_{A \times B}$의 고유값 $\lambda_1, \cdots, \lambda_p$를 활용한다.

- 상호작용에 대한 MANOVA 검증 통계량:

① 윌크스 람다 = $\det(W)/\det(H_{A \times B} + W) = \prod_{k=1}^{p} 1/(1+\lambda_k)$.

② 필라이 대각합 $= \text{trace}(H_{A\times B}(H_{A\times B}+W)^{-1}) = \sum_{k=1}^{p} \lambda_k/(1+\lambda_k)$.

③ 호텔링-로리 대각합 $= \text{trace}(W^{-1}H_{A\times B}) = \sum_{k=1}^{p} \lambda_k$.

④ 로이 최대근 $= \lambda_1 (\equiv \max_k \lambda_k)$.

이들 검증 통계량들의 분포도 영가설 H_0하에서 어떤 경우는 근사하게 또 어떤 경우는 정확하게 F-분포로부터 유도된다. 요인 A의 주효과와 요인 B의 주효과에 대한 MANOVA 검증도 유사하게 유도된다.

7.6 사례분석 3: 다변량 선형회귀

선형회귀분석의 목적은 관심이 되는 변수(종속변수)를 몇 개의 다른 변수로써 설명·예측하는 것이다. 그런데 관심이 되는 변수가 다수인 경우가 있다. 바로 이런 경우에 다변량 선형회귀(multivariate linear regression) 분석이 적용된다.

<표 7.6>의 사례를 살펴보자. 이는 고교 성적과 대학 성적에 관한 것으로 변수들은 다음과 같다.

X1 = MAT_TEST : 고교 수리능력 시험성적,
X2 = VER_TEST : 고교 언어능력 시험성적,
X3 = CRE_TEST : 고교 창의력 시험성적,
Y1 = MAT_GRAD : 대학 수학 평점,
Y2 = SCI_GRAD : 대학 과학 평점,
Y3 = ENG_GRAD : 대학 영어 평점,
Y4 = HUM_GRAD : 대학 인문학 평점.

<표 7.6>
고교 성적과 대학 성적

X1	X2	X3	Y1	Y2	Y3	Y4
27	62	46	2.5	2.0	2.9	1.4
21	38	76	2.4	1.3	2.3	2.1
27	65	57	0.9	4.0	0.1	3.3
45	68	49	1.0	3.1	2.4	2.7
15	55	58	0.5	2.9	1.6	1.8
54	66	66	3.8	2.1	4.0	3.4
64	61	61	2.0	2.3	3.4	3.1
67	78	43	2.0	2.8	3.1	4.0
77	59	28	1.0	3.9	0.0	1.6
55	46	56	4.0	2.9	2.2	0.0
60	64	36	3.9	2.2	2.3	2.4
48	52	22	2.2	2.3	1.4	1.4
53	39	61	2.5	2.1	2.2	3.2
75	89	43	0.3	4.0	0.3	4.0
29	65	48	1.9	3.3	0.2	2.5
16	36	68	0.5	3.9	0.0	2.5
39	41	59	3.5	2.9	1.9	2.5
3	47	57	0.9	3.1	0.6	2.8
44	57	15	2.6	2.0	2.5	1.5
31	43	81	2.4	1.3	3.5	2.6

<그림 7.6>
데이터 입력
(grade1.sav)

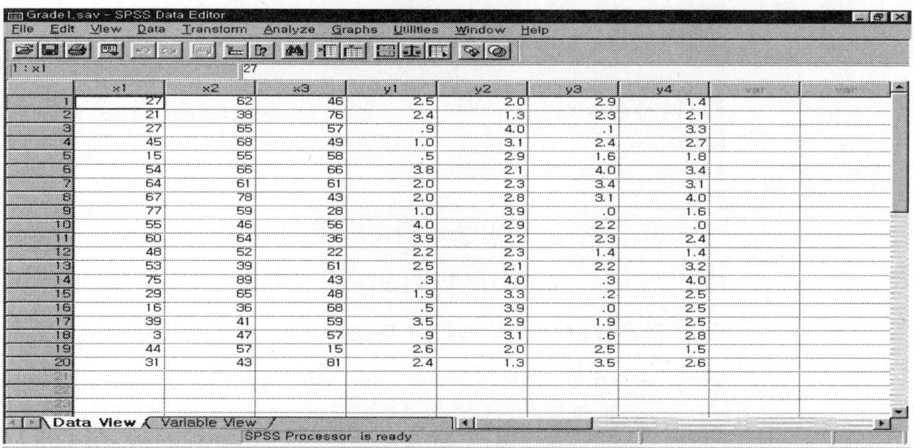

<그림 7.6>과 같이 입력한 후 X1, X2, X3를 설명변수로, Y1, Y2, Y3, Y4를 종속변수로 하는 다변량 선형회귀는 MANOVA와 마찬가지로

Aanlyze ▶ General Linear Model
▷ Multivariate

을 이용한다. 단지 X1, X2, X3 3개의 설명변수가 7.2절이나 7.4절에서 본 것처럼 범주형 변수가 아니라 연속형 변수이므로 이들 3개의 변수를 공변량(**Covariate**)부분에 옮겨 놓는다. 그러면 사후검증(**Post Hoc**)은 비활성화되면서 나머지 옵션들을 가지고 필요한 통계량을 선택하면 된다. 단지 도형 설정은 **Model...** 탭에서 ◉ Custom을 선택한 후 설명변수 X1, X2, X3 3개의 주효과만을 우측의 Model 부분에 옮겨 <그림 7.7>의 대화상자처럼 위치시킨다.

<그림 7.7>
모형설정

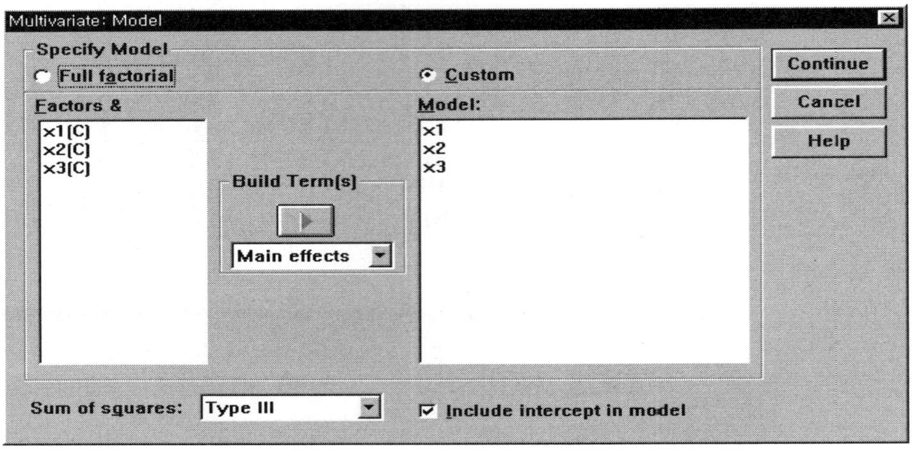

<표 7.7>은 다변량 선형회귀 분석 결과이다. 윌크스 람다를 기준으로 볼 때, 설명변수 X1(=MAT_TEST), X2(=VER_TEST), X3(=CRE_TEST)의 다변량 p-값은 각각 30%, 4.4%, 7.1%이다. 따라서, 표본크기가 작기 때문에 유의성의 기준으로 통상적인 $\alpha = 5\%$ 대신 10%를 적용한다고 해도, 설명변수 X1의 다변량적 유의성 만큼은 인정되지 않는다. 이는 일변량 분석결과인 <표 7.8>의 결과에서 살펴볼 수 있듯이 X1이 종속변수 Y1(=MAT_GRAD)에만 유의하게 기여할 뿐 나머지 종속변수에는 별로 기여하지 못하기 때문이다. 따라서 고교 수학성적이 대학의 일반적인 학업성적에 주는 영향은 뚜렷하지 않다는 결론을 내릴 수 있겠다.

<표 7.7>
다변량
선형회귀분석
결과

Multivariate Tests(b)

Effect		Value	F	Hypothesis df	Error df	Sig.	Eta Squared
Intercept	Pillai's Trace	.488	3.096(a)	4.000	13.000	.054	.488
	Wilks' Lambda	.512	3.096(a)	4.000	13.000	.054	.488
	Hotelling's Trace	.953	3.096(a)	4.000	13.000	.054	.488
	Roy's Largest Root	.953	3.096(a)	4.000	13.000	.054	.488
X1	Pillai's Trace	.295	1.359(a)	4.000	13.000	.301	.295
	Wilks' Lambda	.705	1.359(a)	4.000	13.000	.301	.295
	Hotelling's Trace	.418	1.359(a)	4.000	13.000	.301	.295
	Roy's Largest Root	.418	1.359(a)	4.000	13.000	.301	.295
X2	Pillai's Trace	.506	3.331(a)	4.000	13.000	.044	.506
	Wilks' Lambda	.494	3.331(a)	4.000	13.000	.044	.506
	Hotelling's Trace	1.025	3.331(a)	4.000	13.000	.044	.506
	Roy's Largest Root	1.025	3.331(a)	4.000	13.000	.044	.506
X3	Pillai's Trace	.462	2.791(a)	4.000	13.000	.071	.462
	Wilks' Lambda	.538	2.791(a)	4.000	13.000	.071	.462
	Hotelling's Trace	.859	2.791(a)	4.000	13.000	.071	.462
	Roy's Largest Root	.859	2.791(a)	4.000	13.000	.071	.462
a Exact statistic							
b Design: Intercept+X1+X2+X3							

<표 7.8>
일변량
선형회귀분석
결과

Tests of Between-Subjects Effects

Source	Dependent Variable	Type III Sum of Squares	df	Mean Square	F	Sig.
Corrected Model	Y1	5.770(a)	3	1.923	1.513	.249
	Y2	1.806(b)	3	.602	.842	.491
	Y3	4.734(c)	3	1.578	.974	.429
	Y4	8.096(d)	3	2.699	4.356	.020
Intercept	Y1	3.536	1	3.536	2.781	.115
	Y2	1.573	1	1.573	2.199	.158
	Y3	2.593E-02	1	2.593E-02	.016	.901
	Y4	1.546	1	1.546	2.495	.134
X1	Y1	4.321	1	4.321	3.399	**.084**
	Y2	.204	1	.204	.286	.600
	Y3	2.998	1	2.998	1.851	.193
	Y4	5.609E-02	1	5.609E-02	.091	.767
X2	Y1	3.831	1	3.831	3.014	.102
	Y2	1.252	1	1.252	1.750	.204
	Y3	5.736E-02	1	5.736E-02	.035	.853
	Y4	5.209	1	5.209	8.408	.010
X3	Y1	1.859E-02	1	1.859E-02	.015	.905
	Y2	.115	1	.115	.161	.694
	Y3	3.003	1	3.003	1.854	.192
	Y4	4.415	1	4.415	7.126	.017
Error	Y1	20.338	16	1.271		
	Y2	11.446	16	.715		
	Y3	25.916	16	1.620		
	Y4	9.912	16	.620		
Total	Y1	109.340	20			
	Y2	161.220	20			
	Y3	98.730	20			
	Y4	137.080	20			
Corrected Total	Y1	26.108	19			
	Y2	13.252	19			
	Y3	30.650	19			
	Y4	18.008	19			

a R Squared = .221 (Adjusted R Squared = .075)

b R Squared = .136 (Adjusted R Squared = -.026)

c R Squared = .154 (Adjusted R Squared = -.004)

d R Squared = .450 (Adjusted R Squared = .346)

SPSS에서 제공하고 있는 'Tests of Between-Subjects Effects'부분의 결과는 각 종속변수들을 일변량으로 간주하고 분석한 결과이다. 종속변수들간의 상관이 거의 없이 독립적이라면 일변량 분석결과나 다변량 분석결과나 큰 차이를 나타내지는 않을 것이다.

한편, 다변량 선형회귀를 통하여 다음과 같이 Y1, Y2, Y3, Y4 사이 편상관계수(partial correlation coefficient)를 구할 수 있다.

편상관계수를 구하기 위해서는

Analyze ▶ Correlate
▷ Partial...

를 클릭한 후 <그림 7.8>과 같이 변수들을 선택한다.

<그림 7.8> 편상관분석

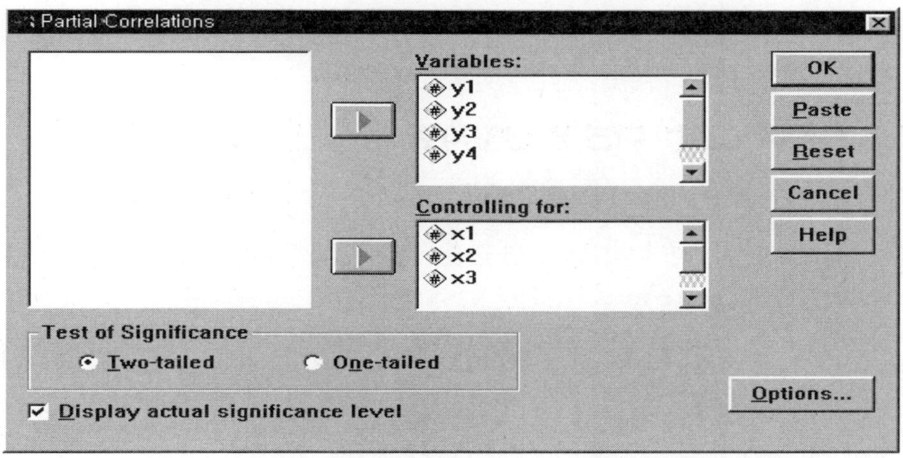

편상관 분석결과는 다음과 같이 Y3(=ENG_GRAD)와 Y4(=HUM_GRAD) 사이 편상관이 0.10으로 무시할 만한데 비하여 Y1(=MAT_GRAD), Y2(=SCI_GRAD) 사이 편상관이 0.65으로 상당히 크게 나왔다. 이것은 수리 · 과학 분야의 학업적성이 고교성적으로는 잘 설명하지 못하는 어떤 무엇의 영향을 받음을 뜻한다.

```
- - -  PARTIAL   CORRELATION   COEFFICIENTS  - - -

Controlling for..    X1         X2         X3

                   Y1         Y2         Y3         Y4
Y1             1.0000     -.6042      .6455     -.2903
              (    0)    (   15)    (   15)    (   15)
              P= .       P= .010    P= .005    P= .258

Y2             -.6042     1.0000     -.8710      .0993
              (   15)    (    0)    (   15)    (   15)
              P= .010    P= .       P= .000    P= .705

Y3              .6455     -.8710     1.0000     -.1575
              (   15)    (   15)    (    0)    (   15)
              P= .005    P= .000    P= .       P= .546

Y4             -.2903      .0993     -.1575     1.0000
              (   15)    (   15)    (   15)    (    0)
              P= .258    P= .705    P= .546    P= .

(Coefficient / (D.F.) / 2-tailed Significance)

" . " is printed if a coefficient cannot be computed
```

7.7 이론적 고찰: 다변량 선형회귀

종속변수(반응변수)를 $Y_1, \cdots, Y_m$ 이라고 하자. 이들 각각에 대하여 선형회귀모형

$$
\begin{aligned}
Y_1 &= \beta_{01} + X_1 \beta_{11} + \cdots + X_p \beta_{p1} + \epsilon_1, \qquad \epsilon_1 \sim N(0, \sigma_1^2), \\
&\vdots \qquad\qquad\qquad\qquad\qquad\qquad\qquad\qquad\qquad\qquad (7.1) \\
Y_m &= \beta_{0m} + X_1 \beta_{1m} + \cdots + X_p \beta_{pm} + \epsilon_m, \quad \epsilon_m \sim N(0, \sigma_m^2).
\end{aligned}
$$

을 세울 수 있고, 이때

$$
\beta_1 = \begin{pmatrix} \beta_{01} \\ \beta_{11} \\ \vdots \\ \beta_{p1} \end{pmatrix}, \cdots, \beta_m = \begin{pmatrix} \beta_{0m} \\ \beta_{1m} \\ \vdots \\ \beta_{pm} \end{pmatrix}
$$

에 대한 최소제곱추정값은 각각

$$
\widehat{\beta_1} = (X^t X)^{-1} X^t y_1, \ \cdots, \ \widehat{\beta_m} = (X^t X)^{-1} X^t y_m \qquad (7.2)
$$

이다. 여기서

$$X = (x_{ij}), \quad y_1 = (y_{i1}), \quad \cdots, \quad y_m = (y_{im})$$

이다. 즉 행렬 X는 상수항 및 p개 설명변수로 이루어진 $n \times (1+p)$ 자료행렬이며 y_1은 첫 번째 종속변수의 $n \times 1$ 자료벡터이고, …, y_m은 m번째 종속변수의 $n \times 1$ 자료벡터이다. 그러나 이와 같은 일변량 접근 방법은 한계가 있다. 왜냐하면 각 식에서의 오차변량 $\epsilon_1, \cdots, \epsilon_m$의 상관구조

$$\epsilon = \begin{pmatrix} \epsilon_1 \\ \vdots \\ \epsilon_m \end{pmatrix} \sim N_m(0, \Sigma), \tag{7.3}$$

여기서 $\Sigma = \{\sigma_{ij}\}$는 $\boldsymbol{m \times m}$ 공분산행렬.

에 대하여는 추론할 수 없기 때문이다 ($\sigma_{jj} = \sigma_j^2,\ j = 1, \cdots, m$).

그러나 m개 오차변량 $\epsilon_1, \cdots, \epsilon_m$의 상관구조 (7.3)하에서도 회귀벡터 $\beta_1, \cdots, \beta_m$의 최소제곱추정값은 (7.2)와 마찬가지라는 것을 보일 수 있다. 따라서 오차변량의 공분산행렬 Σ는

$$\hat{\Sigma} = \frac{1}{n-p-1} \sum_{i=1}^{n} \begin{pmatrix} y_{i1} - x_i^t \widehat{\beta_1} \\ \vdots \\ y_{im} - x_i^t \widehat{\beta_m} \end{pmatrix} \begin{pmatrix} y_{i1} - x_i^t \widehat{\beta_1} \\ \vdots \\ y_{im} - x_i^t \widehat{\beta_m} \end{pmatrix}$$

에 의하여 추정된다 (여기서 $x_i^t = (1, x_{i1}, \cdots, x_{ip})$는 i번째 관측의 설명변수 벡터). 이것으로부터 산출되는 상관행렬은 $X_1, \cdots, X_p$가 주어진 경우 $Y_1, \cdots, Y_m$ 사이의 편상관의 의미가 된다.

모형 (7.1)의 각각에서 설명변수 X_p에 대한 영가설

$$H_0 : \beta_{p1} = 0, \cdots, H_0 : \beta_{pm} = 0$$

의 각각은 t-검증을 통하여 다루어질 수 있다는 것은 잘 알려져 있는 사실이다. 이제 설명변수 X_p에 대한 다변량 가설

$$H_0 : \beta_{p1} = \cdots = \beta_{pm} = 0 \tag{7.4}$$

을 검증하여 보자. 이 영가설은 변수 X_p가 $Y_1, \cdots, Y_m$를 설명 · 예측하는 데 전혀 관련 없음을 뜻한다.

다변량 가설 (7.4)의 검증방법의 유도는 생략하기로 하고 여기서는 방법만을 제시하기로 한다. $\tilde{\beta}_1, \cdots, \tilde{\beta}_m$을 가설 (7.4) 하에서 $\beta_1, \cdots, \beta_m$에 대

한 최소제곱 추정값이라고 하고,

$$H = \sum_{i=1}^{n} \begin{pmatrix} y_{i1} - x_i^t \widetilde{\beta_1} \\ \vdots \\ y_{im} - x_i^t \widetilde{\beta_m} \end{pmatrix} \begin{pmatrix} y_{i1} - x_i^t \widetilde{\beta_1} \\ \vdots \\ y_{im} - x_i^t \widetilde{\beta_m} \end{pmatrix} - \sum_{i=1}^{n} \begin{pmatrix} y_{i1} - x_i^t \widehat{\beta_1} \\ \vdots \\ y_{im} - x_i^t \widehat{\beta_m} \end{pmatrix} \begin{pmatrix} y_{i1} - x_i^t \widehat{\beta_1} \\ \vdots \\ y_{im} - x_i^t \widehat{\beta_m} \end{pmatrix},$$

$$E = \sum_{i=1}^{n} \begin{pmatrix} y_{i1} - x_i^t \widehat{\beta_1} \\ \vdots \\ y_{im} - x_i^t \widehat{\beta_m} \end{pmatrix} \begin{pmatrix} y_{i1} - x_i^t \widehat{\beta_1} \\ \vdots \\ y_{im} - x_i^t \widehat{\beta_m} \end{pmatrix}$$

로 정의하자. 그리고 $E^{-1}H$의 고유값을 $\lambda_1, \cdots, \lambda_m$ 이라고 하자. H_0의 검증 통계량은 다음과 같다.

① 윌크스 람다 $= \det(E)/\det(H+E) = \prod_{k=1}^{m} 1/(1+\lambda_k)$.

② 필라이 대각합 $= \mathrm{trace}(H(H+E)^{-1}) = \sum_{k=1}^{m} \lambda_k/(1+\lambda_k)$.

③ 호텔링-로리 대각합 $= \mathrm{trace}(E^{-1}H) = \sum_{k=1}^{m} \lambda_k$.

④ 로이 최대근 $= \lambda_1 (\equiv \max_k \lambda_k)$.

영가설 H_0 하에서 이들 검증 통계량들의 근사분포는 F-분포로부터 유도된다.

7.8 맺음 말

다변량 분산분석은 한 개체로부터 2번 이상 반복해서 측정해야 하는 실험자료의 분산분석과 밀접한 관련이 있다. 왜냐하면 한 개체에서 반복측정이 행하여진 경우 반복측정 수만큼의 다변량 측정이라고 볼 수 있고 이는 다변량간의 상관관계를 완전 독립적이라고 단언하기 어렵기 때문이다. 즉, 다변량간의 상관을 고려해서 주효과나 상호작용 효과를 검증해야만 보다 정확한 검증이 이루어질 수 있게 된다. 다변량 선형회귀분석도 동일한 맥락에서 이해될 수 있다.

반복측정 분산분석과 다변량 분산분석과의 관련성에 대하여는 허명회(1993)의 「선형모형방법론」(4장), 또는 허명회 (1999)의 「사회과학을 위한 통계적 방법」(6장)을 보기 바란다.

제 8 장

정준상관분석

8.1 정준상관분석이란?

사람들이 인지하고 있는 것과 이를 행동으로 실천하는 것과는 어느 정도의 상관이 있을까? 가령 사회규범을 생각해보자. 더불어 살아가는 사회 속에서 타인을 배려해야 한다거나 사회규칙을 지켜야 한다, 또는 어른을 공경해야 한다는 생각과 실제로 이런 생각들이 표출되는 것을 관찰할 수 있는 노약자에 대한 자리 양보, 교통법규의 준수, 공공장소에서의 금연행위, 거리에서 침 뱉지 않기 등의 행위간에 상관관계가 0이라면 교육의 효과는 거의 없다고 보아야 하지 않을까?

요즘은 청소년을 보호하기 위해 인터넷에 올라오는 너무 폭력적이거나 성적인 사이트(site)에의 접근을 통제하고 있다. 왜 통제할까? 그것은 청소년들이 폭력성 만화나 비디오, 컴퓨터 게임 등에 많이 노출될수록 청소년들의 언어폭력이나 폭력적 행위 등의 회수가 증가하고 그 정도도 더 심해진다는 연구결과에 의한 것이다.

이 장에서 다루고자 하는 정준상관분석(正準相關分析, canonical correlation analysis)은 바로 이와 같이 2개의 변수군 $X_1, \cdots, X_p$ 와 $Y_1, \cdots, Y_q$ 사이의 선형적 연관성을 분석하는 다변량 자료분석기법이다. 즉 X 변수군과 Y 변수군에서 상관이 크게 걸린 선형결합

$$U = a_1 X_1 + a_2 X_2 + \cdots + a_p X_p$$

$$V = b_1 Y_1 + b_2 Y_2 + \cdots + b_q Y_q$$

를 발굴함으로써 이들간의 상호적 관계

$$Corr(U, V)$$

를 본다는 것이다.

따라서 정준상관분석은 방금 예를 든 것처럼 폭력성 만화(X1), 비디오(X2), 컴퓨터 게임(X3), 인터넷 사이트 접속(X4) 등에의 노출정도(이 경우에는 주로 빈도로 데이터가 구성될 것이다)와 실제 언어폭력 빈도(Y1), 행위폭력 빈도(Y2), 언어폭력 정도(Y3), 행위 폭력정도(Y4) 등간의 상관이 얼마인지를 알고자 할 때 이용할 수 있다. 이 때 각 변수들은 원칙적으로 연속형이어야 한다(그러나, 범주형(분류형)인 경우에는 가변수화하여 활용할 수 있다). 그리고 정준상관분석은 두 변수군이 원인-결과의 비대칭적 관련을 갖는 경우, 또는

상호관련성의 대칭적 관련성을 갖는 경우 모두에 적용 가능하다.

8.2 사례분석: SPSS의 활용과 결과 해석

사람들의 신체생리적 변수와 운동능력간의 선형적 연관성은 어느 정도나 될까? <표 8.1>은 헬스클럽 회원 20명을 상대로 체중(weight), 허리둘레(waist), 맥박수(pulse) 등 신체생리적 변수와 턱걸이(chins), 윗몸 일으키기(situps), 줄넘기(jumps) 등의 운동능력 변수에 관한 데이터이다.

<표 8.1> 신체생리와 운동능력 측정 데이터

weight	waist	pulse	chins	situps	jumps
191	36	50	5	162	60
189	37	52	2	110	60
193	38	58	12	10	101
162	35	62	12	10	37
189	35	46	13	15	58
182	36	56	4	101	42
211	38	56	8	101	38
167	34	60	6	125	40
176	31	74	15	20	40
154	33	56	17	25	250
169	34	50	17	12	38
166	33	52	13	21	115
154	34	64	14	21	105
247	46	50	1	50	50
193	36	46	6	70	31
202	37	62	12	21	120
176	37	54	4	60	25
157	32	52	11	23	80
156	33	54	15	22	73
138	33	68	2	110	43

이 데이터에 대하여 두 변수군간의 선형적 관계와 또 그 정도의 연관성을 만족시키기 위한 각 변수들의 가중치($a_1, \cdots, a_p$; $b_1, \cdots, b_q$)를 살펴보기로 하자.

SPSS의 통계분석메뉴에는 이들 두 변수군간의 상관관계를 살펴보기 위한 정준상관분석 대화상자가 없다. SPSS에서는 정준상관분석을 비롯한 일부의 통계적 분석을 명령문(syntax)창에서 수행하도록 하고 있다. 따라서 다음과 같이 수행하도록 한다.

단계 1: 데이터 창에 <표 8.1>을 입력한다.

단계 2: 명령문 창을 풀다운메뉴에서

File ▶ New
▷ Syntax

와 같이 열고 다음과 같이 프로그램을 작성한다.

```
INCLUDE FILE 'C:\TEMP\Canonical correlation.sps'.
CANCORR SET1=weight waist pulse /
        SET2=chins situps jumps.
```

단계 3: 명령문(syntax)창에서

Run ▶ All

을 실행시킨다.

단계 2에서 'canonical correlation.sps' 라는 매크로 파일을 'c:\temp'에서 불러오는 것은 SPSS 프로그램이 인스톨된 디렉토리에서 'c:\temp'로 매크로 파일을 옮겨 놓았기 때문이다. '/'를 이용해서 2개의 변수군을 나누어 준다는 것과 '.'를 이용해서 명령문을 마친다는 점만 주의하면 된다.

이제 수행된 결과를 살펴보자.

<표 8.2> 두변수군내에서의 상관관계

```
Correlations for Set-1
        WEIGHT    WAIST    PULSE
WEIGHT  1.0000    .8702   -.3658
WAIST    .8702   1.0000   -.3529
PULSE   -.3658   -.3529   1.0000

Correlations for Set-2
         CHINS   SITUPS    JUMPS
CHINS   1.0000    .6957    .4958
SITUPS   .6957   1.0000    .6692
JUMPS    .4958    .6692   1.0000
```

<표 8.2>는 신체생리 변수군과 운동능력 변수군에서 각 변수들간의 피어슨 상관계수를 나타내고 있다. 신체생리 변수군에서는 체중(weight)과 허리둘레(waist)간의 상관이 0.87정도로 강한 양의 상관을 나타내고 있다. 그리고 운동능력 변수군에서는 턱걸이(chins)와 윗몸일으키기(situps), 윗몸일으키기(situps)와 줄넘기(jumps) 간에 0.65이상의 양의 상관을 보이고 있다.

<표 8.3>의 ❶에서는 두 변수군에 포함된 변수들간의 상관을 살펴볼 수 있는데 신체생리 변수군에 포함된 맥박수(pulse)와 운동능력 변수군에 포함된 변수들만 양의 상관을 나타내고 있고 나머지 변수들간에는 음의 상관을 보이고 있다.

<표 8.3>
정준상관계수

```
Correlations Between Set-1 and Set-2  ❶
          CHINS   SITUPS   JUMPS
WEIGHT  -.3897  -.4931  -.2263
WAIST   -.5522  -.6456  -.1915
PULSE    .1506   .2250   .0349


Canonical Correlations      ❷
1        .796
2        .201
3        .073


Test that remaining correlations are zero:❸
      Wilk's    Chi-SQ        DF       Sig.
1        .350   16.255     9.000       .062
2        .955     .718     4.000       .949
3        .995     .082     1.000       .775
```

한편 ❷에서 두 변수군간의 상관관계를 나타내는 정준상관계수를 살펴보면 제1 정준상관은 0.796, 제2 정준상관은 0.201, 제3 정준상관은 0.073으로 계산되었다. 제1 정준상관을 고려해볼 때 신체생리변수군과 운동능력 변수군간에 강한 양의 상관이 있음을 알 수 있다. 그리고 각 축에서 설명하지 못한 부분에 대해서 잔존하는 상관이 0인지를 검증하는 결과를 보여주는 ❸으로부터 제1 정준상관을 계산하고 남은 부분에 대한 상관검증결과 유의확률이 0.062이므로 이 정준상관분석 결과는 제1 축까지의 의미 해석으로 충분하다고 할 수 있겠다. 이는 제곱 정준상관을 계산해보아도 마찬가지다. 그것이 일종의 결정계수가 되기 때문이다. 이 경우에는 1축의 제곱 정준상관이 0.6330, 2축의 제곱 정준상관이 0.0402, 3축의 제곱 정준상관이 0.0053이므로 정준 축의 수는 하나로 충분하다고 볼 수 있다.

<표 8.4>
정준변량을 구성하는 계수들

```
Standardized Canonical Coefficients for Set-1
              1          2          3
WEIGHT     .775     -1.884      -.191
WAIST    -1.579      1.181       .506
PULSE      .059      -.231      1.051

Raw Canonical Coefficients for Set-1
             1          2          3
WEIGHT    .031      -.076      -.008
WAIST    -.493       .369       .158
PULSE     .008      -.032       .146

Standardized Canonical Coefficients for Set-2
              1          2          3
CHINS       .349      -.376     -1.297
SITUPS     1.054       .123      1.237
JUMPS      -.716      1.062      -.419

Raw Canonical Coefficients for Set-2
              1          2          3
CHINS       .066      -.071      -.245
SITUPS      .017       .002       .020
JUMPS      -.014       .021      -.008
```

<표 8.4>는 각 정준변량 U, V를 구성하는 계수들을 나타내는 것으로 비표준화된 변수에 대한 계수와 표준화시킨 변수에 대한 계수를 나타낸다. 즉 제1 정준상관을 0.796으로 할 수 있는 비표준화된 정준변량은

신체생리: $U_1 = 0.031\,\text{weight} - 0.493\,\text{waist} + 0.008\,\text{pulse}$,

운동능력: $V_1 = 0.066\,\text{chins} + 0.017\,\text{situps} - 0.014\,\text{jumps}$

와 같이 구성된다. 그러나 이들 원정준계수(Raw Canonical Coefficients)들은 원변수들의 측정단위와 산포에 크게 영향받으므로 각 변수의 중요도를 반영하지 못한다. 그러므로 표준화된 정준계수(Standardized Canonical Coefficients)를 구하면 제1축 정준변량은

신체생리: $U_1 = 0.775\,Z_{\text{weight}} - 1.579\,Z_{\text{waist}} + 0.059\,Z_{\text{pulse}}$,

운동능력: $V_1 = 0.349\, Z_{chins} + 1.054\, Z_{situps} - 0.716\, Z_{jumps}$.

와 같이 산출된다. 여기서 weight, waist, pulse 변수들간의 합성식인 제1축 정준변량 U_1 은 무엇을 의미하는 것일까? 체중(weight)에 비하여 허리둘레(waist)가 얼마나 작은가를 나타내고 V_1 은 턱걸이(chins)와 윗몸일으키기(situps)에 비하여 줄넘기(jumps)를 얼마나 못하는가로 정의되고 있다. 따라서 각 정준변량은 신체생리 적응성, 운동능력 적응성으로 이해할 수 있겠다. 그리고 제2축에 대한 표준화된 정준변량은

신체생리: $U_2 = -1.884\, Z_{weight} + 1.181\, Z_{waist} - 0.231\, Z_{pulse}$,

운동능력: $V_2 = -0.376\, Z_{chins} + 0.123\, Z_{situps} + 1.062\, Z_{jumps}$.

와 같이 계산된다.

<표 8.5>
정준부하량과
교차부하량

Canonical Loadings for Set-1 ❹

	1	2	3
WEIGHT	-.621	-.772	-.135
WAIST	-.925	-.378	-.031
PULSE	.333	.041	.942

Cross Loadings for Set-1 ❺

	1	2	3
WEIGHT	-.494	-.155	-.010
WAIST	-.736	-.076	-.002
PULSE	.265	.008	.068

Canonical Loadings for Set-2 ❻

	1	2	3
CHINS	.728	.237	-.644
SITUPS	.818	.573	.054
JUMPS	.162	.959	-.234

Cross Loadings for Set-2 ❼

	1	2	3
CHINS	.579	.048	-.047
SITUPS	.651	.115	.004
JUMPS	.129	.192	-.017

<표 8.5>의 결과에서 ❹의 정준부하량(canonical loadings)은 각 변수들과 제1축 정준변량 U_1 간의 피어슨 상관계수를 나타낸다.

$Corr\,(\text{weight},\ U_1) = -0.621,$

$Corr\,(\text{waist},\ U_1) = -0.925,$

$Corr\,(\text{pulse},\ U_1) = 0.333$

그리고 ❺의 교차부하량(cross loadings)은 운동능력변수들로 구성된 제1축 정준변량 V_1 간의 피어슨 상관계수를 나타낸다.

$Corr\,(\text{weight},\ V_1) = -0.494,$

$Corr\,(\text{waist},\ V_1) = -0.736,$

$Corr\,(\text{pulse},\ V_1) = 0.265$

이로부터 신체생리 적응성이 좋으면 체중과 허리둘레는 음의 상관관계가 있고 맥박수와는 미소하지만 양의 상관관계를 가지게 된다는 것을 알 수 있다. 그리고 운동능력도 뛰어나다면 체중과 허리둘레와는 음의 상관을, 맥박수와는 역시 마찬가지로 양의 상관관계를 가지게 된다는 것을 알 수 있다. 마찬가지로 ❻과 ❼의 결과로부터

$Corr\,(\text{chins},\ V_1) = 0.728,\qquad Corr\,(\text{chins},\ U_1) = 0.579,$

$Corr\,(\text{situps},\ V_1) = 0.818,\qquad Corr\,(\text{situps},\ U_1) = 0.651,$

$Corr\,(\text{jumps},\ V_1) = 0.162\qquad Corr\,(\text{jumps},\ U_1) = 0.129$

임을 알 수 있다. 운동능력(V_1)은 턱걸이나 윗몸일으키기와 강한 양의 상관을 나타내며 신체생리의 적응성(U_1)과 윗몸일으키기, 턱걸이가 높지 않지만 양의 상관을 어느 정도 나타내고 있다.

한편 SPSS에서 제공하는 정준상관분석을 위한 매크로 프로그램을 수행시키면 데이터 창에 <그림 8.1>과 같이 각 축에 대한 정준변량값이 모든 개체들에 대해 계산된다. 그리고 각 개체들에 계산된 제1축, 제2축의 정준변량 S1_CV001(= U_1), S2_CV001(= V_1), S1_CV002(= U_2), S2_CV002(= V_2) 간의 상관관계를 산점도로 살펴보면 <그림 8.2>와 같다.

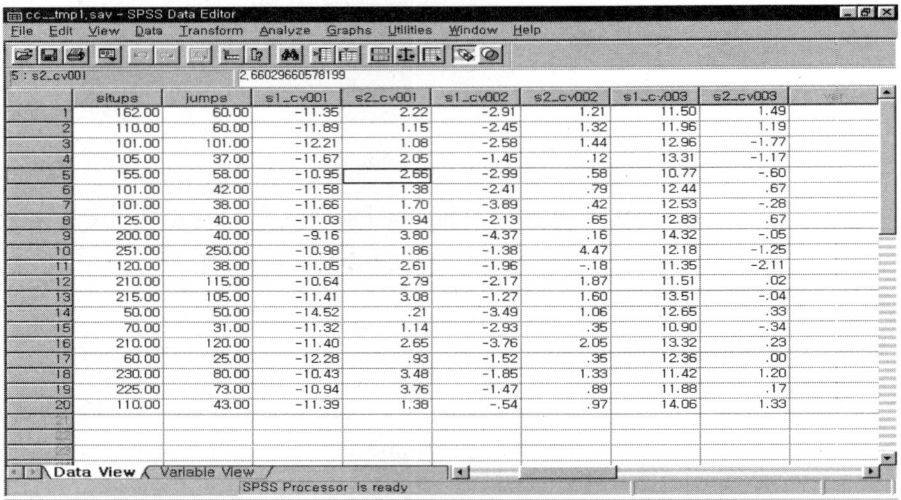

	situps	jumps	s1_cv001	s2_cv001	s1_cv002	s2_cv002	s1_cv003	s2_cv003
1	162.00	60.00	-11.35	2.22	-2.91	1.21	11.50	1.49
2	110.00	60.00	-11.89	1.15	-2.45	1.32	11.96	1.19
3	101.00	101.00	-12.21	1.08	-2.58	1.44	12.96	-1.77
4	105.00	37.00	-11.67	2.05	-1.45	.12	13.31	-1.17
5	155.00	58.00	-10.95	2.66	-2.99	.58	10.77	-.60
6	101.00	42.00	-11.58	1.38	-2.41	.79	12.44	.67
7	101.00	38.00	-11.66	1.70	-3.89	.42	12.53	-.28
8	125.00	40.00	-11.03	1.94	-2.13	.65	12.83	.67
9	200.00	40.00	-9.16	3.80	-4.37	.16	14.32	-.05
10	251.00	250.00	-10.98	1.86	-1.38	4.47	12.18	-1.25
11	120.00	38.00	-11.05	2.61	-1.96	-.18	11.35	-2.11
12	210.00	115.00	-10.64	2.79	-2.17	1.87	11.51	.02
13	215.00	105.00	-11.41	3.08	-1.27	1.60	13.51	-.04
14	50.00	50.00	-14.52	.21	-3.49	1.06	12.65	.33
15	70.00	31.00	-11.32	1.14	-2.93	.35	10.90	-.34
16	210.00	120.00	-11.40	2.65	-3.76	2.05	13.32	.23
17	60.00	25.00	-12.28	.93	-1.52	.35	12.36	.00
18	230.00	80.00	-10.43	3.48	-1.85	1.33	11.42	1.20
19	225.00	73.00	-10.94	3.76	-1.47	.89	11.88	.17
20	110.00	43.00	-11.39	1.38	-.54	.97	14.06	1.33

<그림 8.1>
모든 개체들에
대한 정준변량값

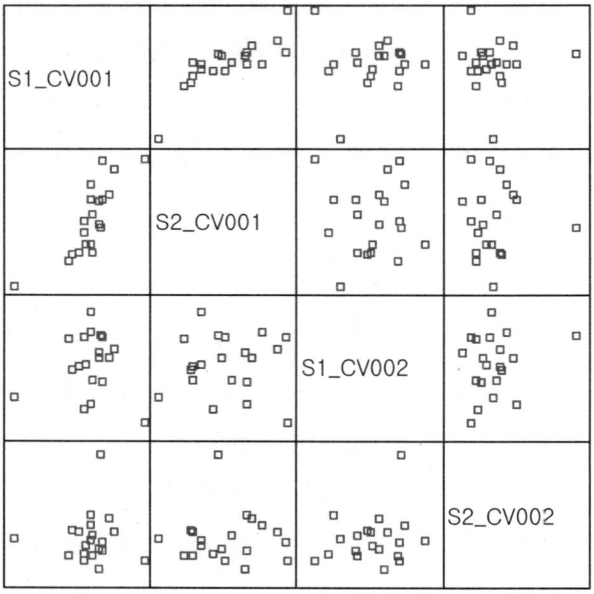

<그림 8.2>
제1, 2축
정준변량들에
대한 산점도 행렬

<그림 8.2>에서 S1_CV001(= U_1)과 S2_CV001(= V_1)간의 상관계수는 두 변수간의 정준상관인 0.796을 나타낸다. 그리고 S1_CV001(= U_1)과 S1_CV002(= U_2), S2_CV001(= V_1)과 S2_CV002(= V_2)간의 상관은 서로 직교하므로 0이다. 한편 <표 8.4>의 ❹에서 각 계수들의 제곱을 합하면 총 분산

량을 계산할 수 있고 이에 따라 각 정준변량으로 설명할 수 있는 각 축의 분산비를 <표 8.5>와 같이 산출할 수 있다. ❹에서 U의 각 축에 대한 계수들의 제곱합은

$$(-.621)^2 + (-.925)^2 + (.333)^2 = 1.3540$$

$$(-.772)^2 + (-.378)^2 + (.041)^2 = 0.7405$$

$$(-.135)^2 + (-.031)^2 + (.942)^2 = 0.9066$$

이다. 총합이 약 3이므로 ❽에서 보는 것처럼 제1 축에 대한 분산비는 1.354/3 = 0.451, 제2 축에 대한 분산비는 0.7405/3 = 0.247로 계산되었다.

<표 8.6>
각 축의 설명비율

```
                 Redundancy Analysis:
Proportion of Variance of Set-1 Explained by Its
Own Can. Var.❽
                Prop Var
CV1-1               .451
CV1-2               .247
CV1-3               .302


Proportion of Variance of Set-1 Explained by
Opposite Can.Var.
                Prop Var
CV2-1               .285
CV2-2               .010
CV2-3               .002


Proportion of Variance of Set-2 Explained by Its
Own Can. Var.
                Prop Var
CV2-1               .408
CV2-2               .434
CV2-3               .157


Proportion of Variance of Set-2 Explained by
Opposite Can. Var.
                Prop Var
CV1-1               .258
CV1-2               .017
CV1-3               .001
```

8.3 이론적 고찰

정준상관분석의 제1 목표는 X 변수군 $X_1, \cdots, X_p$ 와 Y 변수군 $Y_1, \cdots, Y_q$ 의 선형결합

$$U_1 = a_1 X_1 + a_2 X_2 + \cdots + a_p X_p, \quad V_1 = b_1 Y_1 + b_2 Y_2 + \cdots + b_q Y_q$$

사이의 상관계수를 최대화하는 것이다. 이것의 정식화는 다음과 같다.

$$\max \mathrm{Cov}(U_1, V_1) \text{ subject to } \mathrm{Var}(U_1) = \mathrm{Var}(V_1) = 1.$$

이것은 수식으로

$$\max_{a,b} a^t S_{xy} b \quad \text{subject to} \quad a^t S_{xx} a = b^t S_{yy} b = 1 \tag{8.1}$$

로 표현된다. 여기서

$$a^t = (a_1, \cdots, a_p), \quad b^t = (b_1, \cdots, b_q)$$

는 X 변수군과 Y 변수군의 계수벡터이며, S_{xx} 는 X 변수군 $X_1, \cdots, X_p$ 내에서의 $p \times p$ 공분산 행렬, S_{yy} 는 Y 변수군 $Y_1, \cdots, Y_q$ 내에서의 $q \times q$ 공분산 행렬, S_{xy} 는 X 변수군과 Y 변수군 사이의 $p \times q$ 공분산 행렬이다. 다시 말하여,

$$S = \begin{pmatrix} S_{xx} & S_{xy} \\ S_{yx} & S_{yy} \end{pmatrix}$$

은 $X_1, \cdots, X_p$ 과 $Y_1, \cdots, Y_q$ 의 공분산 행렬이다.

(8.1)은 $S_{xx}^{-1} S_{xy} S_{yy}^{-1} S_{yx}$ 와 $S_{yy}^{-1} S_{yx} S_{xx}^{-1} S_{xy}$ 의 고유값-고유벡터 분해로 풀어지게 되는데 이 때 고유값이 바로 U_1 과 V_1 사이 상관의 제곱값이 되고 고유벡터로부터 $p \times 1$ 계수벡터 a와 $q \times 1$ 계수벡터 b를 얻게 된다

- 제1 정준변량(canonical variates) :
  - X 변수군의 제1 정준변량 $U_1 = a_1 X_1 + a_2 X_2 + \cdots + a_p X_p$,
  - Y 변수군의 제1 정준변량 $V_1 = b_1 Y_1 + b_2 Y_2 + \cdots + b_q Y_q$.
- 제1 정준상관(canonical correlation) $= \mathrm{corr}(U_1, V_1)$

정준상관분석에서는 제1 정준변량 뿐만 아니라 제1 정준변량과 독립적인

제2 정준변량을 찾는다. 그럼으로써 다변량 자료에 내재된 다원적 의미를 추출할 수 있다. 정준상관분석의 제2 목표는 다음과 같다.

$$\max \mathrm{Cov}(U_2, V_2) \text{ subject to } \mathrm{Var}(U_2) = \mathrm{Var}(V_2) = 1 \tag{8.2}$$
$$\text{and } \mathrm{Cov}(U_1, U_2) = \mathrm{Cov}(V_1, V_2).$$

여기서 U_2와 V_2는 제2 정준변량으로서 각각 X 변수군과 Y 변수군의 선형결합이다:

$$U_2 = c_1 X_1 + c_2 X_2 + \cdots + c_p X_p, \quad V_2 = d_1 Y_1 + d_2 Y_2 + \cdots + d_q Y_q.$$

정식화 (8.2)에서 추가제약은 X 변수군의 제2 정준변량 U_2는 제1 정준변량 U_1과 무상관되어야 하며 Y 변수군의 제2 정준변량 V_2는 제1 정준변량 V_1과 무상관되어야 한다는 것이다. 제2 정준변량의 해도 제1 정준변량의 해와 마찬가지로 $S_{xx}^{-1} S_{xy} S_{yy}^{-1} S_{yx}$와 $S_{yy}^{-1} S_{yx} S_{xx}^{-1} S_{xy}$의 고유값-고유벡터 분해로 풀어진다. 이런 식으로 모두 각 변수군마다 $\min(p, q) \equiv m$개의 정준변량이 만들어진다.

정준변량 값 자체는 변수의 척도에 영향받지 않으나 정준변량을 구성하는 계수들인 $a_1, \cdots, a_p$와 $b_1, \cdots, b_q$ ($c_1, \cdots, c_p$와 $d_1, \cdots, d_q$)가 직접적인 영향을 받는다. 그러므로 사전적으로 변수들을 표준화하여 정준상관분석하였을 때 얻게되는 표준화 정준계수(standardized canonical coefficient)를 해석할 필요가 있다.

8.4 맺음 말

정준상관분석은 모든 변수가 연속형인 2개군의 자료에 적용되는 것이 원칙이나 일부 변수 또는 변수 전체가 범주형인 경우에도 적용할 수 있다. 그 방법은 범주형 변수를 다음과 같이 가변수(dummy variable)화 하는 것이다.

$$X = 1, 2, \cdots, r \quad \Rightarrow \quad D_1 = \begin{cases} 1 & \text{if } X = 1, \\ 0 & \text{otherwise} \end{cases} \quad D_2 = \begin{cases} 1 & \text{if } X = 2, \\ 0 & \text{otherwise} \end{cases}$$

$$\cdots \quad D_{r-1} = \begin{cases} 1 & \text{if } X = r-1, \\ 0 & \text{otherwise.} \end{cases}$$

극단적으로 변수 $X=1,2,\cdots,r$ 와 $Y=1,2,\cdots,s$ 가 모두 범주형인 2변량 자료에 적용할 수 있겠는데 그 경우엔 변수 X를 $r-1$개의 가변수 $D_1,\cdots,D_{r-1}$로, 변수 Y를 $s-1$개의 가변수 $E_1,\cdots,E_{s-1}$로 변환하여 정준상관분석을 적용하면 된다. 그러나 그 결과는 뒤에서 다루게 될 대응분석과 일치한다.

또한 p개 연속형 변수 $X_1,\cdots,X_p$와 범주형 변수 $Y=1,2,\cdots,s$ 사이의 관계를 보기 위해서는 변수 Y를 $s-1$개의 가변수 $D_1,\cdots,D_{s-1}$로 변환하여 정준상관분석을 적용할 수 있다. 이 역시 4·5장에서 소개한바 있는 정준판별분석과 일치한다.

그러나 p개 변수 $X_1,\cdots,X_p$가 모두 범주형인 경우 범주형 변수 $Y_1,\cdots,Y_q$ 사이의 관계를 보기 위해서는 $X_1,\cdots,X_p$와 $Y_1,\cdots,Y_q$ 각각을 가변수로 바꾼 뒤 정준상관분석을 적용할 필요가 있다. 바로 이 기법이 일본의 하야시 수량화 II 법인데 이에 관하여는 허명회(1998)의 『수량화방법 I·II·III·IV』(자유아카데미사)를 참고하라.

제 9 장

다차원척도법

9.1 다차원척도법이란?

사람들이 표출하는 감정의 차원은 어떤 구조를 이루고 있을까? 성별에 따라 혹은 연령에 따라 다른 감정의 차원을 가지고 있는지 않을까?

유아교육에 있어 하나의 관심사는 연령대에 따라 유아의 감정의 차원이 어떤 구도를 가지면서 분화되는가이다. 대체로 6세 정도 되어야 안정적인 감정의 표출이 이루어지는 것 같다. 그렇다면 인종에 따라 혹은 국가별로 각 사람들은 감정표현에 있어 동일한 구조를 가지고 있을까?

한편 건축에 관한 연구에 있어서는 목재와 벽돌, 유리, 콘크리트 등을 보면서 사람들이 받는 느낌에 관심을 가진다. 건축에 사용되는 자재와 그 건물로부터 전달받는 이미지나 느낌을 파악하면 건축목적에 따라 적절한 자재를 선정할 수 있기 때문이다.

다차원척도법(multidimensional scaling; MDS)이란 이와 같이 사람들이 가지고 있는 이미지나 정서, 인식의 구조를 파악할 수 있는 기법으로 n개 개체(units; objects)를 개체간 유사성 (또는 非유사성)을 바탕으로 저차원의 가시적 공간(지각적 지도, perceptual map)에 위치시키는 자료분석법이다. 이 분석기법의 응용범위는

- 중요고객과 일반고객 사이의 회사에 대한 이미지 측정
- 선거후보자들에 대한 이미지 분석
- 소비자들이 인지하고 있는 브랜드 및 상품 속성에 대한 분석
- 소비자들이 중요하게 생각하는 제품의 특성 파악
- 인구특성, 경제적 요인들을 기초로 한 도시, 지역들의 이질성 분석

등과 같이 매우 폭넓다.

한편 개체간 유사성(類似性; similarity) $\{s_{ij}\}$, 또는 비유사성(非類似性; dissimilarity) 거리 $\{d_{ij}\}$는 다음과 같이 정의·측정된다.

• 다변량 측정으로부터 유클리드 또는 비유클리드 거리 측정 : 각 개체에 대한 다변량 관측 $(x_{i1},\cdots,x_{ip})$, $i=1,\cdots,n$으로부터 개체 i와 j 사이의 유클리드 거리

$$d_{ij} = \sqrt{\sum_{k=1}^{p}(x_{ik}-x_{jk})^2}, \quad i,j=1,\cdots,n \tag{9.1}$$

를 개체 i와 j 사이의 비유사성으로 정의한다. 즉 d_{ij}가 클수록 개체 i와 j가 유사하지 않다.

• 느낌이나 이미지로부터 근접성 측정 : 모든 쌍의 개체에 대하여 상호적 유사성을 m명의 평가자 패널에게 부여하게 한 후 평균값을 유사성으로 정의한다. 가령, 우리나라에서 생산되는 자동차의 모든 가능한 쌍에 대하여 10명의 사람들에게 주관적으로 11점 척도로 구성된 다음에 체크하도록 했다고 하자. 즉 i번째 자동차와 j번째 자동차가 완전히 유사하다고 느끼고 있으면 10점을 부여하는 것이고 전혀 유사하지 않다고 생각하면 0점을 부여하면 되는 것이다.

i와 j는 : 0__1__2__3__4__5__6__7__8__9__10

유사하지 않음 유사함

그러면 10명의 사람들이 매긴 점수를 평균한 값을 유사성 s_{ij}의 정의로 사용할 수 있다. 이 경우 모두 $n(n-1)/2$개의 개체 쌍에 대하여 질문해야 하며 같은 개체간의 유사도는 물론 최고점(10점)으로 평가한다.

• 혼동(confusion)의 빈도로부터 유사도 정의: m명의 평가자 패널에게 n개의 개체를 K개의 그룹으로 분류하도록 하고, 개체 i와 j를 다른(같은) 그룹에 배치한 평가자들의 수로 비유사도(유사도)를 정의한다. 예컨대 10명의 평가자 중에서 개체 1과 개체 2를 같은 그룹으로 분류한 사람이 2명이고 다른 그룹으로 분류한 사람이 8명이라면 $s_{12} = 2$이다. 개체 1과 개체 3에 대하여는 8명이 같은 그룹으로 분류하였고 2명이 다른 그룹으로 분류하였다면 $s_{13} = 8$이다.

9.2 사례분석: SPSS의 활용과 결과 해석

<표 9.1>은 미국의 경제 예측 기관인 와튼 계량경제예측 연구소가 1998년 3월에 조사 발표한 자료이다. 10점 만점으로 측정된 이 자료는 각 국가의 위험도를 나타낸 것으로 점수가 낮을수록 해당분야에서 국가 위험도가 높다는 것을 의미한다.

<표 9.1>
16개국의
국가위험도

	경제성장	물가	금리	환율	금융시장	재정건전도	외채	노사관계	기업가신뢰	행정규제완화	사회안정	정치안정
미국	8	7	7	7	9	8	9	9	9	9	9	9
독일	7	8	6	6	9	6	10	8	7	7	8	9
호주	6	8	7	6	9	7	7	6	8	8	8	8
일본	2	8	9	5	3	7	10	8	6	7	8	8
중국	6	6	6	7	6	6	6	6	7	6	6	5
홍콩	4	7	6	7	6	6	8	7	5	7	7	6
인도	4	3	3	3	7	4	5	6	5	5	6	5
인도네시아	2	1	3	1	3	4	2	3	2	4	2	2
말레이지아	5	5	4	4	5	6	6	5	5	7	7	7
파키스탄	4	3	3	3	2	2	2	3	3	3	3	3
필리핀	4	4	5	5	3	5	4	5	5	5	5	5
싱가포르	6	6	5	6	7	8	9	7	7	8	9	9
대만	6	7	6	7	6	7	8	8	7	8	7	6
태국	4	5	3	4	4	4	2	6	4	8	4	4
베트남	6	5	3	3	2	4	3	5	4	3	5	4
한국	3	3	5	3	2	6	3	4	4	5	4	3

국가위험도라는 12개 항목에 대해 조사된 자료로부터 국가간의 유사성, 비유사성을 나타내고자 하므로 <그림 9.1>의 자료에 대하여

Data ▶ Transpose

를 이용해서 개체와 변수를 바꿔 <그림 9.1A>를 생성한다.

<그림 9.1>
자료입력
(risk.sav)

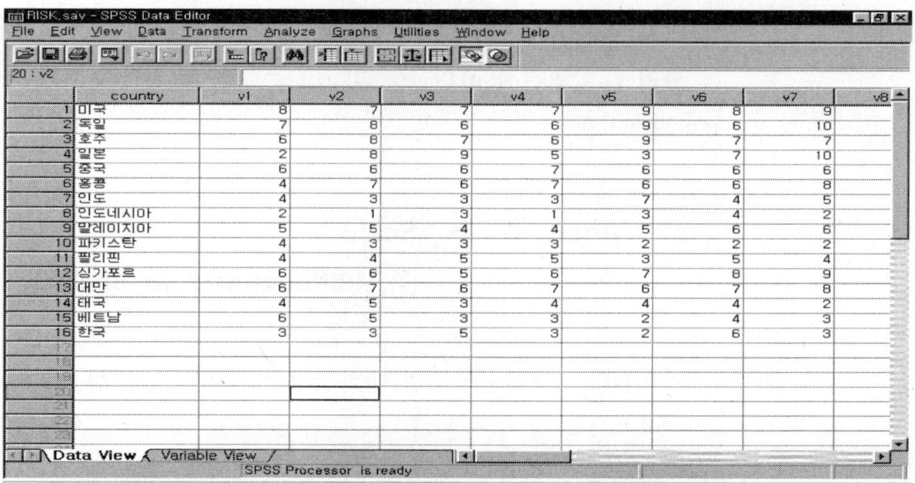

	country	v1	v2	v3	v4	v5	v6	v7	v8
1	미국	8	7	7	7	9	8	9	
2	독일	7	8	6	6	9	6	10	
3	호주	6	8	7	6	9	7	7	
4	일본	2	8	9	5	3	7	10	
5	중국	6	6	6	7	6	6	6	
6	홍콩	4	7	6	7	6	6	8	
7	인도	4	3	3	3	7	4	5	
8	인도네시아	2	1	3	1	3	4	2	
9	말레이지아	5	5	4	4	5	6	6	
10	파키스탄	4	3	3	3	2	2	2	
11	필리핀	4	4	5	5	3	5	4	
12	싱가포르	6	6	5	6	7	8	9	
13	대만	6	7	6	7	6	7	8	
14	태국	4	5	3	4	4	4	2	
15	베트남	6	5	3	3	2	4	3	
16	한국	3	3	5	3	2	6	3	

<그림 9.1A>
전치된
원자료행렬

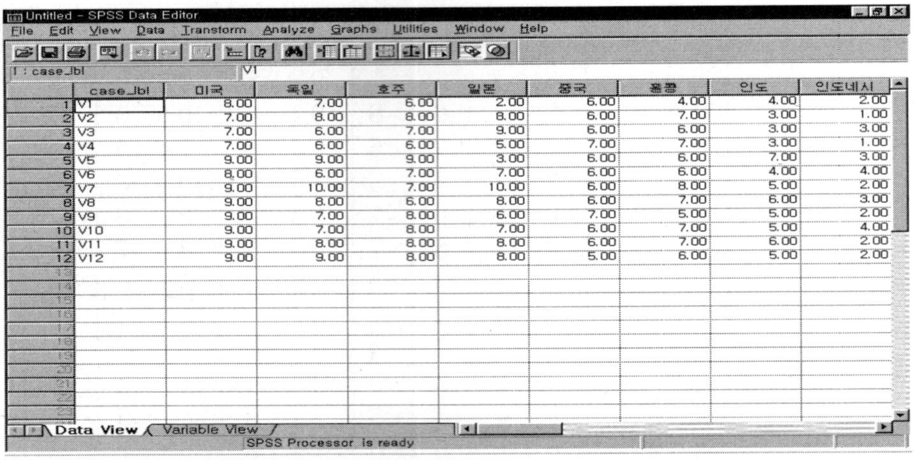

	case_lbl	미국	독일	호주	일본	중국	홍콩	인도	인도네시
1	V1	8.00	7.00	6.00	2.00	6.00	4.00	4.00	2.00
2	V2	7.00	8.00	8.00	8.00	6.00	7.00	3.00	1.00
3	V3	7.00	6.00	7.00	9.00	6.00	6.00	3.00	3.00
4	V4	7.00	6.00	6.00	5.00	7.00	7.00	3.00	1.00
5	V5	9.00	9.00	9.00	3.00	6.00	6.00	7.00	3.00
6	V6	8.00	6.00	7.00	7.00	6.00	6.00	4.00	4.00
7	V7	9.00	10.00	7.00	10.00	6.00	8.00	5.00	2.00
8	V8	9.00	8.00	6.00	8.00	6.00	7.00	6.00	3.00
9	V9	9.00	7.00	8.00	6.00	7.00	5.00	5.00	2.00
10	V10	9.00	7.00	8.00	7.00	6.00	7.00	5.00	4.00
11	V11	9.00	8.00	8.00	8.00	6.00	7.00	6.00	2.00
12	V12	9.00	9.00	8.00	8.00	5.00	6.00	5.00	2.00

이제 <그림 9.1A>에 대한 다차원분석은 2 가지가 가능하다. 그 한가지는 이 데이터에 대한 개체간의 유사성거리행렬을 계산한 후 다차원분석을 할 수 있고 또 다른 한가지는 <표 9.1A>의 자료를 그대로 이용해서 다차원분석을 시도할 수 있다.

먼저 유사성 거리행렬을 계산해서 다차원분석을 할 경우에는

Analyze ▶ Correlate
▷ Distance

와 같이 거리를 계산할 수 있는 대화상자로 들어가 개체간 혹은 변수간 유사성 내지 비유사성 거리를 생성시켜 계산 가능하다.

한편 대칭행렬이 아닌 <그림 9.1>과 같이 입력된 비대칭행렬에 대한 다차원척도법은

Analyze ▶ Scale
▷ Multidimensional Scaling...

을 이용한다. 다차원척도법 대화상자로 들어가 <그림 9.2>처럼 분석대상이 되는 변수들을 옮겨 놓는다. <그림 9.2>의 좌측하단을 보면 입력되는 데이터의 형태를 지정해야 하는데 디폴트는 대칭행렬에 대한

◉ Data are distances

이다. 그러나 이 경우는 정방행렬의 원자료에 대한 분석이므로

◉ Create distances from data

를 선택해야 한다. 아울러 개체간 혹은 변수간 (비)유사성 거리를 어떻게 정의할 것인지를 지정해야한다. 이는 **Measure....**를 클릭한 후 interval, counts, binary의 3가지 유형 중 가능한 거리를 지정하면 된다. <표 9.1>의 데이터에 대해서는 구간척도(interval)에 있는 유클리드 거리(Euclidean distance)를 지정한다.

<그림 9.2>
변수지정

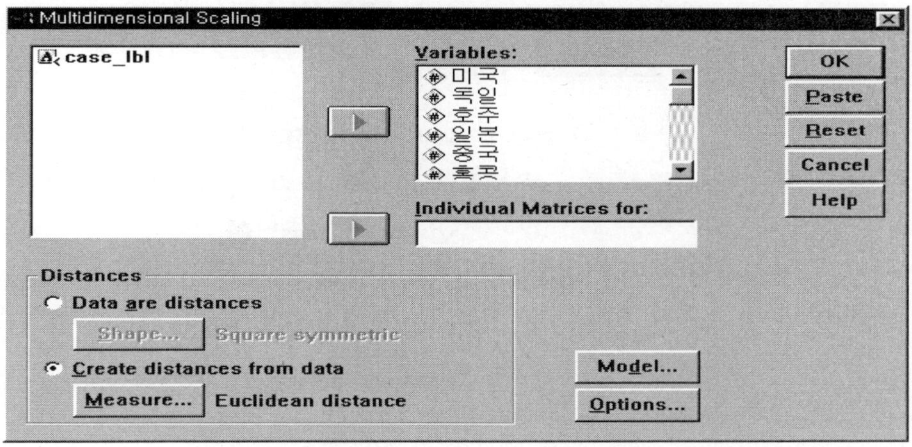

<그림 9.3>
거리 정의

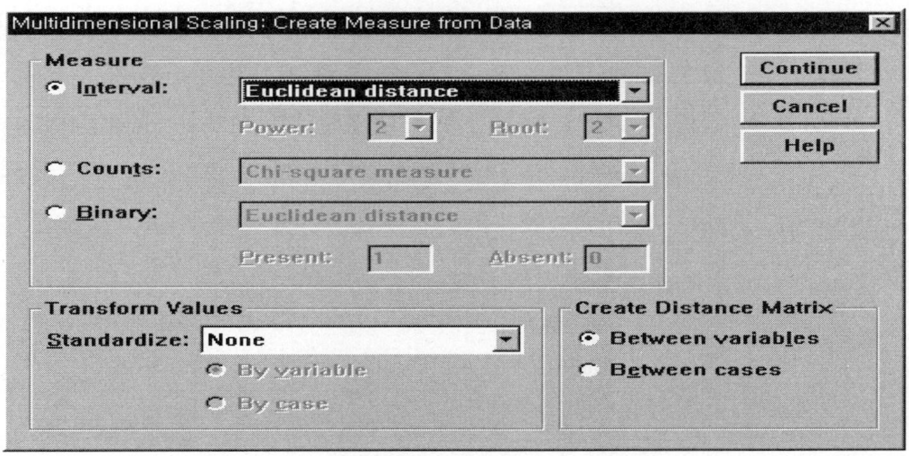

기타 통계량 및 필요한 옵션들은 <그림 9.2>의 우측하단에 있는 2개의

옵션들을 이용해서 다음과 같이 선택한다.

Model...

Level of Mesurement : ◉ Ordinal

Conditionality : ◉ Matrix (디폴트)

Dimensions : Minimum - 2 , Maximum - 2 (디폴트)

Scaling Model : ◉ Euclidean distance (디폴트)

Options...

Display : ☑ Group plots

☑ Individual subject plots

☑ Data matrix ❶

Criteria : S stress convergence - 0.001

Minimum s-stress value - 0.005

Maximum iterations - 30 (디폴트)

<표 9.2>는 다차원척도법을 실행시킨 결과로 ❶의 선택에 의해 계산된 개체간의 유사성 거리행렬이다. 거리가 작을수록 국가간 유사성을 나타낸다. 영(Young)의 반복 알고리즘을 통해 계산된 S-stress는 아래의 결과에서처럼 4회째 반복에서 0.03020으로 종료되었다. 그리고 Kruscal의 S-stress는 0.05108로 계산되었고 유사성 거리행렬에 대한 분산량을 나타내는 RSQ는 0.98941로 매우 잘 적합되었음을 나타낸다 (9.3절 참고).

```
Young's S-stress formula 1 is used.

Iteration      S-stress      Improvement
    1           .03769
    2           .03162          .00607
    3           .03061          .00101
    4           .03020          .00041
```

```
Iterations stopped because
S-stress improvement is less than   .001000

Stress values are Kruskal's stress formula 1.

          For  matrix
 Stress  =  .05108      RSQ =  .98941
```

<표 9.2>
유사성거리행렬
(유클리드 거리)

	미국	독일	호주	일본	중국
미국	.000				
독일	4.359	.000			
호주	4.899	4.359	.000		
일본	9.950	8.602	8.660	.000	
중국	8.660	7.483	5.916	8.832	.000
홍콩	8.246	6.245	5.831	6.245	4.123
인도	12.884	10.817	10.100	11.874	7.000
인도네시아	20.809	18.868	17.578	17.205	13.342
말레이시아	10.198	8.426	7.348	8.775	5.196
파키스탄	19.442	17.292	16.186	16.093	11.533
필리핀	13.528	11.916	10.536	10.392	5.831
싱가포르	4.796	4.243	4.583	7.746	6.782
대만	5.916	5.292	4.796	7.071	4.000
태국	14.832	13.379	11.832	12.845	8.062
베트남	16.093	14.071	13.229	13.342	8.718
한국	16.643	15.166	13.528	12.728	9.055
	홍콩	인도	인도네시아	말레이시아	파키스탄
홍콩	.000				
인도	7.874	.000			
인도네시아	14.457	9.000	.000		
말레이시아	5.292	5.099	11.446	.000	
파키스탄	13.038	8.246	4.583	10.198	.000
필리핀	7.280	5.385	8.367	5.000	6.557
싱가포르	5.568	9.849	17.493	6.403	16.279
대만	3.317	9.110	16.062	6.245	14.595
태국	9.055	6.164	8.185	6.633	7.071
베트남	10.344	6.708	7.746	7.416	4.796
한국	10.344	7.141	5.477	7.681	5.385

<표 9.2>
(계속)

	필리핀	싱가포르	대만	태국	베트남
필리핀	.000				
싱가포르	10.39	.000			
대만	8.602	4.472	.000		
태국	5.000	12.124	10.050	.000	
베트남	4.690	13.038	11.402	6.083	.000
한국	4.000	13.416	11.662	5.745	5.292

<그림 9.4>는 2차원 MDS 플롯이다. 이는 반복알고리즘에 의해 계산된 각 개체들을 2차원의 가시적 공간에 나타낸 것이다. 제1 사분면에 일본이 유독 떨어져 있고 호주, 독일, 미국, 싱가포르 등이 한 그룹을 이루고 있으며 2,3 사분면에 있는 인도네시아, 파키스탄, 한국, 베트남 등이 또 한 그룹을 이루고 있다. 따라서 제1 축은 전반적으로 국가 위험도가 높은 국가와 낮은 국가를 나타내는 축으로 우측에 위치할수록 국가 위험도가 낮은 국가, 좌측에 위치할수록 국가 위험도가 높은 국가라고 할 수 있다. 그리고 제2 축에 대한 해석은 맨 위쪽에 일본이 위치하고 있고 아래쪽에 미국, 호주, 인도 등이 있는 것으로 보아 물가나 금리가 안정적인 국가와 다소 불안정한 국가를 나타내는 축이라 생각할 수 있겠다.

<그림 9.4>
개체간 유사성에
대한 MDS플롯

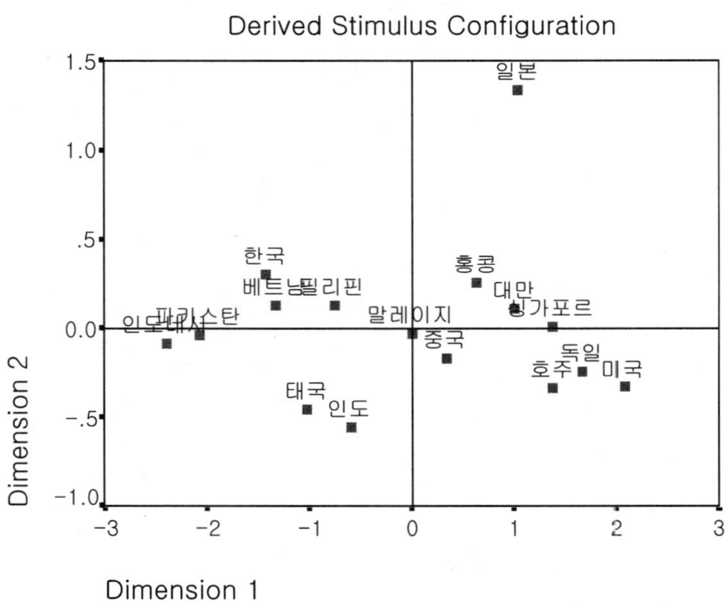

<그림 9.5>는 선형적합과 비선형적합에 대한 산점도이다. 대체로 모두 잘 적합됨을 보여주고 있다.

<그림 9.5>
선형과 비선형 적합에 대한 산점도

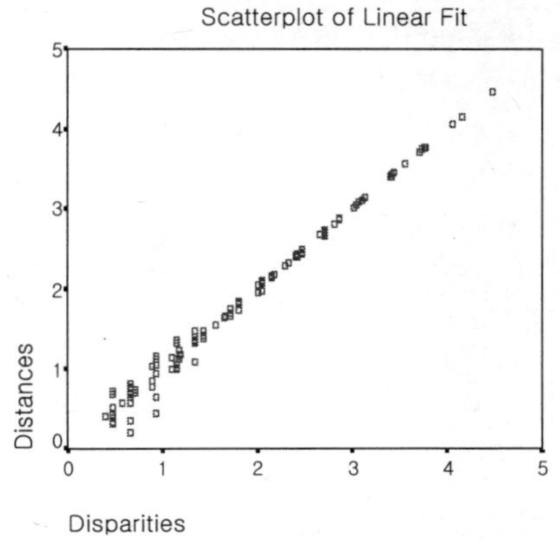

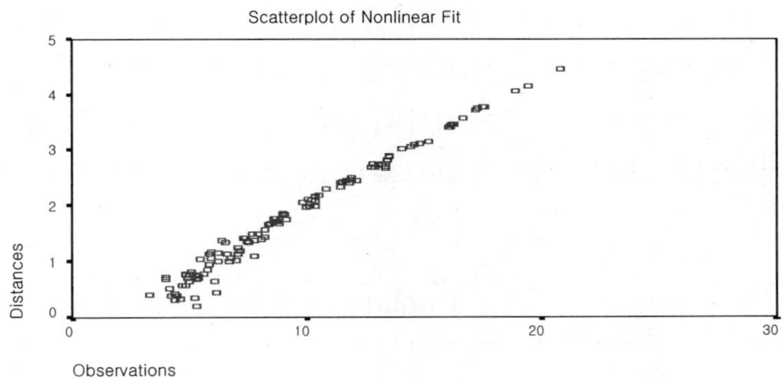

이제 다른 한 사례를 살펴보자. <그림 9.6>은 사이버문화연구실(www.cyberculture.re.kr)에서 연구된 총 17명에 대해 조사한 네티즌의 사이트 선호조사 자료이다[1]. 인터넷 사용자가 증가하면서 사용자들이 업무, 학습, 정보, 쇼핑, 여가 등 다양한 목적에 따라 선호하는 사이트가 다를 것으로 생각되어 총 7점 리커트 척도로 측정된 자료이다. 각 변수가 나타내는 항목은 다음과 같다.

X1=포털검색, X2=채팅·오락, X3=쇼핑·서점, X4=커뮤보드
X5=공개자료, X6= 뉴스웹진, X7=특정인·기관

1) 데이터출처: http://user.chollian.net/~dujeon/guest/ccrp2.html

인자분석 등을 통해 잠재인자를 찾은 후 다차원분석을 하는 것도 가능하지만 여기서는 원자료를 그대로 이용하기로 한다.

<그림 9.6>
데이터 입력
(사이트선호도.sav)

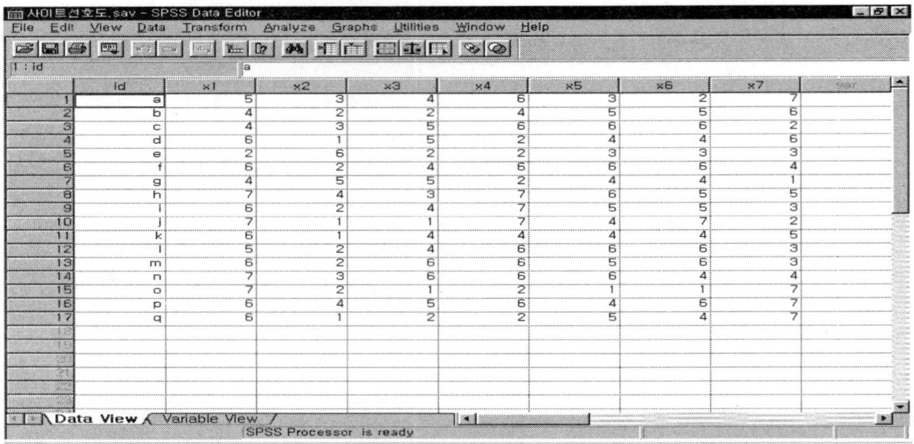

	id	x1	x2	x3	x4	x5	x6	x7
1	a	5	3	4	6	3	2	7
2	b	4	2	2	4	5	5	6
3	c	4	3	5	6	6	6	2
4	d	6	1	5	2	4	4	6
5	e	2	6	2	2	3	3	3
6	f	6	2	4	6	6	6	4
7	g	4	5	5	2	4	4	1
8	h	7	4	3	7	6	5	5
9	i	6	2	4	7	5	5	3
10	j	7	1	1	7	4	7	2
11	k	6	1	4	4	4	4	5
12	l	5	2	4	6	6	6	3
13	m	6	2	6	6	5	6	3
14	n	7	3	6	6	6	4	4
15	o	7	2	1	2	1	1	7
16	p	6	4	5	6	4	6	7
17	q	6	1	2	2	5	4	7

첫 번째 사례와 마찬가지 경로로 SPSS를 수행하면 다음의 결과가 출력된다. <그림 9.7>로부터 사이트 선호도는 정보량 혹은 친밀성(제1축)에 의해 변별되며 사회성 혹은 집단성(제2축)에 의해서도 변별되고 있다고 하겠다.

<그림 9.7>
MDS플롯

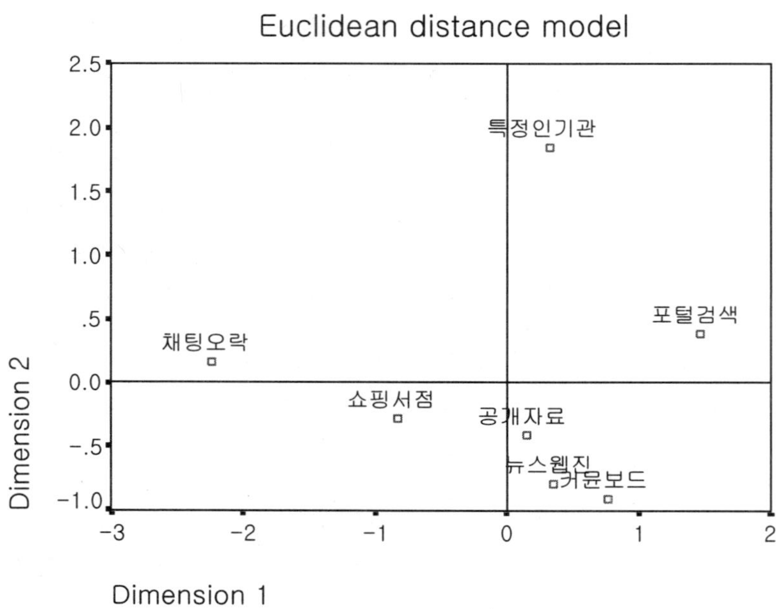

영(Young)의 반복 알고리즘을 통해 계산된 S-stress는 0.05925로 종료되었다. 그리고 Kruscal의 S-stress는 0.0627이고 제곱상관을 나타내는 RSQ는 0.976으로 2차원공간에서 매우 잘 적합되었음을 나타낸다.

```
Young's S-stress formula 1 is used.
Iteration      S-stress       Improvement
   1            .06908
   2            .05947           .00962
   3            .05925           .00022

Iterations stopped because
S-stress improvement is less than   .001000

              For  matrix
Stress  =   .06271        RSQ =  .97687
```

9.3 이론적 고찰

다차원 척도법에는 전통적 다차원척도법(Classifical MDS), 반복 다차원척도법(Replicated MDS), 가중 다차원척도법(Weighted MDS) 등이 있다. 전통적 다차원척도법(Classical MDS)은 비유사성 행렬이 한 개인 경우로 가장 간단한 경우이며, 반복 다차원척도법은 하나 이상의 비유사성행렬을 분석대상으로 한다. 그리고 가중 다차원척도법은 개체별 평가를 목적으로 하는 경우에 사용할 수 있으며 INDISCAL(individual difference scaling)이라고도 한다.

먼저 비유사성 $\{ d_{ij} \}$에 대한 다차원척도법(MDS)을 설명하기로 한다. n개 개체를 s =(2; default) 차원의 가시적 공간(유클리드 공간)에 $x_1^*, \cdots, x_n^*$로 표현하는 것이 MDS가 만들어내야 할 결과물이다. 결과물이 이치에 맞으려면, 입력받은 개체 i와 j간 비유사성 값 d_{ij}와 가시적 공간에서 개체 i와 j간 거리

$$\delta_{ij} = d(x_i^*, x_j^*) = \sqrt{\sum_{k=1}^{s} (x_{ik}^* - x_{jk}^*)^2}, \quad i, j = 1, \cdots, n$$

를 가급적 일치시켜야 할 것이다. 비유사성 거리는

$$d(x_i^*, x_j^*) = \left(\sum_{k=1}^{s} (x_{ik}^* - x_{jk}^*)^p \right)^{1/p}, \quad i, j = 1, \cdots, n$$

와 같이 일반화시킬 수 있는데 $p=1$ 인 경우를 도시블록거리(city block distance), $p=2$ 인 경우를 유클리드거리, $p=\infty$ 인 경우는 개체간 최대거리

$$d_{ij} = \max | x_{ik}^* - x_{jk}^* |$$

로 정의된다. 그리고 개체간 비유사성 측정이 엄격하게 이루어지기 어려운 경우일수록 높은 p 값을 이용하는 것이 좋다.

이 때, d_{ij} 와 δ_{ij} 의 일치성 개념에 다음과 같이 세 위계가 있다.

1) 절대척도(absolute scale) : $d_{ij} = \delta_{ij} + \epsilon_{ij}$,

2) 구간척도(interval scale) : $d_{ij} = a + b\ \delta_{ij} + \epsilon_{ij},\ b > 0$,

3) 순서척도(ordinal scale) : $d_{ij} = f(\delta_{ij}) + \epsilon_{ij},\ f(\cdot)$ 는 단조증가함수.

즉 절대척도에서는 d_{ij} 와 δ_{ij} 가 일치하여야 하지만, 구간척도에서는 d_{ij} 와 δ_{ij} 가 선형적으로 비례하는 관계가 있으면 되고, 순서척도에서는 d_{ij} 와 δ_{ij} 가 단조증가적 관계만 있으면 된다는 것이다. 따라서 입력된 비유사도 d_{ij} 에 어떤 절대적 의미가 있는지, 단순히 순서적 의미만 있는지, 아니면 그 중간 정도인지에 따라 앞의 척도구분을 할 수 있다.

MDS에서 핵심적인 것은 스트레스(stress)라는 부적합도(badness-of-fit)의 측도이다. 그 정의는 다음과 같다.

$$\text{Stress} = \sqrt{\sum_{i<j} \{d_{ij} - \hat{d}_{ij}\}^2 / \sum_{i<j} d_{ij}^2} \quad \text{(디폴트).}$$

여기서 d_{ij} 의 적합값 $\hat{d}_{ij}$ 은 1) 절대척도에서는 $\delta_{ij} = d(x_i, x_j)$ 이고, 2) 구간척도에서는 $\hat{a} + \hat{b}\ \delta_{ij}$ 이며, 3) 순서척도에서는 $\hat{f}(\delta_{ij})$ 이다. 스트레스의 정의로는 이외에도 제곱(S) 스트레스가 있다:

$$\text{S-Stress} = \sqrt{\sum_{i<j} \{d_{ij}{}^2 - \hat{d}_{ij}{}^2\}^2 / \sum_{i<j} (d_{ij}^2)^2}$$

MDS의 계산은 스트레스를 최소화하기 위한 최적화 (최소제곱 단조회귀(least squares monotone regression) · 가우스-뉴튼 등) 알고리즘을 사용하여 얻어진다. 이에 대하여는 참고문헌으로 넘기기로 하겠다.

MDS의 결과물에서 스트레스는 가급적 작을수록 좋다. 스트레스에 관한 크루스칼(Kruskal)의 기준은 다음과 같다.

1) 스트레스 = 0 ⇒ 완벽(perfect),

2) 스트레스 ≤ 5% ⇒ 좋음 (good),

3) 스트레스 ≒ 10% ⇒ 보통 (fair),

4) 스트레스 ≥ 20% ⇒ 나쁨 (poor).

일반적으로 절대척도 수준 MDS의 스트레스에 비해 구간척도 수준 MDS의 스트레스가 작고, 구간척도 수준 MDS의 스트레스에 비해 순서척도 수준 MDS의 스트레스가 작다. 그러므로 MDS 결과물의 스트레스가 크루스칼의 기준에 미달하는 경우에는 척도수준을 바꾸어보는 것이 좋겠다.

자료가 유사성$\{ s_{ij} \}$으로 주어진 경우에는, 변환

$$d_{ij} = s_{ii} + s_{jj} - 2\, s_{ij} \quad \text{또는} \quad d_{ij} = \sqrt{s_{ii} + s_{jj} - 2\, s_{ij}}$$

로써 비유사성으로 바꾸어 MDS 알고리즘을 적용한다.

MDS에서 각 축의 해석은 대부분의 경우 자의적이다. 축에 어떤 의미를 붙이느냐는 연구자의 주관성 및 배경지식에 달려있다. 결론적으로 분석결과를 비교 검토할 때는 실제적인 유사성거리와 분석결과가 얼마만큼 일치하는가 즉, 적합도를 살펴보고 각 차원이 얼마만큼 해석가능한가, 그리고 그 결과가 얼마만큼 안정적인가를 살펴본다.

한편 상관계수는 두 변수간 유사성에 관한 측도로 볼 수 있기 때문에 상관계수 행렬에 대하여 MDS를 하면 변수 군집화(variable clustering)가 된다. 변수들을 군집화해야 할 필요성은 변수들의 속성을 이해할 수 있다는 점 외에도 새로운 변수를 만들기 위해서이다. 예컨대 회귀분석에서는 설명변수들 사이에 통계적인 중복이 있을 때 다중공선성(multicollinearity)이 생겨서 모형추정이 어렵게 되는데, 만약 변수 군집화를 통하여 각 변수군집마다 1개 씩의 복합변수를 정의하여 모형에 설명변수로 고려한다면 그런 문제는 없어질 것이다.

9.4 맺음 말

다차원척도법(MDS)의 분석 자료는 타 다변량분석과 매우 다르다. 즉

$n \times p$ 행렬 형태의 원 측정자료를 입력받는 것이 아니라 $n \times n$ 대칭행렬 형태의 개체간 유사성·비유사성을 입력받는다. 그런데 전자로부터 후자를 만들어낼 수 있으므로 (식 (9.1) 사용), 일반적인 다변량 자료에도 MDS를 할 수 있기는 하다. 그러나 그렇게 하여 MDS를 한 결과는 개체에 대한 주성분분석(2장)과 거의 차이가 없다 (어떤 종류의 MDS이냐에 따라 정도의 차이는 있다). 변수에 대하여는 인자분석(3장)과 거의 같다. 그러므로 원자료가 $n \times p$ 행렬 형태의 다변량 자료인 경우에는 굳이 MDS를 할 필요가 없다.

다차원 척도에서 결과 플롯을 어느 차원에 둘 것인가? 대체적으로 s가 증가함에 따라 스트레스가 작아진다는 성질을 이용하여, 차원 수 s를 정하는 원칙적 방법은 스트레스 값을 각 차원에서 구하여 ($s = 1, 2, 3, \cdots$) 급격히 감소하는 첫 값을 잡는 것이다. 그러나 $s = 3$, 즉 3차원적 지각도만 하더라도 쉽게 나타내기 곤란하다. 또한 $s = 1$, 즉 1차원 지각도 (= 직선 상의 점 그림)은 너무 단순하다. 따라서 MDS에서는 어쨌든 $s = 2$, 즉 2차원 지각도가 그려지는 것이 실제 현실이다.

이제까지 설명한 방법 외에, 일본의 하야시(Hayashi) 수량화 IV법도 일종의 MDS 기법이다. 이에 관하여는 허명회 (1998)의 「수량화방법 I·II·III·IV」 (자유아카데미)를 보라.

제 10 장

대응분석

10.1 대응분석이란?

대응분석(對應分析, correspondence analysis)은 행의 수가 p 이고 열의 수가 q 인 2원 분할표(two-way contingency table)를 저차원 공간에 표현해낸다. 그럼으로써

- 행들이 서로 얼마나 가깝고 먼 사이인가를 알게 되고,
- 행들의 열 특성을 한 눈에 알아볼 수 있게 된다.

예를 들어보자. <표 10.1>의 자료는 소설 “Sense and Sensibility", "Emma", "Sanditon I"과 ”Sanditon II"에서 몇 개 단어의 출현빈도이다. 작품들 사이에 특정 단어의 사용빈도에 있어 어떠한 차이가 있는가를 보고자 하는 경우 대응분석을 활용한다. (그 중 첫 3개 소설은 작가 오스틴(Jane Austen)의 것이고 "Sanditon II"는 다른 작가의 것이다. "Sanditon"의 경우 작가가 전반부까지만 쓰고 죽었기 때문에 후반부는 원작가의 구상에 따라 다른 작가가 완성하였다. 전반부를 I, 후반부를 II라고 하자.)

<표 10.1> 오스틴의 문체 특성

단어 / 작품	a	an	this	that	with	without	합계
Sense...	147	25	32	94	59	18	375
	39.2%	6.7%	8.5%	25.1%	15.7%	4.8%	100.0%
Emma	186	26	39	105	74	10	440
	42.3%	5.9%	8.9%	23.8%	16.8%	2.3%	100.0%
Sanditon I	101	11	15	37	28	10	202
	50.0%	5.4%	7.4%	18.3%	13.9%	5.0%	100.0%
Sanditon II	83	29	15	22	43	4	196
	42.4%	14.8%	7.7%	11.2%	21.9%	2.0%	100.0%
합 계	517	91	101	258	204	42	1213
	42.6%	7.5%	8.3%	21.3%	16.8%	3.5%	100.0%

$p \times q$ 분할표 $F = \{f_{ij}\}\ (i = 1, \cdots, p\,; j = 1, \cdots, q)$ 에서 각 행은 1개의 다항표본으로 볼 수 있다. 즉 <표 10.1>의 2원 분할표는 $p = 4$ 개 소설의 $q = 6$ 개 단어 활용 특성에 관한 자료이다. 이런 경우, F의 행 i $(=1, \cdots, p)$

인

$$(f_{i1}, f_{i2}, \cdots, f_{iq})$$

은 관측수가 $f_{i+} = \sum_{j=1}^{q} f_{ij}$ 이고 각 관측이 q개의 범주로 나눠는 다항표본 (multinomial sample)이다. 만약 그렇게 간주하는 것이 적절하지 않은 경우 행과 열을 바꾸어 놓으면 그렇게 볼 수 있다.

2원 분할표에 대해 흔히 적용되는 통계적 방법은 카이제곱 검증(chi-square test)으로 열 범주의 상대적 빈도에 대한 행 표본들의 균일성 가설 (또는 행과 열의 독립성 가설)을 테스트할 수 있다 (다항 표본들이 균일하다는 것은 모두 한 다항분포로부터 실현됨을 의미한다). 카이제곱 검증통계량은

$$\chi^2 = \sum_{i=1}^{p}\sum_{j=1}^{q} \frac{(f_{ij} - f_{i+}f_{+j}/n)^2}{f_{i+}f_{+j}/n} \tag{10.1}$$

으로 정의된다. 여기서 f_{i+} 와 f_{+j} 는 각각 행 i 빈도와 열 j 빈도로서

$$f_{i+} = \sum_{j=1}^{q} f_{ij},\ i = 1, \cdots, p; \quad f_{+j} = \sum_{i=1}^{p} f_{ij},\ j = 1, \cdots, q$$

이고 n 은 전체 빈도합이다 ($n = \sum_{i=1}^{p}\sum_{j=1}^{q} f_{ij}$).

<표 10.1>의 분할표에 대한 카이제곱통계값은 45.58이고 자유도 15의 카이제곱분포에서 p 값은 0.1%에 불과하다. 따라서 행과 열 사이에 어떤 식으로든 연관되어 있음을 알 수 있다. 그러나, 카이제곱 검증은 행과 열의 결합 양상을 보여주지는 못한다.

대응분석(또는 단순대응분석, simple correspondence analysis)은 2원 분할표의 행과 열의 결합 양상(pattern)을 보기 위한 자료기술(data description) 기법이다.

행i 프로파일을

$$a_i = (f_{i1}/f_{i+}, \cdots, f_{iq}/f_{i+}), \quad i = 1, \cdots, p$$

로 나타내자. 예컨대 행 3 (Sanditon I)과 행 4 (Sanditon II)의 프로파일은 각각

행 3 : (0.500, 0.054, 0.074, 0.183, 0.139, 0.050),

행 4 : (0.424, 0.148, 0.077, 0.112, 0.219, 0.020)

이다. 각 행 프로파일에서 요소들의 합은 1.0이므로 p개의 행 프로파일들

$a_1, \cdots, a_p$는 q-1 차원 심플렉스 S^q에 속하게 된다 (즉 $\sum_{j=1}^{q} a_{ij} = 1$, $i = 1, \cdots, p$).

대응분석은 심플렉스 S^q 내의 p개 점 $a_1, \cdots, a_p$에 대한 일종의 주성분분석이다. 통상적인 주성분분석과 다른 점은 두 가지이다. 그 중 하나는 프로파일 a_i에 가중치로서 행i의 상대적 빈도인

$$r_i = f_{i+}/n, \quad i = 1, \cdots, p$$

를 생각한다는 것이다. 즉 행 1, 2, 3, 4에 가중치

0.309(=375/1213), 0.363(=440/1213),

0.167(=202/1213), 0.162(=196/1213)

가 부여된다.

또 한 가지는 통상적인 유클리드 거리 대신 카이제곱 거리(chi-square distance)를 심플렉스 S^q 내의 p개 점 $a_1, \cdots, a_p$ 간 거리의 정의로 한다는 것이다. 이 정의에 따라 a_i와 $a_{i'}$ 사이 (제곱)거리는

$$d^2(a_i, a_{i'}) = (a_i - a_{i'})^t D_c^{-1} (a_i - a_{i'})$$

이다. 여기서 D_c는 행 평균 c를 대각으로 하는 대각행렬, 즉

$$D_c = \mathrm{diag}(c) = \mathrm{diag}(f_{+1}/n, \cdots, f_{+q}/n)$$

이다. <표 10.1>에서 c가

(0.426, 0.075, 0.083, 0.213, 0.168, 0.035)

이므로, 예컨대 a_3와 a_4 (행 3과 행 4) 사이의 카이제곱 거리는

$$d^2(a_3, a_4) = \frac{(0.500 - 0.424)^2}{0.426} + \frac{(0.054 - 0.148)^2}{0.075} + \frac{(0.074 - 0.077)^2}{0.083}$$

$$+ \frac{(0.183 - 0.112)^2}{0.213} + \frac{(0.139 - 0.219)^2}{0.168} + \frac{(0.050 - 0.020)^2}{0.035}$$

이다. 이와 같이 카이제곱 거리는 열 범주들을 전반적인 상대적 빈도를 고려하여 행간 거리의 계산시 각기 다르게 반영한다. 이것이 유클리드 거리와 다른 점이다.

이런 기하적 배경하에 대응분석은 주성분분석과 같이 차원축소(dimensional reduction)를 통해 p개 행 표본과 q개 열 범주를 저차원 공간에 표현해낸다.

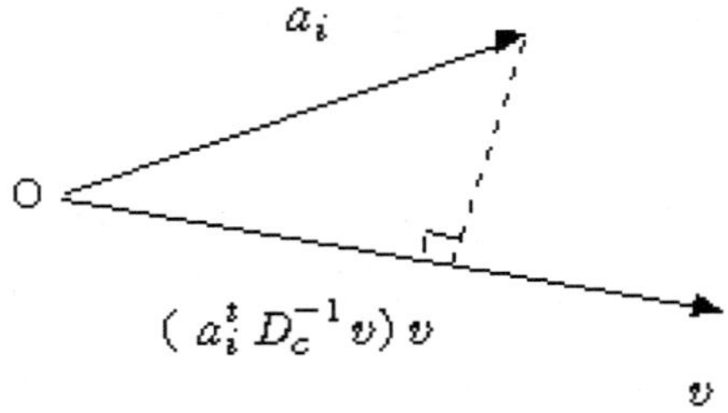

<그림 10.1>
q차원 행공간 에서의 제1축 사영

10.2 사례분석 1: SPSS의 활용

SPSS를 활용하여 <표 10.1>의 분할표에 대한 대응분석을 해보자. 먼저 <표 10.1>의 분할표 자료는 <그림 10.2>와 같은 형태로 입력시킨다. 여기서 데이터를 입력할 때 주의해야 할 것은 행범주와 열범주를 나타내는 변수를 수치형(numeric type)으로 선언해야한다는 것이다. <그림 10.3>을 보면 SPSS 10.0 버전부터 달라진 데이터창에서 **Variable view**를 살펴보면 행범주와 열범주를 나타내는 변수들이 수치형으로 선언되었으며 각 변수값들에 대한 설명을 Values를 이용해서 지정했음을 알 수 있다. <그림 10.2>에서 수치형으로 선언된 값들이 문자형태로 보이는 것은 주메뉴에서

View ▷ Value Lables

를 클릭했기 때문이다.

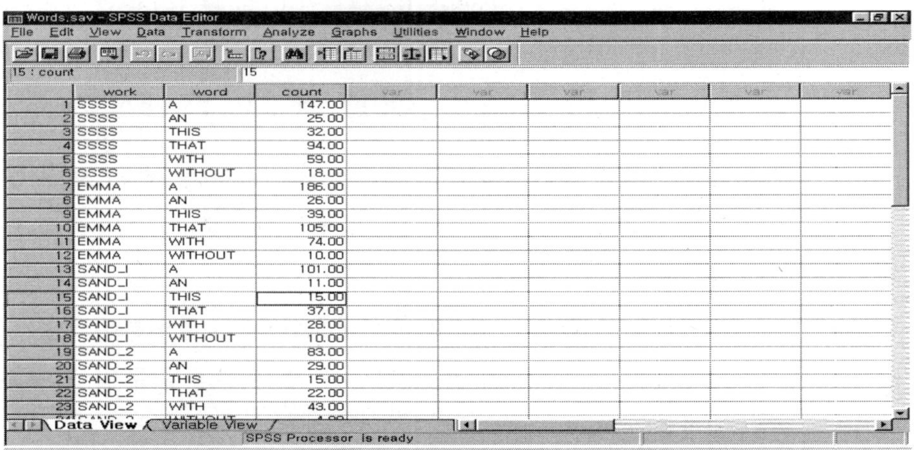
Words.sav - SPSS Data Editor

File Edit View Data Transform Analyze Graphs Utilities Window Help

15 : count 15

	work	word	count
1	SSSS	A	147.00
2	SSSS	AN	25.00
3	SSSS	THIS	32.00
4	SSSS	THAT	94.00
5	SSSS	WITH	59.00
6	SSSS	WITHOUT	18.00
7	EMMA	A	186.00
8	EMMA	AN	26.00
9	EMMA	THIS	39.00
10	EMMA	THAT	105.00
11	EMMA	WITH	74.00
12	EMMA	WITHOUT	10.00
13	SAND_1	A	101.00
14	SAND_1	AN	11.00
15	SAND_1	THIS	15.00
16	SAND_1	THAT	37.00
17	SAND_1	WITH	28.00
18	SAND_1	WITHOUT	10.00
19	SAND_2	A	83.00
20	SAND_2	AN	29.00
21	SAND_2	THIS	15.00
22	SAND_2	THAT	22.00
23	SAND_2	WITH	43.00

Data View / Variable View

SPSS Processor is ready

<그림 10.2>
분할표 데이터 입력(word.sav)

<그림 10.3>
행범주와 열범주 변수의 수치형 (numeric type) 선언

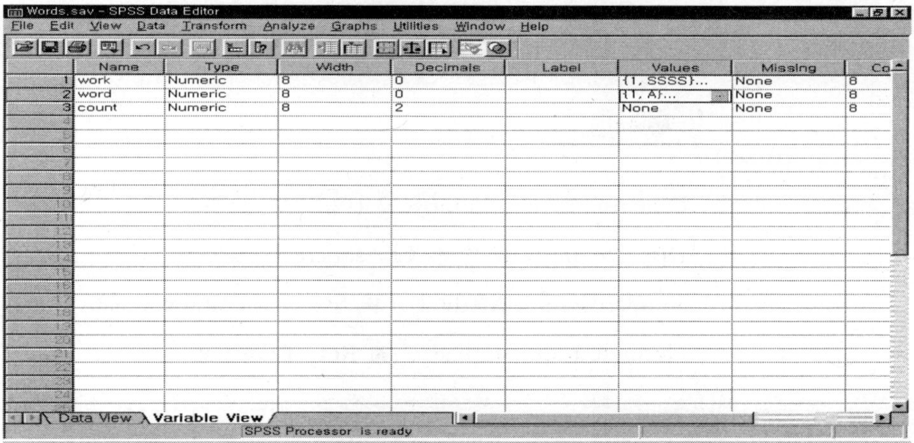

이제 대응분석을 위해서 주메뉴에서

Analyze ▶ Data Reduction
▷ Correspondence Analysis

를 선택한다. 그리고 <그림 10.4>와 같이 행범주를 나타내는 변수를 **Row**: 에 선택한 후 범주의 범위를 정의한다. 이때 범주에 대한 제약조건이 있다면 이를 선택할 수 있다. 열범주도 마찬가지로 선언하면 된다.

<그림 10.4>
행범주와 열범주의 범위 선언

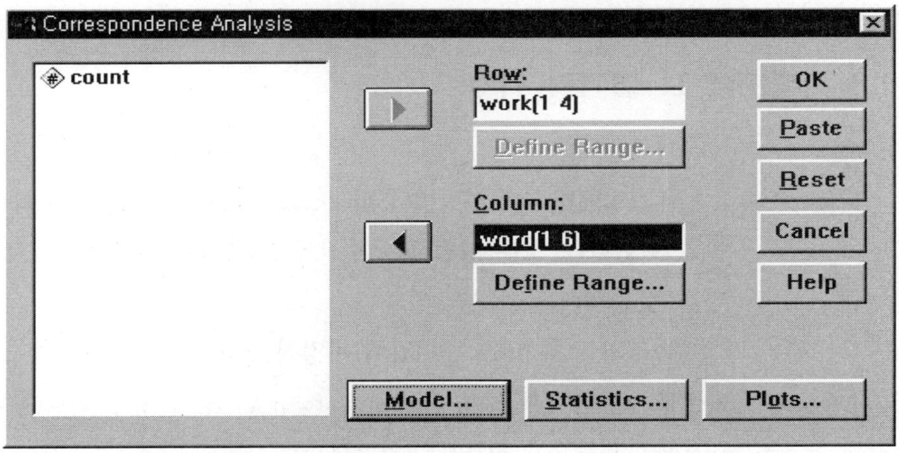

<그림 10.4>의 우측하단에 있는 탭들을 하나씩 클릭한 후 다음과 같이

필요한 사항들을 선택한 후 OK버튼을 누르면 대응분석이 실행된다.

Model...

Dimensions in solution : 2 (디폴트)

Distance measure : ◉ Chi square (디폴트)

Standardization Method : ◉ row and column means are removed (디폴트)

Normalization Method : ◉ Row Principal

Statistics...

☑ Correspondence table (디폴트)

☑ Overview of row points (디폴트)

☑ Overview of column points (디폴트)

Plots...

Scatterplots : ☑ Biplot (디폴트)

☑ Row points

☑ Column points

10.3 사례분석 1: 결과의 이해

10.2 절에서 정규화방법(normalization method)으로 행주좌표(row principal)를 선택했다는 것은 행범주는 주좌표로, 열범주는 표준좌표로 계산하도록 한다는 것을 의미한다.

그 결과 <표 10.2>와 같이 비정칙값(singular value) $\sqrt{\lambda}$, 고유값(principal inertia) λ, 카이제곱(chi-square) $\chi^2(=n\lambda)$ 등을 얻게 된다. 이 사례에서는 0이 아닌 고유값이 3개인데, 일반적으로 그 수는 $\min(p-1, q-1)$이다. 따라서 제1축이 총 카이제곱값의 73%를 설명하고 추가적으로 제2축이 18%를 설

명함으로써 2차원 공간에 91%를 근사해낼 수 있다. (고유값의 감소패턴을 봐서는 제1축만 고려하여도 될 듯하다.) 한편 행과 열의 좌표값은 <표 10.3>과 같이 계산된다.

<표 10.2>
summary

	Singular Value	Inertia	Chi Square	Sig.	Proportion of Inertia		Confidence Singular Value	
					Accounted for	Cumulative	Standard Deviation	Correlation
Dimension								2
1	.165	.027			**.727**	**.727**	.030	.018
2	.082	.007			**.178**	**.905**	.029	
3	.060	.004			**.095**	**1.000**		
Total		**.038**	**45.578**	.000(a)	1.000	1.000		
a 15 degrees of freedom								

<표 10.3>
Overview Row Points (상)
Overview Column Points (하)

	Mass	Score in Dimension		Inertia	Contribution				
		1	2		Of Point to Inertia of Dimension		Of Dimension to Inertia of Point		
WORK					1	2	1	2	Total
SSSS	.309	.096	.026	.005	.105	.032	.566	.042	.608
EMMA	.363	.061	.056	.004	.050	.171	.340	.286	.627
SAND_1	.167	.051	-.179	.006	.016	.796	.075	.912	.987
SAND_2	.162	-.374	.008	.023	.829	.002	.998	.000	.999
Active Total	1.000			.038	1.000	1.000			
a Row Principal normalization									

	Mass	Score in Dimension		Inertia	Contribution				
		1	2		Of Point to Inertia of Dimension		Of Dimension to Inertia of Point		
WORD					1	2	1	2	Total
A	.426	-.026	-.893	.003	.000	.340	.003	.762	.764
AN	.075	-2.534	.633	.014	.482	.030	.945	.014	.959
THIS	.083	.225	.692	.000	.004	.040	.294	.680	.974
THAT	.213	1.297	1.110	.012	.358	.262	.842	.151	.994
WITH	.168	-.800	.765	.004	.108	.098	.815	.183	.999
WITHOUT	.035	1.186	-2.574	.005	.049	.229	.261	.302	.563
Active Total	1.000			.038	1.000	1.000			
a Row Principal normalization									

<그림 10.5>, <그림 10.6>은 행 표본과 열 범주의 좌표값을 2차원 공간에 플롯한 것이다.

<그림 10.5>
행플롯

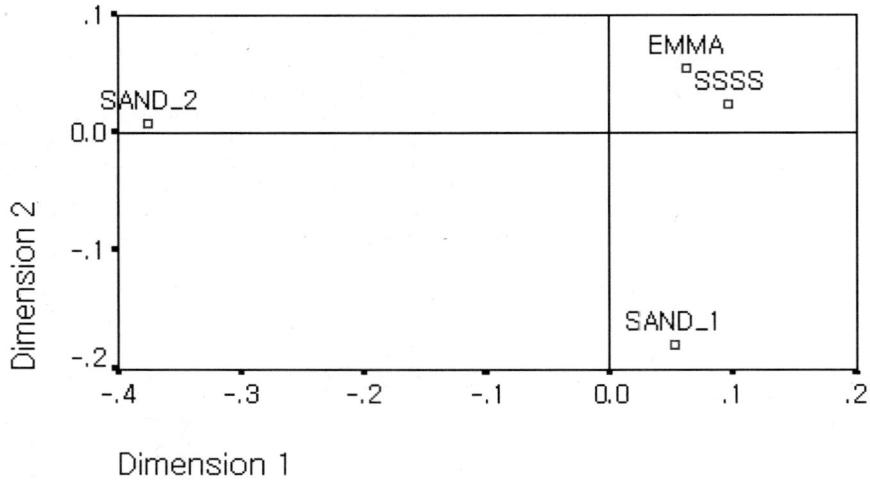

<그림 10.6>
열플롯

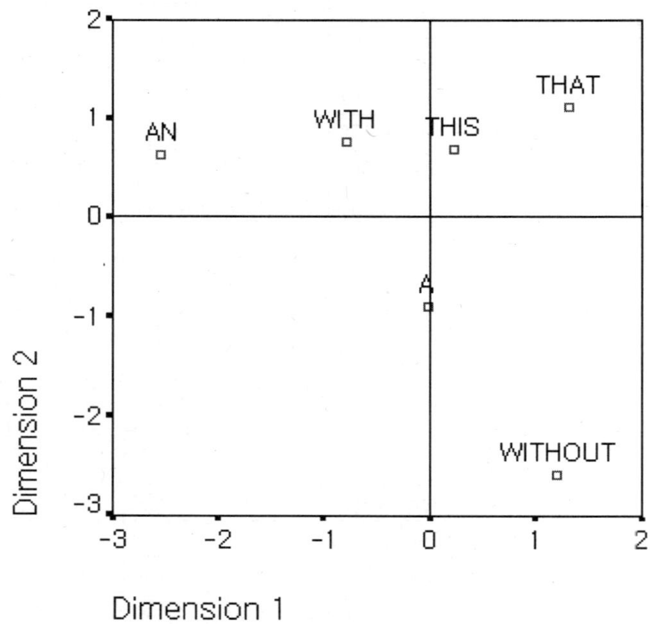

설명력이 높은 1축을 중심으로 살펴보면

- "Sense and Sensibility", "Emma", "Sanditon I"이 제1축의 오른쪽에 밀집해

있는 반면 (좌표값 0.096, 0.061, 0.051) "Sandition II"는 제1축의 왼쪽에 홀로 떨어져 있다 (좌표값 -0.374). 이로부터 제인 오스틴의 세 작품과 그것의 모작(模作)이 구별됨을 알 수 있다.

- "Sanditon II"는 오스틴의 "Sense and Sensibility", "Emma", "Sanditon I"에 비하여, an과 with의 사용빈도가 높은 반면 (좌표값 -2.534, -0.800) that과 without의 사용빈도가 낮다는 특성을 갖는다 (좌표값 1.297, 1.186).

10.4 사례분석 2: 대칭적 대응분석

앞 절의 대응분석에서는 행을 다항 표본으로 열을 범주로 간주하였다. 즉 행과 열을 대칭적으로 다루지 않았다. 그러므로 분할표의 작성시 어느 범주형 변수를 행으로 할 것인가를 잘 생각해 결정하여야 한다. 통상적으로는 인구적 변인(나이 그룹, 교육수준 등)을 행으로, 응답자 반응(선호하는 것, 태도 등)을 열로 잡는다. 예컨대 20세 이상의 유권자를 대상으로 지지후보를 조사한 자료를 대응분석할 때에는 유권자의 나이대(20대, 30대, 40대, 50대, 60대+)를 행으로, 지지후보(갑, 을, 병, …)를 열로 하는 대응분석을 한다.

그러나 어떤 분할표에 대하여는 행과 열을 대칭적으로 다룰 필요가 있는데 예를 들어 <표 10.4>의 경우이다. 이 표에서는 행과 열이 모두 응답자 반응이므로 동일하게, 즉 대칭적으로 다루어져야 한다.

<표 10.4> 음악적 취향 조사 자료

		재즈음악					
		아주 좋아함	좋아 하는편	보 통	싫어 하는편	아주 싫어함	합 계
R&B 음악	아주 좋아함	105	64	18	8	7	202
	좋아하는 편	104	306	141	59	5	615
	보 통	17	92	158	62	11	340
	싫어하는 편	5	21	39	122	15	202
	아주 싫어함	3	7	6	17	24	57
	합 계	234	490	362	268	62	1416

이원 분할표를 $F=\{f_{ij}\}\,(i=1,\cdots,p\,;j=1,\cdots,q)$ 라고 하고 행과 열에 각각

$$x=\begin{pmatrix}x_1\\ \vdots\\ x_p\end{pmatrix},\quad y=\begin{pmatrix}y_1\\ \vdots\\ y_q\end{pmatrix}$$

라는 수치를 부여하기로 하자. 그러므로 대응분석은 행 범주와 열 범주에 최적 수치를 붙이는 데 활용될 수 있다. 그 방법은 다음과 같다.

분할표 F는 총 $n\,(=\sum_{i=1}^{p}\sum_{j=1}^{q}f_{ij})$ 개 개체로부터 구성된다. 그런데 분할표에서 칸 (i,j) 로 분류되는 개체에는 수량화값 (x_i, y_j) 가 붙게 되므로

$$\sum_{i=1}^{p}f_{i+}\,x_i\,/\,n=0,\quad \sum_{i=1}^{p}f_{i+}\,x_i^2\,/\,n=1,$$

$$\sum_{j=1}^{q}f_{+j}\,y_j\,/\,n=0,\quad \sum_{j=1}^{q}f_{+j}\,y_j^2\,/\,n=1,$$

이라는 제약하에서 (각각 평균과 분산이 0과 1임을 의미), 행 수량화값과 열 수량화값 사이의 상관계수는

$$r_{xy}=\frac{\sum_{i=1}^{p}\sum_{j=1}^{q}f_{ij}\,x_i\,y_j/n}{\sqrt{\sum_{i=1}^{p}f_{i+}\,x_i^2/n}\ \sqrt{\sum_{j=1}^{q}f_{+j}\,y_j^2/n}}$$

가 된다. 이것을 최대화하기 위하여 $p\times1$ 벡터 x 와 $q\times1$ 벡터 y 를 구하면, 그 결과는 행과 열에 대한 표준좌표값과 일치하고 상관계수의 최대값은 표준화된 F행렬의 비정칙값(singular value)과 같게 된다 (10.6.1절 참조).

그런데 상관계수 r_{xy} 는 x 와 y 가 각각 상수배가 되더라도 변함이 없으므로 행과 열에 대하여 주좌표값을 부여하여도 마찬가지이다. 또는 행과 열에 대하여 정준좌표값을 부여하는 방법도 있을 것이다. 일본의 하야시(Hayashi) 수량화 III에서는 행과 열에 표준좌표를 활용하고, 대응분석의 원조인 프랑스에서는 행과 열에 주좌표를 활용한다. 그러나 비정칙값에 제곱근을 취하여 행과 열에 반씩 반영한 정준좌표 방법이 가장 합리적이다. 세 방법을 모두 대칭적 대응분석(symmetric correspondence analysis)이라고 할 수 있겠는데, 이를 정리하면 다음과 같다.

	행 표시	열 표시
대칭형 1	표준좌표	표준좌표
대칭형 2	주좌표	주좌표
대칭형 3	정준좌표	정준좌표

여기서 옵션으로 **Symmetrical**(정준), **Principal**(주성분), **Row**(행주성분), **Column**(열주성분) 등이 있는데 이들의 정의를 살펴보면 다음과 같다.

SPSS 옵션	행 표시	열 표시
Symmetrical	정준좌표	정준좌표
Principal	주좌표	주좌표
Row	주좌표	표준좌표
Column	표준좌표	주좌표

이 중에서 'Symmetrical' 옵션을 선택하기로 하겠다. 그 결과는 다음과 같다. <표 10.5>의 결과를 살펴보면 제일 큰 비정칙값 0.565는 제1축의 행 수량화 값과 열 수량화 값 사이 상관이고 그 다음 비정칙값 0.396은 제2축의 상관이다. 따라서 제1축과 제2축을 고려하는 경우 설명되는 비율, 즉 근사도는 80.5%이다.

<표 10.5> 고유값과 설명비율

Dimension	Singular Value	Inertia	Chi Square	Sig.	Proportion of Inertia		Confidence Singular Value	
					Accounted for	Cumulative	Standard Deviation	Correlation 2
1	.565	.319			.539	.539	.022	.247
2	.396	.157			.266	.805	.031	
3	.287	.082			.139	.944		
4	.182	.033			.056	1.000		
Total		.591	836.950	.000(a)	1.000	1.000		
a 16 degrees of freedom								

그리고 행과 열 수량화 값은 <표 10.6>, <표 10.7>과 같다 ('Marginal

Profile'은 행 합계 또는 열 합계의 구성비율이다). 제1축 행의 경우 1과 2, 2와 3 사이의 차이가 0.5 정도이나 행 3과 4 사이의 차이는 이보다 훨씬 크고 행 4와 5 사이의 차이는 훨씬 작다. 제1축 열의 경우도 마찬가지이다.

<표 10.6>
행 좌표값

ROW	Mass	Score in Dimension 1	Score in Dimension 2	Inertia	Contribution: Of Point to Inertia of Dimension 1	Of Point to Inertia of Dimension 2	Of Dimension to Inertia of Point 1	Of Dimension to Inertia of Point 2	Of Dimension to Inertia of Point Total
1	.143	-.943	.992	.141	.225	.354	.506	.393	.899
2	.434	-.414	-.202	.063	.132	.045	.670	.112	.782
3	.240	.261	-.599	.065	.029	.217	.142	.525	.667
4	.143	1.333	.084	.176	.449	.003	.813	.002	.816
5	.040	1.523	1.937	.146	.165	.381	.361	.410	.772
Active Total	1.000			.591	1.000	1.000			

a Symmetrical normalization

<표 10.7>
열 좌표값

COL	Mass	Score in Dimension 1	Score in Dimension 2	Inertia	Contribution: Of Point to Inertia of Dimension 1	Of Point to Inertia of Dimension 2	Of Dimension to Inertia of Point 1	Of Dimension to Inertia of Point 2	Of Dimension to Inertia of Point Total
1	.165	-.957	.854	.148	.268	.304	.577	.323	.900
2	.346	-.449	-.196	.063	.124	.034	.625	.083	.709
3	.256	.133	-.630	.063	.008	.256	.040	.633	.673
4	.189	1.142	.020	.169	.437	.000	.824	.000	.824
5	.044	1.450	1.917	.147	.163	.406	.352	.432	.785
Active Total	1.000			.591	1.000	1.000			

a Symmetrical normalization

아래의 <그림 10.7>에서 행 범주와 열 범주의 대응관계를 보라. 모두 비슷한 모양의 말 발굽(horse shoe)을 볼 수 있다. 그리고 행의 범주 1은 열의 범주 1과, 2는 2와, 3은 3과, 4는 4와, 마지막으로 행의 범주 5는 열의 범주 5와 대응하는 것을 볼 수 있다. 이것은 R&B 음악의 선호와 재즈 음악의 선호가 상호 연관되어 있음을 말해주는 것이다. 즉, R&B를 좋아하는 사람은 재즈도 좋아하고 R&B를 좋아하지 않는 사람은 재즈도 좋아하지 않는 경향이 있음을 보여준다. 이제 왜 이 기법의 이름이 대응분석인지를 실감할 수 있을 것이다 (對應은 相關, 즉 상호적 관계를 의미한다).

<그림 10.7>
행렬도(biplot)

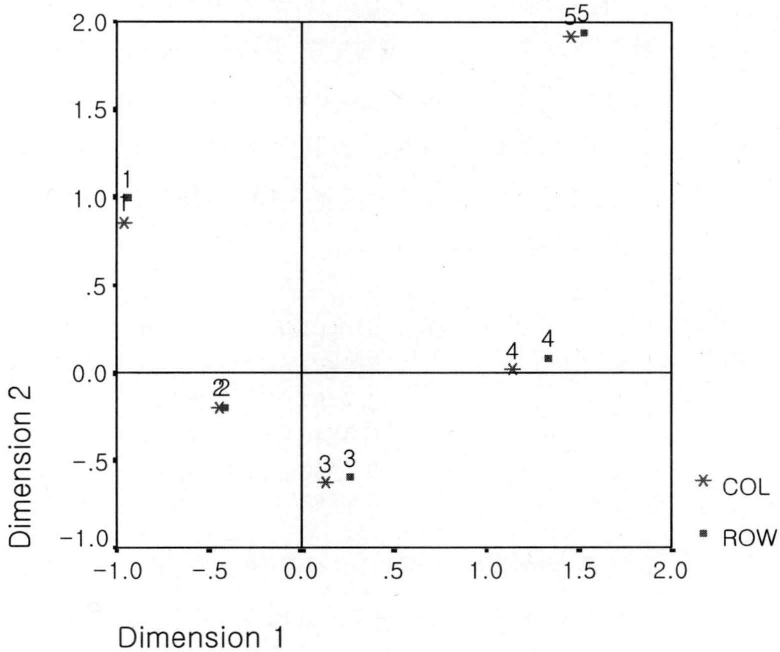

10.5 그 밖의 응용사례

대응분석의 응용 예가 꼭 2차원 분할표에서만 나오는 것은 아니다. 생각 외에 더 많은 경우에 폭 넓게 적용될 수 있다. 이 절에서 몇 가지 경우를 들어보기로 하겠다.

첫 번째 경우는 구성비율(퍼센트) 자료이다. 예로서 <표 10.8>의 자료를 보자. 행은 5개 국가(Britain, Germany, France, Italy, Netherlands)이고 열은 과학예산의 11개 부문(Exploration, Environment, Health, Energy, Agriculture, Industry, Space, University, Non-Oriented Research, Defence, Other)이고 칸은 국가별 각 부문이 차지하는 비율이다. 따라서 행 합계는 100(%)이다.

<표 10.8>
유럽 5개국의 과학예산 구성

	Explor	Environ	Health	Energy	Agri	Industry	Space	Univ	Non	Defence	Other
Britain	1.8	1.2	4.4	3.7	4.2	9.0	2.8	16.6	4.8	48.4	3.2
Germany	1.9	3.4	3.3	8.8	2.0	15.6	5.0	29.9	12.8	12.7	4.6
France	1.4	0.4	3.6	6.7	3.6	10.7	5.9	12.0	14.7	34.2	6.8
Italy	1.4	1.5	5.8	10.1	2.8	22.4	8.8	30.3	6.2	7.0	3.7
Nether	0.6	3.1	2.5	4.0	4.3	17.6	2.8	40.7	10.3	2.8	11.3

이 사례에서 만약 각 국의 총 과학예산이 금화 100개라면 <표 10.8>의 칸은 실제 각 부문이 배정받는 금화의 수이다. 그렇게 보면, 각 칸이 정수가 아니라는 것 뿐이지, <표 10.8>은 각 행(국)의 비중이 동일한 2원 분할표이다. 따라서 대응분석을 그대로 적용할 수 있겠다.

SPSS의 대응분석을 적용한 결과 다음과 같이 비정칙값, 고유값, 점유비율, 누적비율 등이 나왔다.

Dimension	Singular Value	Inertia	Proportion Explained	Cumulative Proportion
1	0.4487	0.2014	0.762	0.762
2	0.1846	0.0341	0.129	0.891
3	0.1448	0.0210	0.079	0.970
4	0.0886	0.0079	0.030	1.000

1축 기여율이 전체 카이제곱 변동의 76%를 차지하고 2축이 13%를 차지함으로써 첫 두 축이 전체의 89%를 점유한다. 따라서 축소차원수를 2로 하면 될 것으로 보인다. <그림 10.8>은 행의 주좌표, <그림 10.9>는 열(부문)의 표준좌표를 플롯한 것이다.

<그림 10.8>
행(국가)의 주좌표 플롯

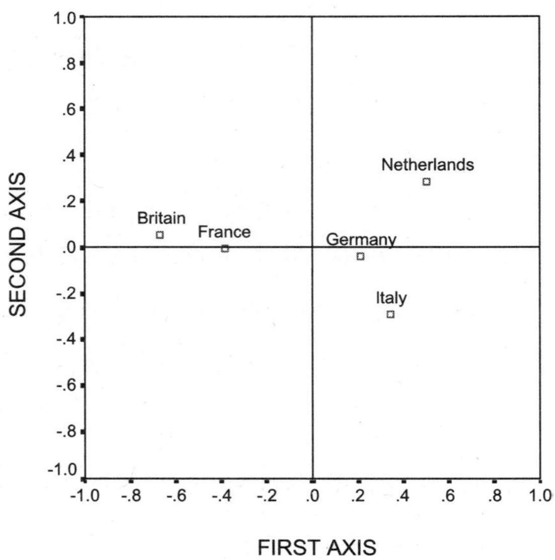

<그림 10.9>
열(예산부문)의
주좌표 플롯

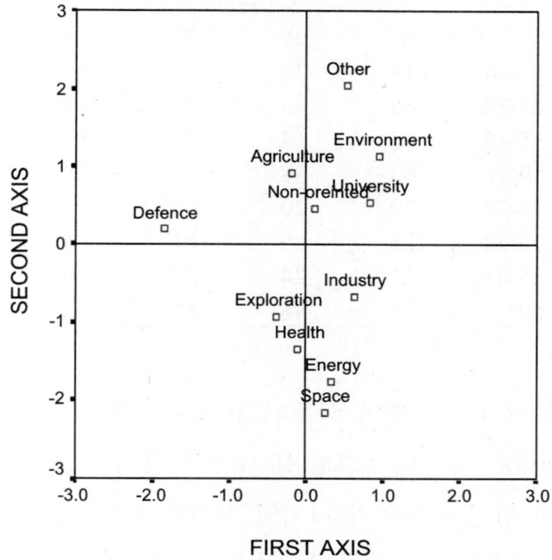

<그림 10.8>의 제 1축에서 왼편부터 영국, 프랑스, 독일, 이탈리아, 네덜란드의 순서로 나오고, 제 2축의 위에는 네덜란드가 아래에는 이탈리아가 자리잡고 있고 나머지 3개 국가는 중앙에 위치하고 있음을 볼 수 있다. <그림 10.9>에서 각 축의 의미를 살펴볼 수 있을 터인데, 제 1축은 국방-非국방이고 제 2축은 '환경 · 농업', '에너지 · 우주'라고 하겠다. 즉 영국과 프랑스는 국방에 많은 과학예산을 배정하고 있고, 반면 네덜란드, 이탈리아, 독일 등은 대학 · 산업 등 非국방 부문에 상대적으로 많은 예산을 배정하는 경향이 있다(이상, 제 1축의 해석). 그리고 이탈리아가 '에너지 · 우주'에 상대적으로 큰 비중을, 네덜란드가 '환경 · 농업'에 상대적으로 큰 비중을 둔다고 하겠다.

다른 한 예는 일종의 3원 분할표라고 할 수 있는 경우이다. <표 10.9>를 보라. 분류변수가 응답자의 성(남녀), 나이(4개 수준), 이용하는 슈퍼마켓(5개) 등이다. 그러나 이 중에서 응답자의 성과 나이로 모두 8개의 인구적 그룹이 형성되므로 행을 모두 8개의 성 × 나이 그룹으로 하면 <표 10.9>를 일종의 2원 분할표로 볼 수 있게 된다.

<표 10.9>
슈퍼마켓 이용 패턴

		슈퍼마켓					
		A	B	C	D	E	합계
남	16-24	39	23	69	31	16	178
	25-34	45	33	67	34	21	200
	35-49	37	13	33	16	8	107
	50+	64	38	56	22	35	215
여	16-24	29	20	66	41	26	182
	25-34	25	26	61	44	31	187
	35-49	27	24	34	26	18	129
	50+	74	48	55	32	45	254

이에 따라 제 1축이 81.9%, 제 2축이 9.5%의 카이제곱 변동을 점유한다(출력 생략). 그리고 <그림 10.10>은 행 주좌표 · 열 표준좌표 그림이다. 행 플롯에서 남녀별 차이와 나이별 차이에 관한 경향이 나오고 있고 이에 겹쳐 그린 열 플롯에서는 그들이 이용하는 슈퍼마켓이 어디인지를 보여주고 있다.

<그림 10.10>
행(인구그룹)의 주좌표 · 열(슈퍼마켓)의 표준좌표 그림

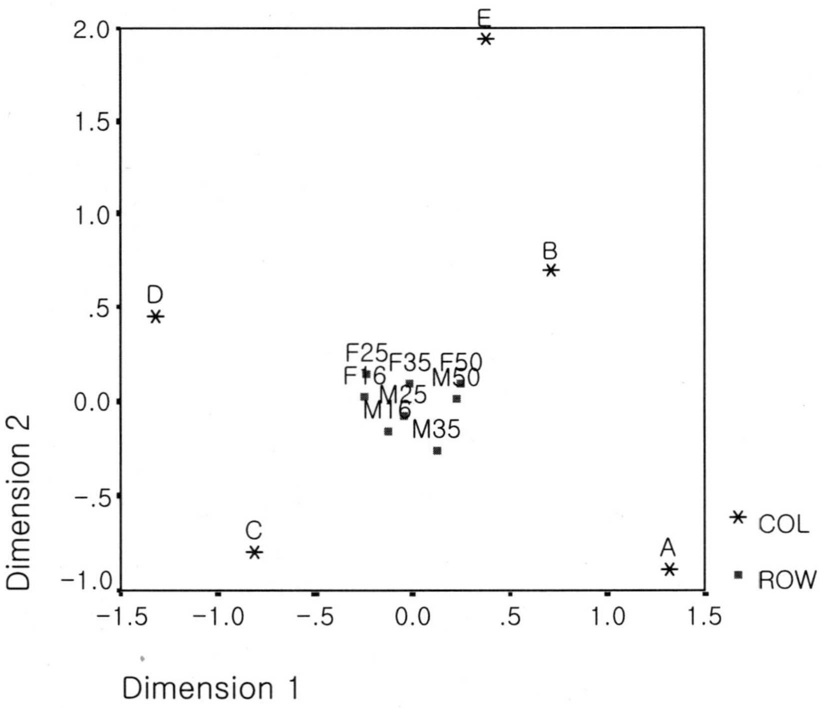

따라서 다음과 같이 말할 수 있다.

- 남녀의 차이는 상하로(제 2축의 방향으로), 나이가 적고 많음의 차이는 좌우로(제 1축의 방향으로) 나타나므로,

- 위에 있는 슈퍼마켓 B와 D는 여자가, 아래에 있는 C와 A는 남자가 상대적으로 많이 이용하는 경향이 있으며,

- 왼편에 있는 D와 C는 젊은 나이대의 사람들이, 오른편에 있는 A와 B는 나이든 사람들이 상대적으로 많이 이용하는 경향이 있다.

마지막 경우는 각 개체에 대하여 여러 속성이 리커트 척도로 평가된 자료에 대한 대응분석이다. 한 예인 <표 10.10>은 5종의 통계 그래픽스 책(Bertin, Chambers, Fisher, Schmid, Tufte)의 6개 속성(readability, originality, generality, discriminality, visual property, data format)을 10점 척도로 평가한 자료이다 (1점=아주 나쁨, …, 10점=아주 좋음).

<표 10.10> 통계 책의 속성평가 자료

	read	origin	gener	discr	visual	format
Bertin	4	10	10	8	9	10
Chambers	9	10	4	2	7	9
Fisher	9	7	4	7	7	8
Schmid	8	3	8	3	5	7
Tufte	10	10	7	6	7	7

<표 10.10>은 형태적으로는 2원 표로 보이지만 행 합계가 각 행마다 다르기 때문에 그대로는 대응분석을 할 수 없다. 그러나 다음과 같이 자료를 재해석·변환하여 보자.

4점으로 평가된 Bertin 책에 대한 가독성(readability)은 0점부터 시작하는 긍정적 가독성(positive readability)의 평점척도에서는 3점이 될 것이다. 그러므로 이 책에 대한 부정적 가독성(negative readability)은 6점이라고 생각할 수 있다 (positive …와 negative …의 합은 9점이다). 이런 원리를 따라, Bertin 책의 originality 10점에 대하여는 positive originality = 9점, negative originality = 0점이 된다 (역시 positive …와 negative …의 합은 9점이다).

<표 10.11>은 이런 변환을 통해 생성된 2원 표이다. <표 10.10>이 5×6 표인데 반하여, <표 10.11>은 5×12 표이다. 즉 열의 범주 수가 2배로 커졌고 행의 합계가 모두 같은 것을 볼 수 있다. 이런 기법을 '2배 확장

(doubling)'이라고 한다.

<표 10.11>
2배로 확장된 통계 책의 속성평가 자료

	read		origin		gener		discr		visual		format	
	p	n	p	n	p	n	p	n	p	n	p	n
Bertin	3	6	9	0	9	0	7	2	8	1	9	0
Chambers	8	1	9	0	3	6	1	8	6	3	8	1
Fisher	8	1	6	3	3	6	6	3	6	3	7	2
Schmid	7	2	2	7	7	2	2	7	4	5	6	3
Tufte	9	0	9	0	6	3	5	4	6	3	6	3

Row Principal을 이용하여 분석하면 제 1축이 49.5%, 제 2축이 32.9%의 카이제곱 변동을 점유한다 (출력 생략). 그리고 <그림 10.11>은 행(책) 주좌표이고 <그림 10.12>는 열(속성) 표준좌표 그림이다. 그림에 대한 해석은 다음과 같다.

- Bertin의 책과 Schmid의 책이 다소 특이한 속성을 갖는다. Fisher, Tufte, Chambers의 책은 서로 유사하다.

- 행 플롯 1축의 오른 편에 위치한 Bertin에 대한 평가는 readability만 부정적(negative)이고, originality, generality, discriminality, visual property, data format 등은 모두 긍정적이다.

- 행 플롯의 왼편 아래에 위치한 Schmid의 특징은 originality에 대한 평가가 부정적(negative)이라는 것이다.

- 열 플롯에서 negative readability와 positive generality가 원점으로부터 같은 방향에 있음을 볼 수 있다. 이것은 readability와 generality가 양립하기 힘들다는 것을 뜻한다.

<그림 10.11>
행(책)에 대한
주좌표 그림

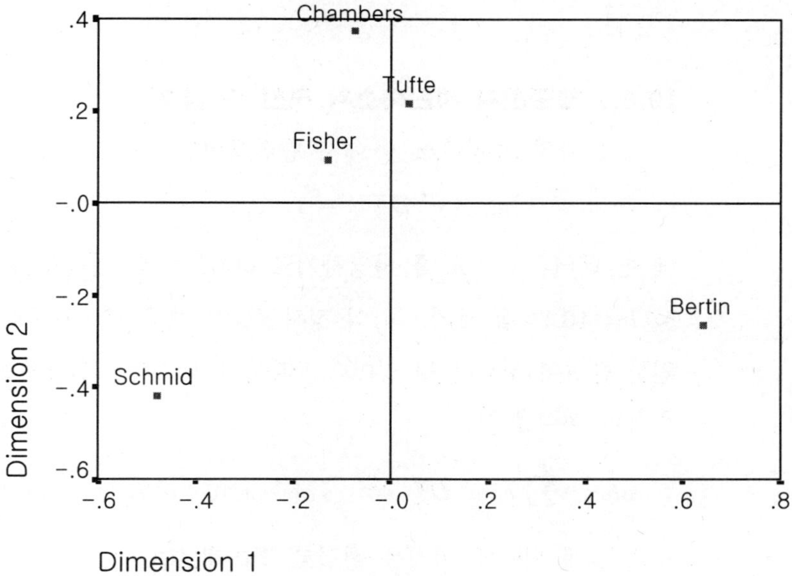

<그림 10.12>
열(속성)에 대한
표준좌표 그림

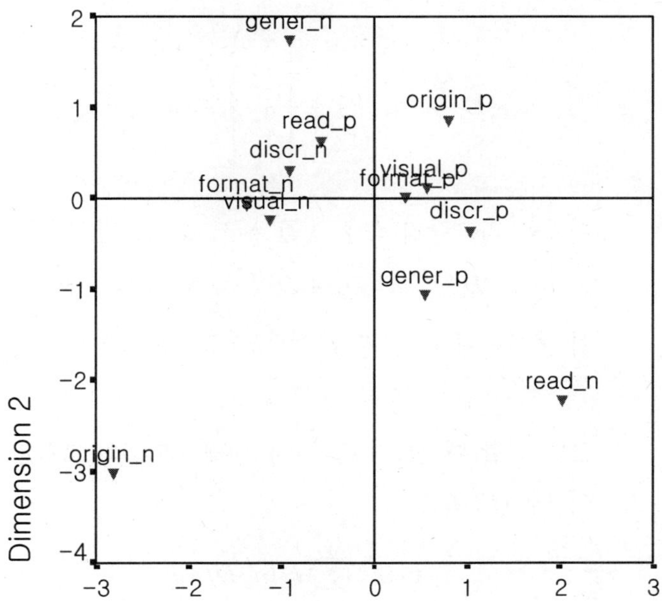

10.6 이론적 고찰

10.6.1 행공간의 차원축소와 차원 수 결정

q-1 차원 심플렉스 S^q에서 단위벡터

$$v \quad (v^t D_c^{-1} v = 1,\ 1_q^t v = 1)$$

에 행 벡터 $a_1, \cdots, a_p$를 사영하기로 하자. a_i의 정사영은 $(a_i^t D_c^{-1} v) v$이다. <그림 10.1>을 보라. a_i의 정사영들의 제곱합을 최대로 하여야 차원축소로 인한 손실이 최소가 될 것이다. 따라서 제 1축을 결정하는 v를 찾기 위해 최적화의 정식을

$$\max_v \sum_{i=1}^{p} r_i (a_i^t D_c^{-1} v)^2 \quad \text{subject to} \quad v^t D_c^{-1} v = 1, 1_q^t v = 0 \tag{10.2}$$

으로 두게 되는데 이것을 행렬로 정리해보면

$$\max_v \quad v^t D_c^{-1} A^t D_r A D_c^{-1} v \quad \text{subject to} \quad v^t D_c^{-1} v = 1,\ 1_q^t v = 0$$

이 된다. 여기서

$$A = \begin{pmatrix} a_1^t \\ \vdots \\ a_i^t \\ \vdots \\ a_p^t \end{pmatrix} = \begin{pmatrix} a_{11} & \cdots & a_{1q} \\ \vdots & & \\ a_{i1} & \cdots & a_{iq} \\ \vdots & & \\ a_{p1} & \cdots & a_{pq} \end{pmatrix}.$$

이것을 라그랑지 승수 λ를 써서 풀어보면, 일종의 고유값-고유벡터 체계인

$$D_c^{-1/2} A^t D_r A D_c^{-1/2} \tilde{v} = \lambda \tilde{v} \quad (\text{단},\ \tilde{v} = D_c^{-1/2} v) \tag{10.3}$$

가 유도된다 (중간과정 생략). 그러므로 $p \times q$ 행렬 G를

$$G = D_r^{1/2} A D_c^{-1/2} = D_r^{-1/2} F D_c^{-1/2}$$

로 정의할 때, (10.3)은 $q \times q$ 행렬 $G^t G$의 고유값-고유벡터 분해를 의미한다. 이 때, (10.2)는

$$\max_v \sum_{i=1}^{p} r_i (a_i^t D_c^{-1} v)^2 = \sum_{i=1}^{p} r_i (a_i^t D_c^{-1} v_1)^2 = \lambda_1,$$

즉 $G^t G$의 최대고유값과 일치하며 (여기서 v_1은 λ_1에 대응하는 고유벡터), 0이 아닌 고유값 λ의 수는 최대 $q-1$이다 (그 이유는 q차원 행공간에 놓인 심플렉스의 실제적 차원수가 $q-1$이기 때문이다). 일반적으로

$$\max_v \sum_{i=1}^{p} r_i (a_i^t D_c^{-1} v)^2$$
$$s.t.\ v^t D_c^{-1} v = 1,\ v^t D_c^{-1} v_j = 0,\ j = 1, \cdots, k-1$$

$$= \sum_{i=1}^{p} r_i (a_i^t D_c^{-1} v_k)^2 = \lambda_k, \text{ for } k = 2, \cdots, q-1$$

이다 (여기서, v_k은 고유값 λ_k에 대응하는 고유벡터). 그리고 모든 고유값의 합은 카이제곱 통계값과 비례한다 (증명생략). 구체적으로

$$\chi^2 / n = \sum_{k=1}^{q-1} \lambda_k \quad (\lambda_1 \geq \lambda_2 \geq \cdots \geq \lambda_{q-1} \geq 0)$$

이다. 여기서 $G^t G$에 대한 고유값 λ_k를 주관성(主慣性, principal inertia), $\sqrt{\lambda_k}$를 행렬 G의 비정칙값(singular value)이라고 한다 ($k = 1, \cdots, q-1$).

그러므로 v_k로 결정된 선형부공간, 즉 k축에서 행 $a_1, \cdots, a_p$는 각각 좌표값

$$a_1^t D_c^{-1} v_k, \cdots, a_i^t D_c^{-1} v_k, \cdots, a_p^t D_c^{-1} v_k$$

로 표현된다. 한편 열 범주 $j (= 1, \cdots, q)$는 행공간에서

$e_j = (0, \cdots, 1, \cdots, 0)^t$: j번째 요소만 1이고 나머지 요소는 모두 0

인 벡터로 표현가능하므로 이것을 v_k에 사영할 때의 좌표값

$$e_1^t D_c^{-1} v_k, \cdots, e_j^t D_c^{-1} v_k, \cdots, e_q^t D_c^{-1} v_k$$

가 바로 열범주의 표시점이 된다. 이런 행 표본과 열 범주 표시는, 0이 아닌 고유값 λ_k와 짝이 되는 고유벡터 v_k (모두 최대 $q-1$개)마다 가능하지만 효과적인 차원축소에서는 처음 $s (\ll q)$개의 축만 활용한다. 그러므로 예컨대 $s = 2$인 경우에는 다음과 같이 행 표본과 열 범주가 2차원 공간에 표현된다.

▷ 행 표본의 표현 : $(a_i^t D_c^{-1} v_1, a_i^t D_c^{-1} v_2)$, $i = 1, \cdots, p$ (10.4)

▷ 열 범주의 표현 : $(e_j^t D_c^{-1} v_1, e_j^t D_c^{-1} v_2)$, $j = 1, \cdots, q$ (10.5)

10.6.2 행공간의 차원축소와 차원 수 결정

축 k가 총 카이제곱변동 중에서

$$\lambda_k / \sum_{j=1}^{q-1} \lambda_j \times 100\ (\%)$$

를 설명하므로, s 축 차원 근사도를 고유값의 누적비율인

$$G_s = \sum_{j=1}^{s} \lambda_j / \sum_{j=1}^{q-1} \lambda_j \times 100\,(\%), \quad s = 1, \cdots, q-1$$

로 정의할 수 있다.

차원 수 s 는 주성분분석에서와 마찬가지로 고유값 $\lambda_1, \lambda_2, \cdots, \lambda_{q-1}$ 의 감소패턴을 고려하여 결정될 수 있다. 또는 근사도를 일정수준, 예컨대 80%보다 크도록 차원 수 s 를 정할 수도 있겠다. 현실적인 이유로는 $s = 2$ 가 선호되는데, 평면 공간에 행과 열을 표현해 넣는 것이 만들기 쉽고 보기 쉽기 때문이다.

(10.4)를 행의 주좌표(主座標, principal coordinates)라고 하고, (10.5)를 열의 표준좌표(標準座標, standard coordinates)라고 한다. 이와 같은 식으로 열의 주좌표와 행의 표준좌표도 정의할 수 있다 (행과 열의 역할을 맞바꾸면 되므로). 따라서 행을 주좌표로, 열을 표준좌표로 나타내듯이, 열을 주좌표로 나타내는 경우에는 행을 표준좌표로 나타내면 된다. 이외에 행과 열을 대칭적으로 표현하는 방법으로 정준좌표(canonical coordinates)가 있다. 다소 번거롭지만 수식으로 행과 열의 주좌표 · 표준좌표 · 정준좌표를 정의하면 다음과 같다.

	행(row)	열(column)
주좌표(principal coordinates)	$D_r^{-1/2}\ \tilde{U}\ D_{\sqrt{\lambda}}$	$D_c^{-1/2}\ \tilde{V}\ D_{\sqrt{\lambda}}$
표준좌표(standardized coordinates)	$D_r^{-1/2}\ \tilde{U}$	$D_c^{-1/2}\ \tilde{V}$
정준좌표(canonical coordinates)	$D_r^{-1/2}\ \tilde{U}\ D_{\lambda^{1/4}}$	$D_c^{-1/2}\ \tilde{V}\ D_{\lambda^{1/4}}$

여기서

$$G^t\ G = \tilde{V}\ D_\lambda \tilde{V}^t, \qquad G\ G^t = \tilde{U}\ D_\lambda \tilde{U}^t$$

이다. 즉 $\tilde{V}$는 $q \times q$ 행렬 $G^t\,G$의 고유벡터 행렬이고 $\tilde{U}$는 $p \times p$ 행렬 $G\,G^t$의 고유벡터 행렬이며 $D_\lambda = \mathrm{diag}(\lambda_1, \lambda_2, \cdots)$ 에서 $\lambda_1, \lambda_2, \cdots$ 는 $G^t\,G$ 과 $G\,G^t$ 의 공통 고유값이다. 그러므로

$$\tilde{V}^t\ \tilde{V} = I,\ \ \tilde{U}^t\ \tilde{U} = I,$$

즉 $\widetilde{U}$와 $\widetilde{V}$는 직교열을 갖는다.

10.7 맺음 말

이원 분할표에 대하여 고작 카이제곱검증을 적용하고 마는 것이 사회과학 연구에서 매우 흔하다. 대응분석을 적용하면 훨씬 유용한 수치적 결과 및 그래프를 얻을 수 있을 터인데 안타까운 일이다.

행이 인구특성 범주이고 열이 반응특성 범주인 경우에는 비대칭적 대응분석을 적용하는 것이 좋다. 즉 행을 주좌표로 나타내고 열을 표준좌표로 나타낸다. 열이 인구특성 범주이고 행이 반응특성 범주인 경우에는 열을 주좌표로 나타내고 행을 표준좌표로 나타낸다.

행과 열이 모두 반응특성 범주인 경우에는 행과 열을 동일하게 다루는 대칭적 대응분석을 적용한다. 이 때는 행과 열을 모두 정준좌표로 나타내는 것이 바람직하겠으나, 행과 열을 표준좌표로 표현할 수도 있겠고 (일본), 행과 열을 주좌표로 표현할 수도 있겠다 (프랑스). 같은 방식으로 나타내어야 한다는 점이 중요하다.

제 11 장

최적척도법

11.1 최적척도법이란?

11.2 사례분석 : SPSS의 활용과 결과의 이해

11.3 이론적 고찰

11.4 맺음 말

11.1 최적척도법이란?

다변량분석에 있어 항상 모든 데이터가 연속형(수치형)으로 관측되는 것은 아니다. 생물학을 포함한 자연과학의 경우에는 주로 실험으로 데이터를 얻기 때문에 연속형으로 관측되는 경우가 많다. 그러나 경영학이나 사회학 등을 포함한 사회과학데이터는 대부분이 여러 가지 척도유형의 변수가 섞여있는 것이 보통이다.

그렇다면 가령 선형회귀분석을 생각해보자. 특히 종속변수가 연속형일 경우, 관계의 선형성 및 오차에 대한 가정들을 체크하면 되지만 만약 종속변수가 범주형인 경우 변수의 이런 척도유형을 무시하고 회귀분석을 하면 어떻게 될까? 여러 문제가 생기게 된다.

앞서 설명한 그런 가정들 없이 자료를 잘 적합시킬 수 있는 방법은 없을까? 최적척도법은 바로 그런 경우에 유용하게 해를 구할 수 있는 통계분석 기법이라고 할 수 있다. 따라서 여러 가지 유형에 대한 분석기법을 고려할 수 있는데 종속변수가 연속형이고 설명변수가 범주형인 경우에는 범주형 회귀분석을, 변수군 A가 명목형이고 다른 변수군 B가 마찬가지로 명목형인 경우에는 범주형/비선형 정준상관분석을 고려할 수 있다. 또는 10장에서 다룬 대응분석을 확장시킨 여러 장의 다차원 분할표에 대한 동질성분석 등이 그 예라 할 수 있다.

SPSS에서 제공하고 있는 것은 먼저 최적척도법을 이용한 회귀분석으로

Analyze ▶ Regression
▷ Optimal Scaling

와 같이 회귀분석 메뉴에 포함되어 있는데 범주형 자료에 대한 회귀분석이라고 할 수 있다. CATREG(Categorical Regression)는 최적척도법을 이용하여 범주형변수들을 수량화하게 되는데 결과적으로 변수변환된 변수들에 대한 최적 선형회귀모형을 제공하게 된다. 이 경우 변수들에 대한 척도나 분포가정이 별도로 필요하지 않다.

다음으로 차원축소에 포함된 최적척도법으로

Analyze ▶ Data Reduction
▷ Optimal Scaling

을 이용해서 분석 가능하다. 여기서 가능한 분석은 다음과 같다.

1) 동질성분석(HOMALS: Homogeneity Analysis)

동질성분석은 개체(object)와 범주(categories)에 수치를 부여함으로써 범주형 데이터를 수량화하는 방법의 하나이다. 모든 변수들이 명목형인 하나의 데이터 셋에 대하여 교대최소제곱(alternating least squares)을 이용하여 동질성을 분석하게된다.

동질성분석 목적은 가능한 범주들을 구분할 수 있도록 최적의 값으로 범주를 수량화하는 것이다. 이것은 동일 범주에 속해있는 개체들은 가능한 근접하게 포진시키고 다른 범주들에 있는 개체들은 가능한 멀리 위치시키게 한다. 여기서 동질성(homogeneity)이란 변수들이 동질적인 경우, 즉 수량화된 변수들 사이에 상관이 높은 경우 분석결과가 성공적일 수 있다는 것을 내포하고 있다. 즉 동질적인 그룹들로 개체들을 갈라놓게 된다.

교대최소제곱법은 개체값의 최소제곱추정치와 개체값에 대한 추정치가 주어졌을 때 새로운 수량화값을 교대하면서 반복적으로 계산하게 되는 방법이다. 동질성분석은 다중대응분석(multiple correspondence analysis)으로 불리우기도 한다. 동질성분석에서 표현 가능한 최대차원은 범주의 총개수-변수개수이다.

2) 범주형 주성분분석(CATPCA: Categorical Principal Component Analysis)

일부 변수들이 명목형이 아닌 하나의 데이터 셋에 대한 주성분분석을 수행하는 것으로 관측된 변수들간의 관계가 선형적이라는 것을 가정하지 않고 최적척도화를 수행하게 된다.

3) 비선형 정준상관분석(OVERALS: Nonlinear Canonical Correlation Analysis) :

모든 변수들이 명목형인 둘 이상의 데이터 셋이나 일부 변수들이 명목척도가 아닌 여러 데이터 셋에 대하여 적용할 수 있는 분석기법이다. OVERALS의 목적은 변수 셋과 다른 변수 셋이 얼마나 유사한가를 살펴보는 것이다. 전통의 정준상관분석과 마찬가지로 많은 변수들간의 관계를 가능한 설명하고자 하는데 차이점이 있다면 구간척도 이상이거나 선형관계라는 것을 가정하지 않는다는 점이다. 그리고 또 다른 차이점이 있다면 변수들의 선형조합을 동시적으로 비교하여 셋간의 유사성을 측정할 수 있다는 것이다.

한편 OVERALS에서는 입력변수들에 대한 측정척도를 선언해주게 되는데 모든 변수들이 다중명목척도이면서 각 셋이 하나의 변수만으로 구성된 경우 'Multiple Nominal'을 선택하게 되면 HOMALS와 같은 결과를 얻게된다. 만약 모든 변수들이 'Single Nominal', 'Ordinal', 'Discrete Numeric'이면서 각 셋마다 하나의 변수만 있다면 이때의 결과는 비선형주성분분석(PRINCALS: Nonlinear Principal Components Analysis)과 동일한 결과를 얻는다. 또한 모든 변수들이 'Discrete Numeric' 이며 각 셋마다 한 개의 변수만으로 구성된 경우에는 전통적인 주성분분석과 유사한 결과를 얻게된다.

11.2 사례분석: SPSS의 활용과 결과의 이해

11.2.1 범주형 회귀분석(CATREG)

<표 11.1>에서 반응변수는 구매의향을 5점 척도로 측정한 'response'이고 'income'(3수준 순서형), 'jobcat' (4수준 명목형), 'prefer'(2수준 순서형), 'advertis' (2수준 순서형)의 4개는 설명변수이다. 모두가 범주형인 이 데이터를 범주형 자료에 대한 회귀분석에 적합시켜보자. 여기서 각 변수의 범주는 다음을 나타낸다.

id = 1- 20 일련번호
income = 1-3 소득수준 (순서형)
jobcat = 1-4 (professional/management/white collar/bule collar)
prefer = 1-2 (modern/classical)
advertis = 1-2 (exposed to advertisement / not exposed)
response =1-5 (five-point scaled intention to buy)

이와 같은 데이터는 일반선형모형(general linear model)에 의해 분석 가능하지만 여기서는 수량화방법1을 사용하도록 한다.

<표 11.1>
구매의향 자료

id	income	jobcat	prefer	advertis	response
1	1	1	1	2	2
2	1	3	2	1	1
3	2	1	1	1	3
4	3	4	2	2	5
5	1	4	1	1	3
6	2	3	2	2	3
7	2	1	1	1	4
8	1	3	1	2	3
9	3	2	2	2	4
10	1	1	2	1	1
11	3	1	1	1	4
12	2	3	1	2	2
13	2	1	2	2	3
14	1	3	2	2	1
15	3	2	1	1	5
16	2	4	1	1	1
17	1	2	2	1	2
18	2	1	2	1	4
19	3	1	1	2	5
20	2	2	1	1	5

먼저 풀다운 메뉴에서

Analyze ▶ Regression
▷ Optimal Scaling

와 같이 선택하고 'response'를 종속변수(dependent variable)로 선택한 후 수치형(numerical)으로 지정한다. 설명변수도 <그림 11.1>과 같이 일단 모두 명목형(nominal)으로 지정한다. 그리고 우측하단의 **Options**버튼을 눌러 <그림 11.2>와 같이 **Quantifications**를 클릭한 후 실행시킨다. 그러면 변수들의 평균과 분산이 0과 1로 표준화되면서 다음과 같이 모형에 의한 설명력이 64%임을 알 수 있다.

Model Summary

Multiple R	R Square	Adjusted R Square
.801	.641	.545

<그림 11.1>
변수지정

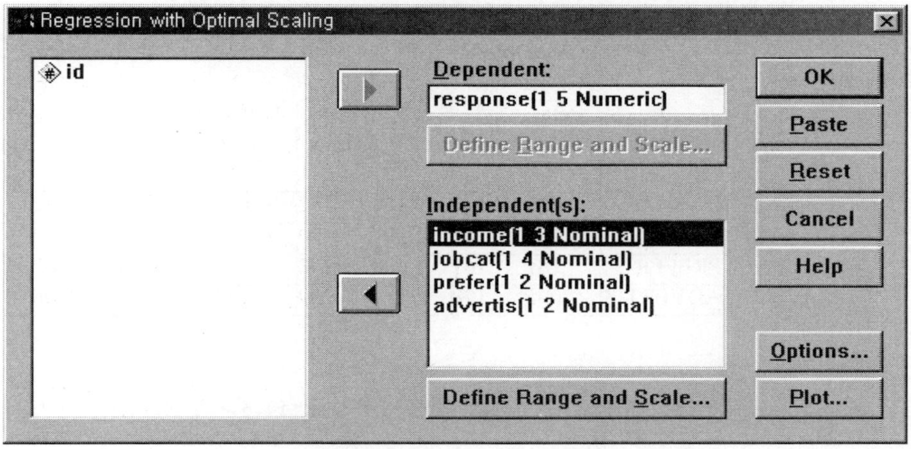

<그림 11.2>
통계량 선택

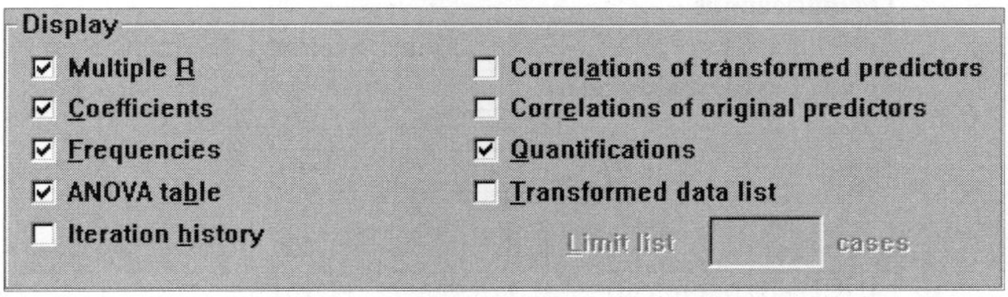

출력결과 중 <표 11.2>의 분산분석 결과를 살펴보면 F값이 6.7이고 이에 대한 p값이 0.003으로 소득수준, 직업, 선호도, 광고에의 노출여부를 가지고 구매의향을 설명한 모형이 적합함을 보여주고 있다. 이는 최적변환된 값들을 가지고 선형회귀모형에 적합시킨 결과이다.

각 변수별로 산출된 회귀계수를 살펴보면 소득과 광고에의 노출여부가 양적으로 영향을 미치고 있음을 알 수 있다. 여기서 Zero-Order상관계수는 최적변환된 반응변수와 설명변수간의 상관관계를 나타내며 Partial은 편상관을, Part는 부분상관계수를 나타낸다.

<표 11.2>
범주형회귀분석 결과
(상) 분산분석
(하) 추정된 회귀계수

ANOVA

	Sum of Squares	df	Mean Square	F	Sig.
Regression	12.823	4	3.206	6.700	.003
Residual	7.177	15	.478		
Total	20.000	19			

<표 11.2>
범주형회귀분석 결과 (계속)

Coefficients

	Standardized Coefficients		F	Correlations			Importance	Tolerance	
	Beta	Std. Error		Zero-Order	Partial	Part		After Transformation	Before Transformation
INCOME	.616	.177	12.160	.752	.669	.539	.722	.767	.927
JOBCAT	-.280	.185	2.301	-.480	-.365	-.235	.210	.700	.946
PREFER	-.161	.161	1.008	-.248	-.251	-.155	.062	.928	.935
ADVERTIS	.095	.178	.289	.039	.137	.083	.006	.759	.915

각 범주별로 추정된 계수는 <표 11.3>과 같다.

<표 11.3>
범주별 추정치

Quantifications

		Quantification	Frequency
RESPONSE (Numerical)	1	-1.469	4
	2	-.752	3
	3	-.036	5
	4	.681	4
	5	1.397	4
INCOME (Nominal)	1	-1.161	7
	2	.111	8
	3	1.447	5
JOBCAT (Nominal)	1	-.196	8
	2	-1.609	4
	3	1.317	5
	4	.474	3
PREFER (Nominal)	1	-.905	11
	2	1.106	9
ADVERTIS (Nominal)	1	-.905	11
	2	1.106	9

한편 <그림 11.3>과 같이 종속변수를 '순서형'으로 선언하고 설명변수도 명목형과 순서형으로 나누어 선언하면 다음과 같이 R Square가 더 증가한 것을 알 수 있다.

Model Summary

Multiple R	R Square	Adjusted R Square
.846	.715	.639

<그림 11.3>
변수 지정

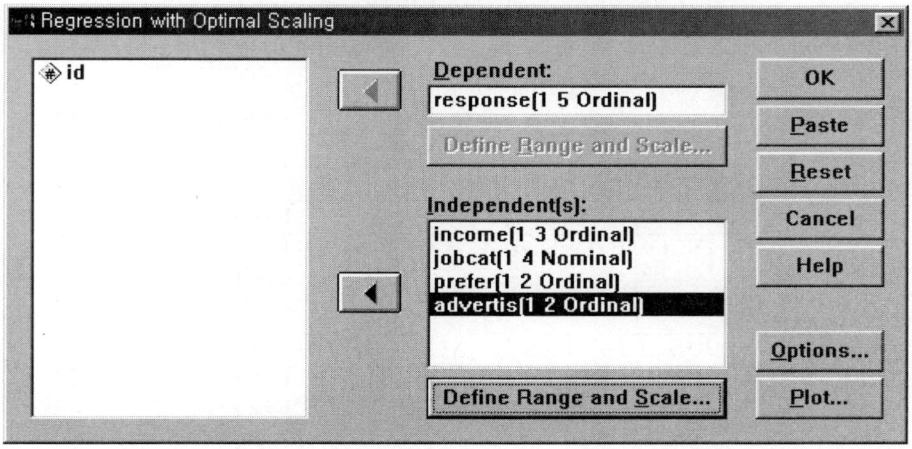

<표 11.4>는 최적변환시킨 값들에 대한 선형회귀모형 적합결과이다.

<표 11.4>
최적변화된 값들에 대한 회귀분석결과

ANOVA

	Sum of Squares	df	Mean Square	F	Sig.
Regression	14.298	4	3.575	9.404	.001
Residual	5.702	15	.380		
Total	20.000	19			

Coefficients

	Standardized Coefficients		F	Correlations			Importance	Tolerance	
	Beta	Std. Error		Zero-Order	Partial	Part		After Transformation	Before Transformation
Income	.699	.155	20.340	.795	.759	.622	.777	.791	.927
Jobcat	-.270	.160	2.844	-.525	-.399	-.233	.198	.743	.946
Prefer	-0.081	.143	.327	-.189	-.146	-.079	.022	.931	.935
Advertis	-0.045	.155	0.086	-.051	-.076	-.040	.003	.787	.915

<표 11.5>는 각 변수의 범주들에 대한 수량화값이다. 반응변수 구매의향에서 범주 2(=별로 구입할 생각이 없다)와 3(=보통이다)은 같게 취급된 반면 구매의향 3은 4(=어느 정도 구입할 생각이 있다)와 현격한 차이를 보인다.

<표 11.5>
수량화분석결과

Quantifications

		Quantification	Frequency
RESPONSE (Ordinal)	1	-1.111	4
	2	-.640	3
	3	-.640	5
	4	.981	4
	5	1.409	4
INCOME (Ordinal)	1	-1.054	7
	2	-.054	8
	3	1.562	5
JOBCAT (Nominal)	1	-.283	8
	2	-1.583	4
	3	1.163	5
	4	.926	3
PREFER (Ordinal)	1	-.905	11
	2	1.106	9
ADVERTIS (Ordinal)	1	-.905	11
	2	1.106	9

<그림 11.4>
구매의향에 대한
수량화값 플롯

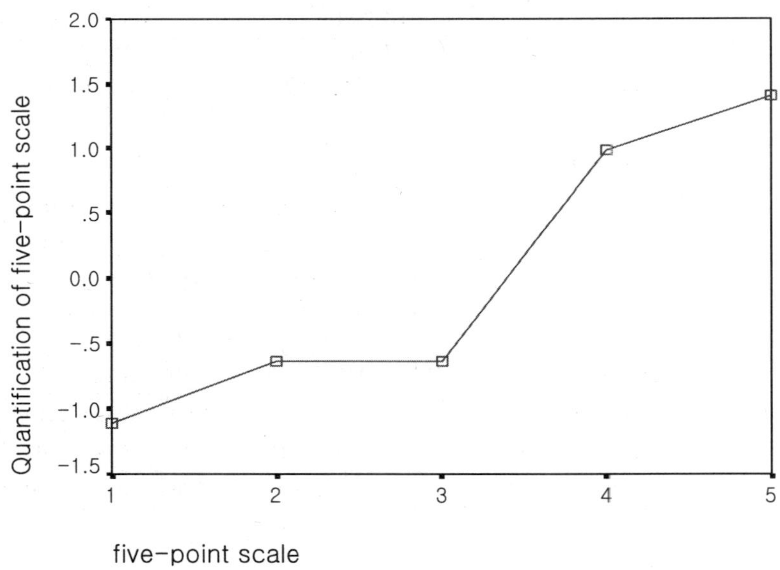

11.2.2 범주형/비선형 정준상관분석(OVERALS)

회귀적 모형에서 종속변수가 2개 이상인 경우 또는 1개이더라도 그것의 척도가 명목형(nominal type)인 경우에 범주형/비선형 정준상관분석이 적용될 수 있다.

<그림 11.5>의 데이터는 SPSS에 포함되어 있는 'voter.sav' 파일의 일부이다. 이는 미국의 92년 선거자료로 총 1847명에 대하여 다음과 같이 측정된 데이터이다.

pre92 = 1(Bush), 2(Perot), 3(Clinton)

age = 1(35세 미만), 2(35-44), 3(45-64), 4(65세 이상)

degree = 1(lt high school), 2(high school), 3(junior college), 4(bachelor), 5(graduate degree)

sex =1(남자), 2(여자)

모든 변수들이 범주형이며 종속변수에 해당되는 'pre92' 또한 범주형 변수이므로 비선형 정준상관분석을 통해 각 후보자를 지지한 유권자들의 인적특성을 살펴볼 수 있다.

<그림 11.5> 데이터파일 (voters.sav)

	pres92	agecat	degree	sex	var	var	var	var	var
1	Clinton	65 +	high sch	male					
2	Clinton	lt 35	bachelor	male					
3	Clinton	45 - 64	lt high sc	female					
4	Clinton	45 - 64	lt high sc	female					
5	Clinton	45 - 64	bachelor	female					
6	Clinton	45 - 64	high sch	male					
7	Clinton	lt 35	high sch	female					
8	Clinton	35 - 44	high sch	female					
9	Clinton	45 - 64	high sch	female					
10	Clinton	35 - 44	graduate	female					
11	Clinton	35 - 44	graduate	female					
12	Clinton	45 - 64	bachelor	female					
13	Clinton	45 - 64	bachelor	female					
14	Clinton	lt 35	high sch	male					
15	Clinton	lt 35	graduate	male					
16	Clinton	45 - 64	high sch	male					
17	Bush	lt 35	bachelor	male					
18	Clinton	35 - 44	bachelor	female					
19	Clinton	lt 35	bachelor	female					
20	Clinton	35 - 44	graduate	female					
21	Clinton	65 +	lt high sc	male					
22	Perot	35 - 44	junior col	male					
23	Bush	lt 35	bachelor	male					

먼저 비선형 정준상관분석을 위해서는

Analyze ▶ Data Reduction
▷ Optimal Scaling

을 클릭한 후 <그림 11.6>과 같이 선택하여 OVERALS를 수행할 수 있도록 한다. 그리고 **OVERALS** 대화상자에서 각 변수들의 입력은 **Next**버튼을 이용해서 각 변수의 범주를 선언하도록 한다.

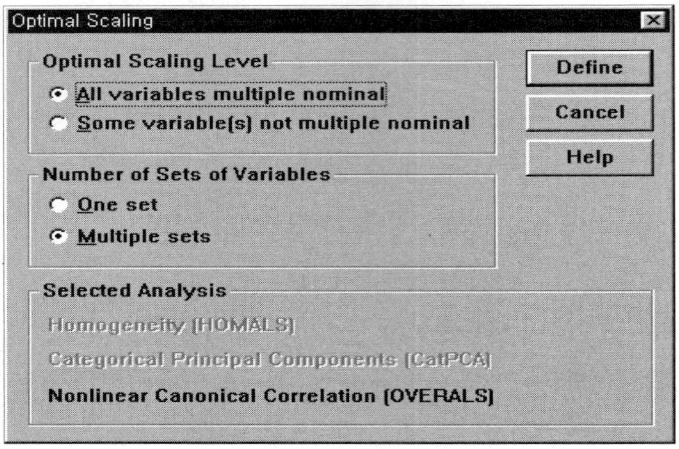

<그림 11.6>
비선형정준상관 분석 선택

<표 11.6>은 OVERALS를 수행시킨 결과이다. 먼저 'Iteration History' 결과는 교대최소제곱법을 사용하여 적합시킨 결과, 62회의 반복을 통해 제2축까지 고려한 고유값의 합이 0.65임을 나타낸다. 'summary of analysis' 결과로부터 제1고유값이 0.365이고 제2고유값은 0.294임을 알 수 있다. 따라서 제1고유값과 제2고유값의 합은 0.65이다. 그리고 적합값(fit)과 손실(loss)과의 관계는

$$\text{multiple fit} - \text{single fit} = \text{single loss}$$

이다. 따라서 만약 변수들을 'single nominal'로 취급해서 얻은 결과에서 'single loss'가 클 경우에는 변수들을 'multiple nominal'로 취급하는 것이 더 낫다.

한편 변수군이 2인 경우 k 차원에서의 정준상관은

$$\rho_k = 2\lambda_k - 1$$

와 같이 계산된다. 이를 일반화시켜 3개 이상의 변수군에 대한 k 차원에서의 정준상관을 계산하면 다음과 같다. 여기서 g 는 변수군의 개수를 나타낸다.

$$\rho_k = \frac{g\lambda_k - 1}{g - 1}$$

<표 11.6>
OVERALS
수행결과

(a) Iteration History

	Loss	Fit	Difference from the Previous Iteration
62(a)	1.341085	.658915	.000009
a The iteration was terminated because convergence criteria are satisified.			

(b) Summary of Analysis

		Dimension		Sum
		1	2	
Loss	Set 1	.751	.932	1.684
	Set 2	.381	.484	.864
	Set 3	.439	.462	.901
	Set 4	.971	.944	1.915
	Mean	.635	.706	1.341
Eigenvalue		.365	.294	
Fit				.659

(c) Fit

		Multiple Fit		
		Dimension		Sum
Set		1	2	
1	VOTE FOR CLINTON, BUSH, PEROT(a)	.249	.068	.316
2	AGE CATEGORIES(a)	.619	.516	1.136
3	RS HIGHEST DEGREE(a)	.561	.538	1.099
4	RESPONDENTS SEX(a)	.029	.056	.085
a Optimal Scaling Level: Multiple Nominal				

아래의 결과는 OVERALS를 이용해 계산된 각 변수들의 범주를 2차원까지 살펴본 수량화값들이다.

RESPONDENTS SEX(a)

	Marginal Frequency	Category Quantifications	
		Dimension	
		1	2
male	804	.195	-.269
female	1043	-.150	.207
a Optimal Scaling Level: Multiple Nominal			

VOTE FOR CLINTON, BUSH, PEROT(a)

	Marginal Frequency	Category Quantifications	
		Dimension	
		1	2
Bush	661	.078	.044
Perot	278	1.074	.557
Clinton	908	-.385	-.202
a Optimal Scaling Level: Multiple Nominal			

AGE CATEGORIES(a)

	Marginal Frequency	Category Quantifications	
		Dimension	
		1	2
lt 35	438	.642	.932
35 - 44	444	.512	-.122
45 - 64	617	.055	-.872
65 +	348	-1.559	.528
a Optimal Scaling Level: Multiple Nominal			

RS HIGHEST DEGREE(a)

	Marginal Frequency	Category Quantifications	
		Dimension	
		1	2
lt high school	189	-2.069	.303
high school	947	.044	.278
junior college	132	.856	.043
bachelor	386	.574	.226
graduate degree	193	.074	-2.140
a Optimal Scaling Level: Multiple Nominal			

이들 좌표값들을 2차원좌표평면 위에 나타내면 <그림 11.7>과 같이 각 범주들이 포진하게 된다. <그림 11.7>로부터 대통령 후보 'Perot'은 35세 미만의 젊은 층과 junior college/bachelor 층에서 인기가 있음을 알 수 있다. 'Bush'와 'Clinton' 역시 중·장년층으로부터 지지받고 있으며 저학력자들이 주로 지지하고 있다.

<그림 11.7>
수량화값 플롯

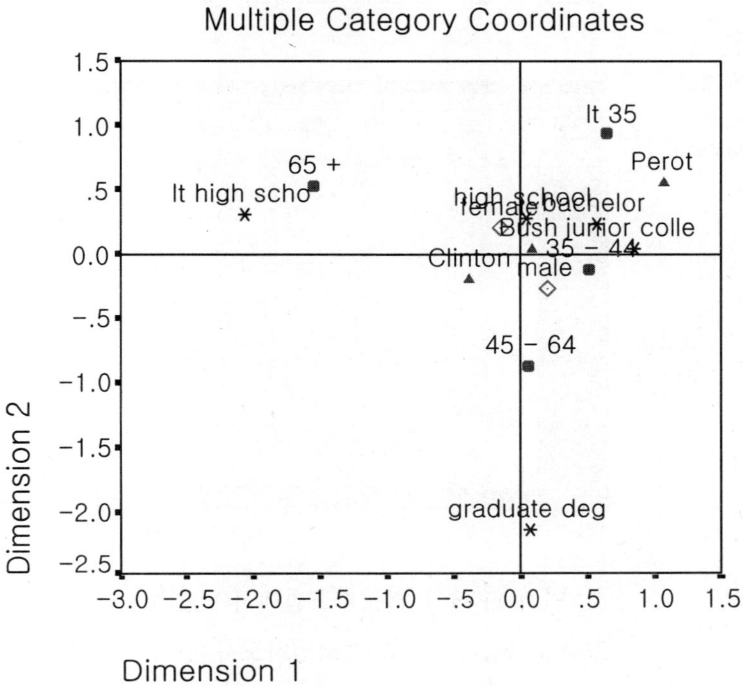

11.2.3 동질성분석(HOMALS)

2차원 분할표 분석에 적용될 수 있는 방법으로 카이제곱 검증이나 대응분석이 대표적이다. 이 중 전자는 행 변수와 열 변수의 독립성 여부를 결정하는데 쓰이고 후자는 행과 열의 결합 패턴을 지각도로 보여주는 역할을 한다. 분할표가 2차원에서 다차원으로 커짐에 따라 카이제곱 검증은 로그-선형모형분석으로 확장된다. 동질성 분석은 일종의 다중대응분석이다.

<그림 11.8>의 데이터는 SPSS에 포함되어 있는 'tv-survey.sav'파일이다. 이항반응(1=yes, 0=no)으로 조사된 각 변수들의 내용은 다음과 같다.

any = any reason

bored = There are no other popular shows on at that time

critics = The critics still give the show good reviews

peers = Other people still watch the show

writers = The original screenwriters stay with the show

director = The original directors stay with the show

cast = The original cast stays with the show

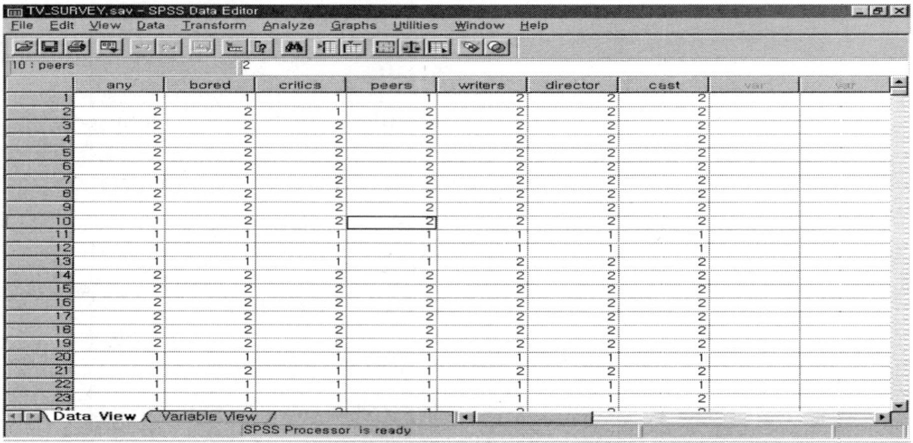

<그림 11.8>
데이터입력
(tv-survey.sav)

먼저 SPSS의 최적척도법에서의 최소값은 1로 고정되어 있으므로 각 반응값을 0→1, 1→2 로 재코딩하도록 한다. 그리고 <그림 11.9>와 같이 선택하여 동질성분석을 위한 대화상자를 연다.

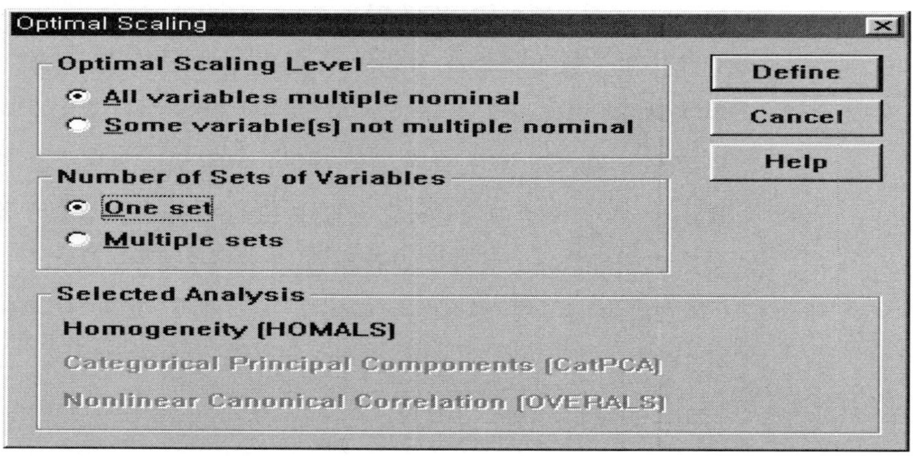

<그림 11.9>
HOMALS 지정

<그림 11.10>
변수 지정

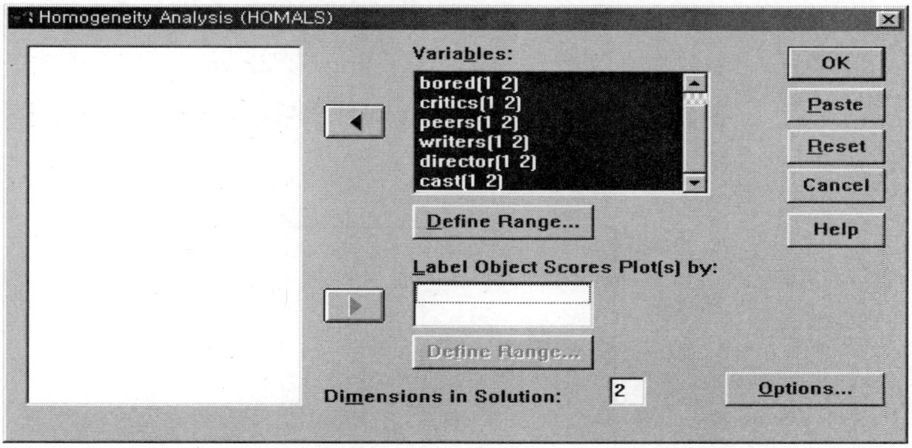

이제 프로그램 실행 결과를 살펴보자. 교대최소제곱 알고리즘에 의해 7번째 반복에서 종료되었고 각 차원에 대한 고유값은 각각

$$\lambda_1 = 0.62,\ \lambda_2 = 0.192$$

이다.

Iteration History

Iteration	Fit	Difference from the Previous Iteration
7(a)	.811580	.000005
a The iteration was terminated because convergence criteria are satisified.		

Eigenvalues

Dimension	Eigenvalue
1	.620
2	.192

Discrimination Measures

	Dimension	
	1	2
Any reason	.734	.116
There are no other popular shows on at that time	.754	.116
The critics still give the show good reviews	.778	.087
Other people still watch the show	.759	.079
The original screenwriters stay with the show	.481	.273
The original directors stay with the show	.483	.248
The original cast stays with the show	.348	.425

'discrimination measures'는 수량화된 변수의 분산을 나타낸다. 제2축과 상관이 높은 항목은 'cast' 이고 'writers', 'directors' 은 양 축에 분할되어 있고 그 외 나머지 항목은 제1축과 관련이 높다. 이를 도식적으로 나타내면 다음과 같다.

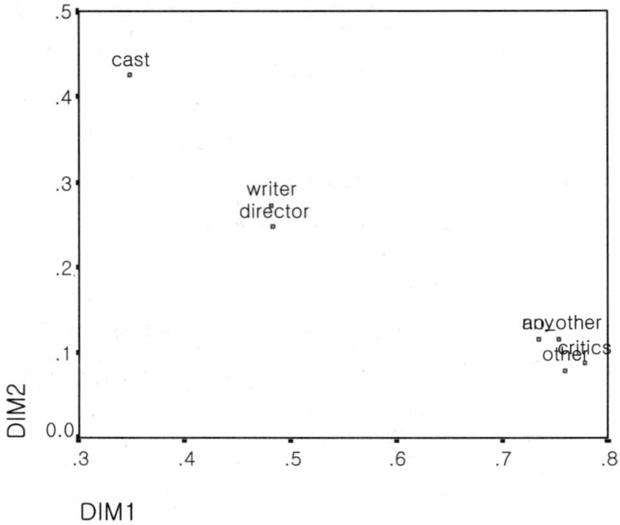

한편 각 변수의 범주별 수량화 값은 다음과 같다.

Any reason

	Marginal Frequency	Category Quantifications	
		Dimension	
		1	2
NO	465	-.835	-.332
YES	441	.880	.350

There are no other popular shows on at that time

N0	451	-.872	-.342
YES	455	.864	.339

The critics still give the show good reviews

N0	450	-.888	-.297
YES	456	.876	.293

(계속)

Other people still watch the show

N0	427	-.923	-.298
YES	479	.823	.266

The original screenwriters stay with the show

N0	168	-1.453	1.095
YES	738	.331	-.249

The original directors stay with the show

N0	156	-1.525	1.091
YES	750	.317	-.227

The original cast stays with the show

N0	101	-1.665	1.840
YES	805	.209	-.231

<그림 11.12>
수량화플롯

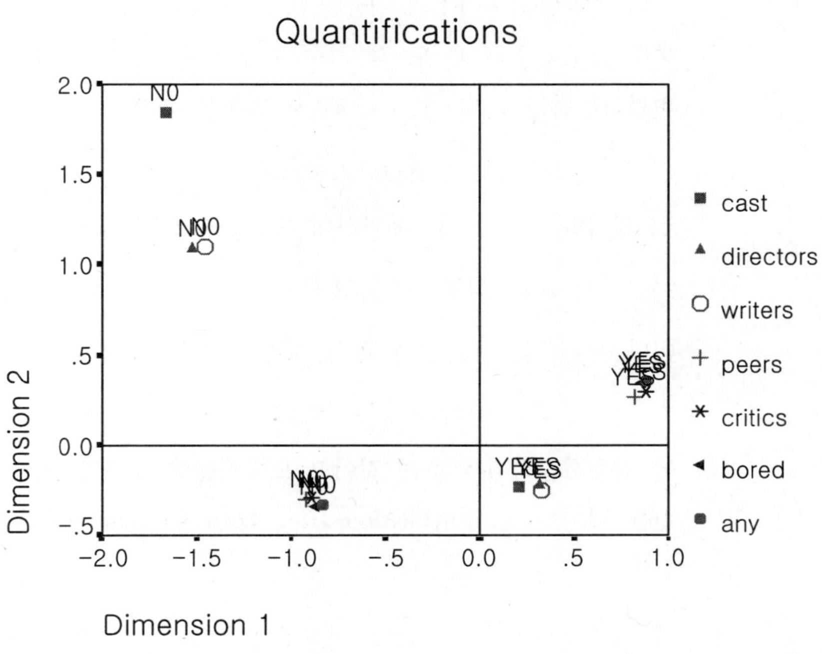

이들 좌표값을 나타낸 <그림 11.11>을 살펴보면 제1축을 중심으로 왼쪽에는 모든 문항에 대해 'NO'라고 응답한 양상이 위치하고 우측에는 'YES'라고 응답한 양상이 몰려있다. 따라서 제1축은 TV프로그램을 시청하는 특정한

사유(목적)가 있는 사람들과 그렇지 않은 사람들을 구분하여 주는 축으로 해석된다.

범주형 주성분분석(CATPCA)에 대한 사례분석은 생략하도록 한다.

11.3 이론적 고찰

11.3.1 범주형 회귀분석

종속변수 Y에 대한 변환을 $\theta(Y)$라고 하자. 여기서

$$\theta(Y)=\begin{cases} c_0+c_1 Y, & Y\text{가 수치형일 때} \\ \text{증가함수}, & Y\text{가 순서형일 때} \\ \text{일반함수}, & Y\text{가 명목형일 때} \end{cases}$$

이며 변환변수 $\theta(Y)$의 평균이 0, 분산이 1이라는 표준화 제약을 둔다. 설명변수 $X_1, X_2, \cdots, X_p$도 각 변수 고유의 측정유형에 따라 마찬가지 방식으로 변환가능하다. $X_1, X_2, \cdots, X_p$의 변환을 각각

$$\psi_1(X_1),\ \psi_2(X_2),\ \cdots,\ \psi_p(X_p)$$

로 표기하자. 표준화 제약하에 Categorical Regression에서의 목적은

$$\min \| \theta(Y)-b_1\,\psi_1(X_1)-\cdots-b_p\,\theta_p(X_p)\|^2$$

이다 ($\|\cdot\|^2$는 제곱합을 표기한다). 즉 변환자료

$$\theta(Y),\ \psi_1(X_1),\ \cdots,\ \theta_p(X_p)$$

에 최소제곱회귀를 하는 것이고 오차제곱합이 가장 작게 되는 변환을 반복계산을 거쳐 찾는 것이다(Alternating Least Squares 알고리즘 사용). 여기서

$$\theta(Y),\ \psi_1(X_1),\ \cdots,\ \theta_p(X_p)$$

가 표준화되어 있으므로 회귀계수 $b_1, b_2, \cdots, b_p$는 변환자료의 선형회귀에서 베타계수이기도 하다.

11.3.2 범주형(비선형) 정준상관분석

독립변수 자료부분을 $n\times p$ 지시행렬 X로, 종속변수 자료부분을 $n\times q$ 지

시행렬 Y로 표현하기로 하자. 그러면 목표는 X의 열에 붙일 $p \times s$ 수량화값 행렬 A, Y의 열에 붙일 $q \times s$ 수량화값 행렬 B를 만들어 내는 것이다(여기서 s는 지각도의 차원수이다). 이를 위하여 SPSS에서 채택한 OVERALS 알고리즘은 $n \times s$ 개체점수값 행렬 Z와 $p \times s$ 수량화값 행렬 A, $q \times s$ 수량화값 행렬 B를 다음 기준에 근거하여 만들어내는 것이다.

$$\min_{Z,A,B} \{ \| Z - XA \|^2 + \| Z - YB \|^2 \}$$

단, $1_n^t Z = 0_s, Z^t Z/n = I_s$ 라는 일종의 표준화 제약이 따른다. 이것은 Z를 매체로 XA와 YB를 유사하게 하는 것이라고 할 수 있다. 단, 독립변수군(종속변수군)의 일부변수가 명목형이 아닌 경우(예컨대 순서형이나 수치형인 경우), 수량화값 행렬 A의 선정시에 이에 따른 제약이 뒤따른다.

범주형/비선형 정준상관분석은 독립변수군과 종속변수군과 같이 자료가 2개 군으로 나뉘어지는 경우뿐만 아니라 3개 군 이상으로 나뉘어지는 경우에도 적용가능하다.

한편 일본의 수량화2는 설명변수들과 종속변수가 모두 범주형인 경우 이들을 지시행렬로 표현한 $n \times (p+q)$ 행렬 $(X : Y)$에서 최대의 상관을 갖도록 계수행렬을 구하는 방법이다. 즉,

$$\max_{A,B} trace(A^t X^t YB)$$

$$\text{subject to } A^t X^t XA/n = I_s, \quad B^t Y^t YB/n = I_s$$

라고 할 수 있다. 이러한 정준상관분석에 의한 정식화는 OVERALS에 의한 정식화와 이론상 약간의 차이가 있으나 실제 자료분석결과는 매우 유사하다. 따라서 SPSS Categorical Canonical Correlation Analysis로써 일본의 수량화 2를 수행한 것으로 간주하여도 무방하다.

11.3.3 동질성 분석

범주형 변수 j를 지시행렬 G_j로 표현하여 보자($j = 1,2,\cdots,p$). 변수 j가 k_j개의 범주를 갖는다면 G_j는 $n \times k_j$ 행렬이 된다. 변수 j의 범주들을 s차원 공간에 표현하기로 정하는 경우, 이를 수량화값 $k_j \times s$ 행렬 X_j로 나타내자. 그러면 동질성 분석(homogeneity analysis)의 목표는

$$\min_{Z, X_1, \cdots, X_p} \| Z - G_1 X_1 \|^2 + \cdots + \| Z - G_p X_p \|^2$$

이다. 여기서 Z는 $n \times s$ 개체점수값 행렬인데 $1_n^t Z = 0_s$, $Z^t Z/n = I_s$ 라는 표준화제약이 부과된다. HOMALS알고리즘은 최소제곱법을 써서 Z와 $X_1, \cdots, X_p$를 교대로 구한다.

한편 대응분석은 2차원 분할표의 행과 열 범주들에 대하여 각각 수량화값을 구하고 그 결과를 플롯하기 때문에 동질성 분석에서 변수 수 p가 2인 경우와 마찬가지이다. 구체적인 알고리즘은 HOMALS와 다르나 실제 자료분석에서는 비슷한 결과를 산출한다. 그리고 일본의 수량화 3은 대응분석의 한 개 버전(symmetrical) 과 동등하다. 따라서 SPSS Homogeneity Anlaysis를 범주형 반응변수들의 일반적인 결합패턴을 분석하는 수량화방법으로 활용할 수 있겠다.

종종 결합패턴의 대상이 되는 p개 변수 중에서 모든 변수들이 'multiple nominal'이지 않은 경우, 즉 일부 변수가 순서형이거나 수치형인 경우, 동질성 분석을 쉽게 적용시킬 수 있다. 이것이 바로 SPSS Nonlinear Principal Components Analysis(PRINCALS)이다. 그 원리는

$$\min_{Z, X_1, \cdots, X_p} \{ \| Z - G_1 X_1 \|^2 + \cdots + \| Z - G_p X_p \|^2 \}$$

와 같이 최소화하되 해당변수의 척도상 특성(순서성, 수치성)을 살펴 수량화값 행렬 G_j를 구하는 것이다.

11.4 맺음 말

1장의 서론에서 다변량자료분석의 제 기법들은 연속형자료를 기본으로 하면 모형론적으로 접근할 경우 다변량정규분포 가정을 둔다고 하였다. 그러나 업무현장에서 실제로 취급하게 되는 데이터는 양적 자료와 질적 자료가 혼합된 형태가 대다수이고 다변량정규분포를 따르지 않는 경우가 많다. 따라서 이런 경우 본 장에서 다룬 동질성분석, 범주형 주성분분석, 비선형정준상관분석 등은 매우 유용하다 하겠다.

제 12 장

확증적 인자분석

12.1 확증적 인자분석이란?

3장에서 다룬 인자분석과 이장에서 설명하려는 확증적 인자분석은 어떤 차이가 있을까?

인자분석(因子分析, factor analysis)은 그 성격에 따라 탐색적(exploratory) 또는 확증적(confirmatory) 인자분석으로 구분할 수 있다. 자료분석의 목적이 인자구성 및 패턴의 발견에 있다면 탐색적이고 인자구성 및 패턴의 확인(검증)에 목적이 있으면 확증적이다. 즉 탐색적 인자분석과 확증적 인자분석은 자료분석적 성격이 다르다.

예를 들어서 수학(X1), 과학(X2), 국어(X3), 영어(X4)의 네 과목 자료를 분석한다고 하자. 이 4변량 자료에서 몇 개의 숨겨진 인자를 찾을 수 있는가, 인자들의 구성은 어떠한가를 보려는 것이 탐색적 인자분석이고 이에 대하여는 3장에서 설명되었다. 반면, 이 4변량 자료에서 수학(X1)과 과학(X2)에 관련된 '수리능력'과 국어(X3)와 영어(X4)에 관련된 '언어능력'이 상관되어 있다고 할 수 있는가, 이런 구조적 검증을 하는 것이 여기서 다루고자 하는 확증적 인자분석(確證的 因子分析, confirmatory factor analysis)이다.

<그림 12.1>
확증적 2-인자
모형의 개념도

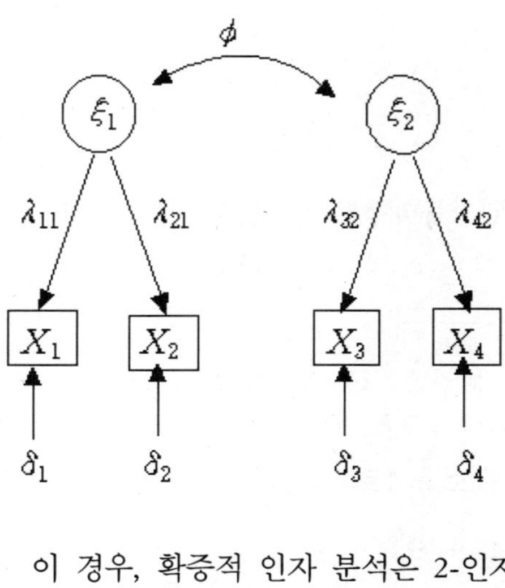

이 경우, 확증적 인자 분석은 2-인자 모형

$$X_1 = \lambda_{11}\,\xi_1 + \delta_1,\ \ X_2 = \lambda_{21}\,\xi_1 + \delta_2,$$

$$X_3 = \lambda_{32}\,\xi_2 + \delta_3,\ \ X_4 = \lambda_{42}\,\xi_2 + \delta_4$$

로부터 (여기서, ξ_1 = '수리능력', ξ_2 = '언어능력' 이고 $\delta_1, \delta_2, \delta_3, \delta_4$ 는 오차)

$$H_0: Corr(\xi_1, \xi_2) = 0 \quad 대 \quad H_1: Corr(\xi_1, \xi_2) \neq 0$$

를 검증하고자 하는 것이다. 즉 ξ_1과 ξ_2가 상관되어 있는가, 그렇지 않은가를 검증하여 보자는 것이다. <그림 12.1>의 개념도를 보라.

확증적 인자분석(confirmatory factor analysis)은 다음 장에서 본격적으로 다루게 될 선형구조관계모형(linear structural relationship model; 공분산구조분석, covariance structure analysis)의 특수한 경우이고 이를 분석할 수 있는 소프트웨어로는 LISREL, SAS/CALIS(Covariance Analysis of LInear Structural equations)등이 있다. SPSS의 AMOS(Analysis of Moment Structures; 적률구조분석)도 도식적으로 표현하여 분석을 쉽게 할 수 있도록 제공하고 있는 소프트웨어이다. AMOS의 명칭으로부터 확증적 인자분석이나 선형구조관계모형은 결국 평균과 분산구조를 분석하게 된다는 것을 짐작할 수 있다.

선형구조관계모형식으로 p개 변수 $X_1, \cdots, X_p$에 대한 확증적 m-인자모형을 표기하면 다음과 같다.

$$\underset{p\times 1}{x} = \underset{p\times m}{\Lambda_x} \; \underset{m\times 1}{\xi} + \underset{p\times 1}{\delta} \tag{12.1}$$

여기서

$$x = \begin{pmatrix} X_1 \\ \vdots \\ X_p \end{pmatrix}, \; \Lambda_x = \begin{pmatrix} \lambda_{11} \cdots \lambda_{1m} \\ \vdots \quad\quad \vdots \\ \lambda_{p1} \cdots \lambda_{pm} \end{pmatrix}, \; \xi = \begin{pmatrix} \xi_1 \\ \vdots \\ \xi_m \end{pmatrix}, \; \delta = \begin{pmatrix} \delta_1 \\ \vdots \\ \delta_p \end{pmatrix}$$

로 각각 p-변량 벡터, 인자부하행렬, m-인자 벡터, 오차(특정인자) 벡터를 나타낸다. 여기서 x 벡터$(p\times 1)$, ξ 벡터$(m\times 1)$, δ 벡터$(p\times 1)$의 공분산 행렬을 각각

$$\text{Cov}(x) = \underset{p\times p}{\Sigma}, \; \text{Cov}(\xi) = \underset{m\times m}{\Phi}, \; \text{Cov}(\delta) = \underset{p\times p}{\Theta_\delta}$$

로 표기하고 Φ의 대각요소를 1로 가정하자. 이들 사이에는

$$\Sigma = \Lambda_x \Phi \Lambda_x^t + \Theta_\delta \tag{12.2}$$

의 관계가 성립하게 되고, 따라서 Σ를 분해함으로써 $\Lambda_x, \Phi, \Theta_\delta$ 등을 얻을 수 있다 (증명생략).

<그림 12.1>의 개념 모형을 선형구조관계모형식으로 표기하여 보자. $p=4$, $m=2$이며

$$x = \begin{pmatrix} X_1 \\ X_2 \\ X_3 \\ X_4 \end{pmatrix}, \ \Lambda_x = \begin{pmatrix} \lambda_{11} & 0 \\ \lambda_{21} & 0 \\ 0 & \lambda_{32} \\ 0 & \lambda_{42} \end{pmatrix}, \ \xi = \begin{pmatrix} \xi_1 \\ \xi_2 \end{pmatrix}, \ \delta = \begin{pmatrix} \delta_1 \\ \delta_2 \\ \delta_3 \\ \delta_4 \end{pmatrix}$$

이고 x 벡터$(p\times 1)$, ξ 벡터$(m\times 1)$, δ 벡터$(p\times 1)$의 공분산행렬은 각각

$$\Sigma = \begin{pmatrix} \sigma_{11} & \sigma_{12} & \sigma_{13} & \sigma_{14} \\ \sigma_{21} & \sigma_{22} & \sigma_{23} & \sigma_{24} \\ \sigma_{31} & \sigma_{32} & \sigma_{33} & \sigma_{34} \\ \sigma_{41} & \sigma_{42} & \sigma_{43} & \sigma_{44} \end{pmatrix}, \Phi = \begin{pmatrix} 1 & \phi \\ \phi & 1 \end{pmatrix}, \ \Theta_\delta = \begin{pmatrix} \theta_{\delta 11} & 0 & 0 & 0 \\ 0 & \theta_{\delta 22} & 0 & 0 \\ 0 & 0 & \theta_{\delta 33} & 0 \\ 0 & 0 & 0 & \theta_{\delta 44} \end{pmatrix}$$

이다. 그리고 검증이 필요한 가설은

$$H_0 : \phi = 0, \quad \text{vs.} \quad H_1 : \phi \neq 0$$

로 표현된다.

12.2 AMOS를 이용한 사례분석 1

<표 12.1>의 자료는 수학 X1, 물리 X2, 수학 X3, 영어 X4, 역사 X5, 불어 X6 등 여섯 과목 성적간 표준화된 공분산행렬이다. 이 때, 수학 X1, 물리 X2, 수학 X3를 수리능력의 표출변수로 보고, 영어 X4, 역사 X5, 불어 X6를 언어능력의 표출변수로 간주하도록 하자. 그리고 연구자의 관심이 수리능력과 언어능력 사이에 상관이 있는가를 보는 것이라고 하자.

한편 AMOS를 이용하여 분석할 경우에는 데이터는 다음의 3가지 중 하나로 구성되어 있어야 분석이 가능하다.

- 원자료
- 공분산행렬
- 상관행렬 + 각 변수의 평균이나 표준편차
  (상관행렬만으로는 분석되지 않음)

<표 12.1>
공분산행렬 자료
(cfa1.sav)

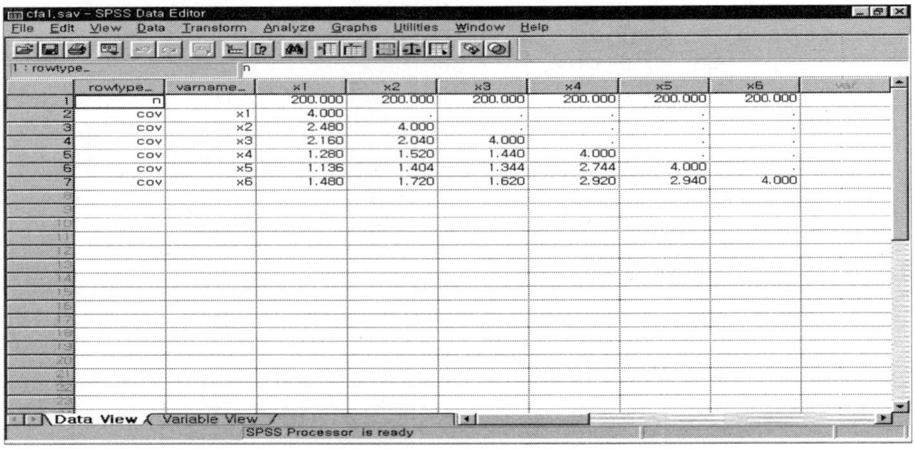

	rowtype_	varname_	x1	x2	x3	x4	x5	x6
1	n		200.000	200.000	200.000	200.000	200.000	200.000
2	cov	x1	4.000	.	.	.	.	.
3	cov	x2	2.480	4.000	.	.	.	.
4	cov	x3	2.160	2.040	4.000	.	.	.
5	cov	x4	1.280	1.520	1.440	4.000	.	.
6	cov	x5	1.136	1.404	1.344	2.744	4.000	.
7	cov	x6	1.480	1.720	1.620	2.920	2.940	4.000

그러면 이에 대한 확증적 2-인자 모형을 다음과 같이 쓸 수 있다. 아래에서 ξ_1 은 수리능력을, ξ_2 는 언어능력을 나타내는 잠재적 변인(인자)이다.

▷ 2 인자모형

$$X_1 = \lambda_{11}\xi_1 + \delta_1,\ X_2 = \lambda_{21}\xi_1 + \delta_2,\ X_3 = \lambda_{31}\xi_1 + \delta_3,$$

$$X_4 = \lambda_{42}\xi_2 + \delta_4,\ X_5 = \lambda_{52}\xi_2 + \delta_5,\ X_6 = \lambda_{62}\xi_2 + \delta_6$$

$$\&\quad \mathrm{corr}(\xi_1, \xi_2) = \rho\,.$$

여기서 해석의 편의를 위하여 $\lambda_{11} = 1$, $\lambda_{42} = 1$ 을 가정하고 그 대신에 $\mathrm{Var}(\xi_1) \equiv \phi_{11}$ 과 $\mathrm{Var}(\xi_2) \equiv \phi_{22}$ 에는 제약을 두지 않기로 하겠다. 따라서 X1과 ξ_1, X4와 ξ_2 는 같은 척도에 놓인다. (다른 한 방법은 λ_{11} 과 λ_{42} 에 대한 제한을 푸는 대신 $\mathrm{Var}(\xi_1) \equiv 1$ 과 $\mathrm{Var}(\xi_2) \equiv 1$ 이라고 가정하는 것이다. 수리적으로 두 방법은 동등하다.)

AMOS는 그래픽모드와 프로그래밍모드를 이용해서 데이터를 분석할 수 있는데 그래픽모드를 이용하면 모형적합을 간편하게 할 수 있다. <그림 12.2>는 그래픽모드에서 작성한 확증적 인자분석을 위한 모형도이다. 해석의 편의를 위해 가정하는 계수값은 **Parameters...**에서 '1'로 지정한 후

Model Fit ▶ Calculate Estimates

와 같이 수행시킨다.

<그림 12.2>
확증적인자분석을 위한 모형도 (cfa1.amw)

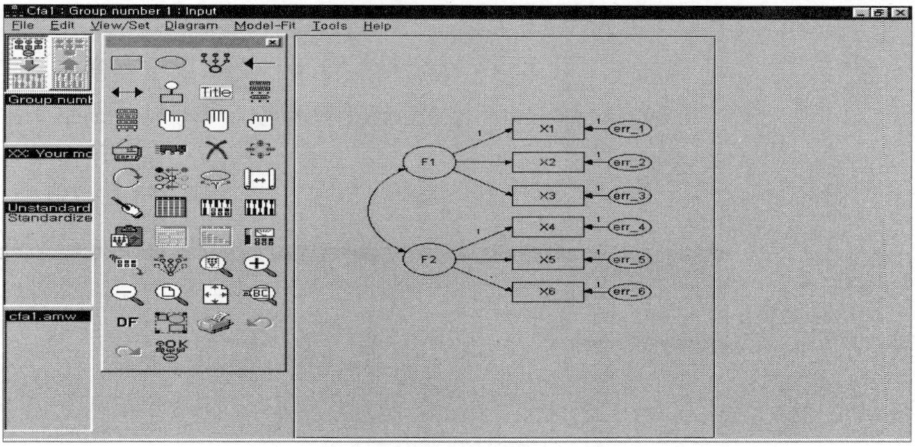

출력결과 중에서 모형적합도 지수부터 살펴보도록 하자. <그림 12.3>에서 보듯이, GFI(Goodness of Fit Index) 가 0.99, AGFI(GFI Adjusted for Degrees of Freedom)가 0.97로 적합도는 매우 양호한 것을 볼 수 있다. 그리고 RMR(Root Mean Square Residual)도 0.11로 작은 수치를 보이고 있다.

<그림 12.3>
모형적합도 결과

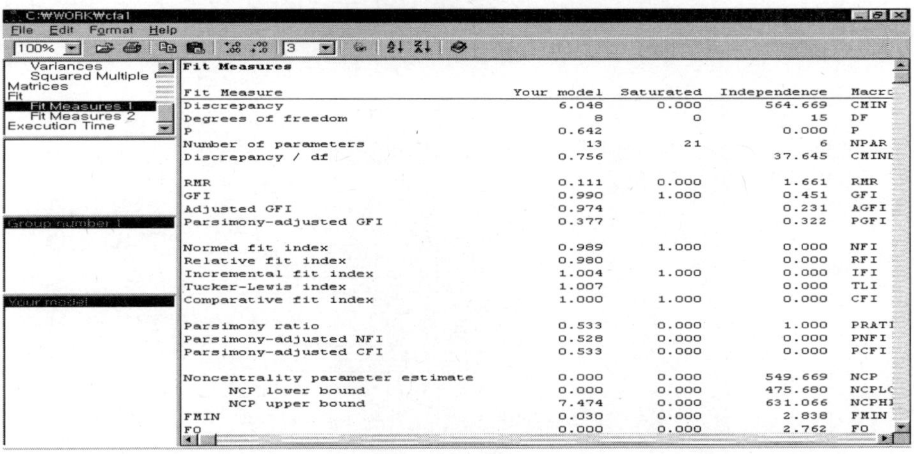

Fit Measures

Fit Measure	Your model	Saturated	Independence	Macro
Discrepancy	6.048	0.000	564.669	CMIN
Degrees of freedom	8	0	15	DF
P	0.642		0.000	P
Number of parameters	13	21	6	NPAR
Discrepancy / df	0.756		37.645	CMIND
RMR	0.111	0.000	1.661	RMR
GFI	0.990	1.000	0.451	GFI
Adjusted GFI	0.974		0.231	AGFI
Parsimony-adjusted GFI	0.377		0.322	PGFI
Normed fit index	0.989	1.000	0.000	NFI
Relative fit index	0.980		0.000	RFI
Incremental fit index	1.004	1.000	0.000	IFI
Tucker-Lewis index	1.007		0.000	TLI
Comparative fit index	1.000	1.000	0.000	CFI
Parsimony ratio	0.533	0.000	1.000	PRATI
Parsimony-adjusted NFI	0.528	0.000	0.000	PNFI
Parsimony-adjusted CFI	0.533	0.000	0.000	PCFI
Noncentrality parameter estimate	0.000	0.000	549.669	NCP
NCP lower bound	0.000	0.000	475.680	NCPLO
NCP upper bound	7.474	0.000	631.066	NCPHI
FMIN	0.030	0.000	2.838	FMIN
FO	0.000	0.000	2.762	FO

다음으로는 모형의 적합도에 대한 유의성 검증을 보도록 하자. 공분산행렬에서 자유 칸의 수는 $p(p+1)/2 = 21$ 이고 앞의 확증적 2-인자 모형을 쓰는데 모두 13개의 모수 (= 구조모형 계수 $\lambda_{21}, \lambda_{31}, \lambda_{52}, \lambda_{62}$ 등 4개 + 인자분산 ϕ_{11}, ϕ_{22} 등 2개 + 인자간 공분산 ϕ_{12} 1개 + 오차분산 $\theta_{\delta 11}, \cdots, \theta_{\delta 66}$ 등

6개)가 필요하므로 자유도 df 는 8 (=21-13)이다. 가능도비 카이제곱 $LR\ \chi^2$ 의 값은 <그림 12.4>와 같다. 즉, 카이제곱값이 6.048이고 이에 대한 p 값이 0.642로 유의하지 않으므로 관측자료가 제시된 인자모형을 위배한다고 보지 않는다.

<그림 12.4> 모형적합도에 대한 유의성 검증 결과

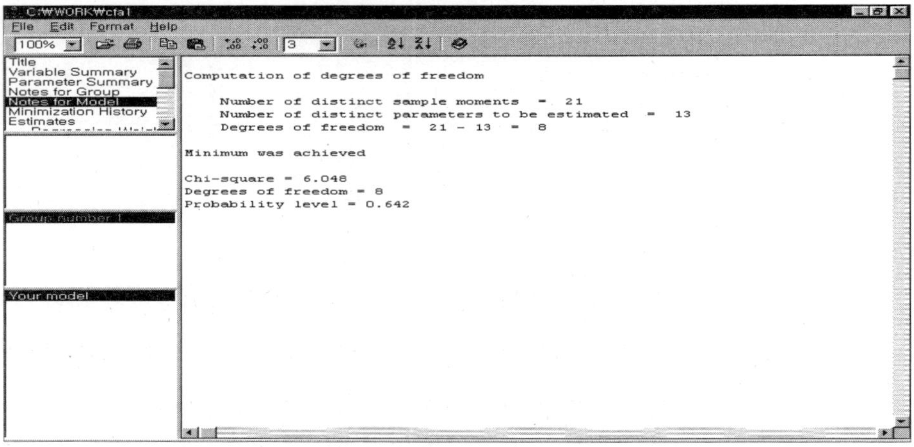

한편 <그림 12.5>와 같이 두 인자에 연결한 양 방향의 화살표에 공분산에 대한 모수를 0으로 지정하고 ϕ_{12} 가 0인 축소모형에 적합시켜보자.

<그림 12.5> 축소모형에 대한 결로 플롯

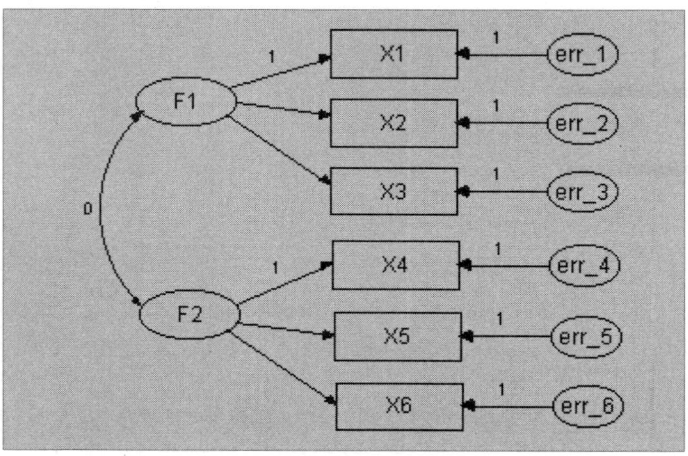

그러면 <그림 12.6>과 같이 H_0: $\rho = 0$ 하에서의 모형적합도 카이제곱으

로 $LR\ \chi_0^2 = 57.032$ (df=9)을 얻게 된다. 그런데 $H_1:\ \phi \neq 0$ 하에서 $LR\ \chi_1^2 = 6.048$ (df=8)이므로 $LR\ \chi_0^2 - LR\ \chi_1^2 = 50.984$ (df=1) 이고, 이것은 통계적으로 매우 유의하다. 따라서 $H_0:\ \rho = 0$ 이 기각된다.

<그림 12.6>
축소모형에 대한 유의성 검증결과

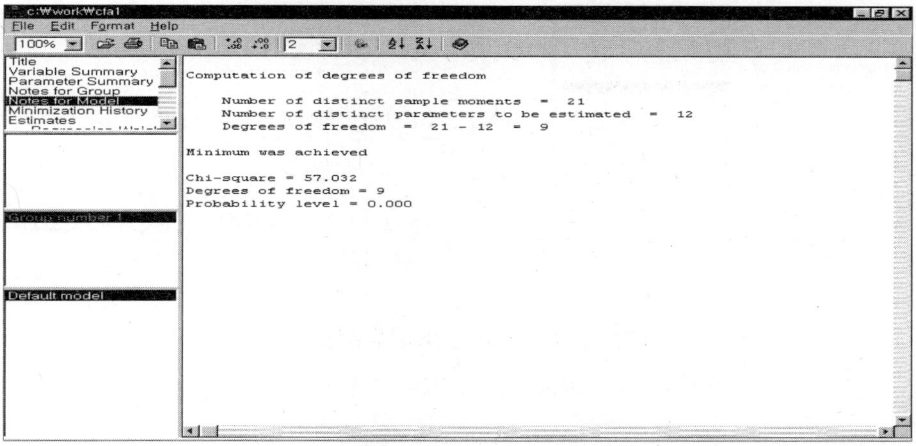

<그림 12.2>의 선형구조관계모형에 적합시켜 얻은 추정된 2-인자 모형은 <그림 12.7>과 같이 표현되며 이는 출력결과중 <그림 12.8>의 추정값들을 플롯으로 나타낸 것이다.

<그림 12.7>
추정된 2-인자 모형

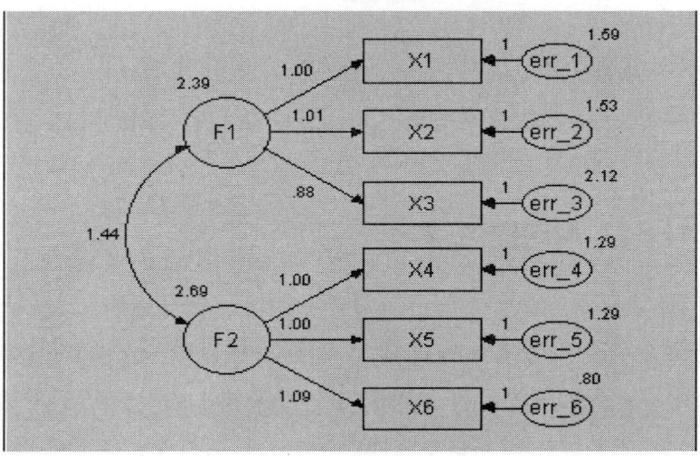

<그림 12.8>
추정값과
표준오차

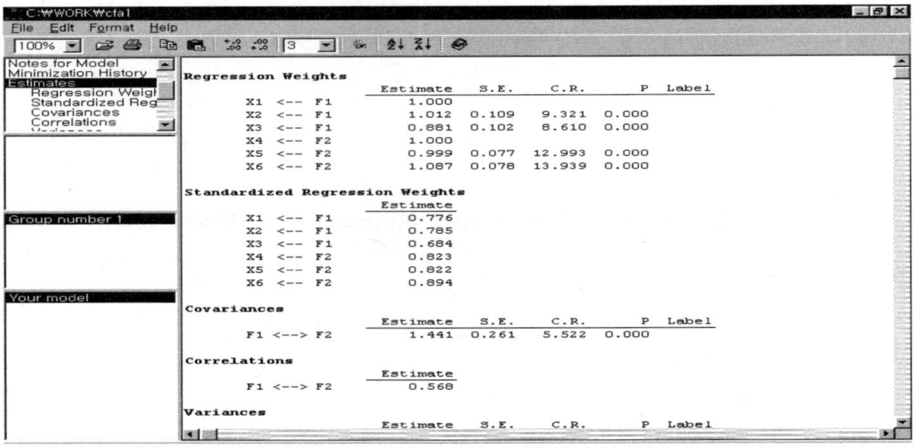

<그림 12.7>에서 2인자와 6개의 특이성분 상단에 표시된 수치는 추정된 분산을 나타내며 각 변수는 추정된 계수로 다음과 같이 표현된다.

$$X_1 = 1.00\xi_1 + \delta_1$$
$$X_2 = 1.01\xi_1 + \delta_2$$
$$X_3 = 0.88\xi_1 + \delta_3$$

$$X_4 = 1.00\xi_2 + \delta_4$$
$$X_5 = 0.99\xi_2 + \delta_5$$
$$X_6 = 1.08\xi_2 + \delta_6$$

그리고 두 인자간의 공분산은 1.441로 추정되었으며 두 인자간의 상관계수 $\text{corr}(\xi_1, \xi_2) = \rho\,(= \phi_{12} / \sqrt{\phi_{11}\phi_{22}}\,)$는 0.568로 추정되었고 이에 대한 C.R. (Critial Ratio)=5.522이 매우 유의하다. 따라서 $H_0: \rho = 0$은 기각된다. 이로써 수리능력 ξ_1과 언어능력 ξ_2의 상관성이 입증되었다고 하겠다.

12.3 AMOS를 이용한 사례분석 2

확증적 인자분석시 예를 들어 공분산 행렬이 나온 원자료를 성별로 남자군과 여자군으로 구분하여 남자군의 인자모형과 여자군의 인자모형에 차이가 있는가를 검증하고자 한다고 하자. 이때의 분석방법은 다음의 절차를 따른다.

1) 남자군·여자군 각각에 인자모형을 적합한다. 그 결과가 다음과 같다고 하자.

남자군 $LR_1\ \chi^2\,(\text{male}) = 6.05$, df = 8,

여자군 $LR_1\ \chi^2\,(\text{female}) = 11.31$, df = 8,

∴ 전체 합계 $LR_1\ \chi^2 = 17.36$, df = 16.

2) 남자군·여자군 통합하여 인자모형을 적합한다. 그 결과가 다음과 같다고 하자.

$$LR_0\ \chi^2 = 18.45,\quad df = 29.$$

(여기서 자유도가 29인 이유는 42-13=29이기 때문이다. 즉,

총 모수의 수 = $p\,(p+1)/2 + p\,(p+1)/2 = 42$,

모형에 쓰인 모수의 수 = 4 + 2 + 1 + 6 = 13개)

3) 따라서 그 차이는

$$LR_0\ \chi^2 - LR_1\ \chi^2 = 1.09,\quad df = 29\text{-}16 = 13$$

이므로 전혀 유의하지 않다.

이제 AMOS에 포함되어 있는 다군(multigroup) 인자모형 분석을 위한 사례 하나를 살펴보자. <표 12.2>는 미국의 어느 중학교에서 학생들을 대상으로 한 26개 심리검사 결과 중 남학생 72명 자료에 대한 상관행렬이다. 여기서 측정한 6개의 변수는 각각 다음을 나타낸다.

Visperc : 시각지각 테스트 점수
Cubes : 공간인지 테스트 점수
Lozenges : 공간적응 테스트 점수
Paragraph : 문단완성 테스트 점수
Sentence : 문장완성 테스트 점수
Wordmean: 단어의미 테스트 점수

그리고 이들에 대해 고려한 확증적 인자분석모형은 <그림 12.9>와 같다. 이는 사례1에서 살펴본 <그림 12.2>와 동일한 구조의 모형도이다.

<표 12.2>
남학생자료에 대한 상관행렬
(grnt_mal_corr.sav)

grnt_mal_corr.sav - SPSS Data Editor

	rowtype_	varname_	visperc	cubes	lozenges	paragrap	sentence	wordmean
1	n		72.000	72.000	72.000	72.000	72.000	72.000
2	corr	visperc	1.000	.	.	.	.	.
3	corr	cubes	.161	1.000	.	.	.	.
4	corr	lozenges	.408	.348	1.000	.	.	.
5	corr	paragrap	.373	.269	.411	1.000	.	.
6	corr	sentence	.254	.143	.276	.705	1.000	.
7	corr	wordmean	.426	.214	.364	.674	.666	1.000
8	stddev		6.949	4.384	8.613	3.066	4.184	7.538
9	mean		29.847	24.902	17.111	9.305	18.388	16.542

<그림 12.9>
모형도
(multigroup.amw)

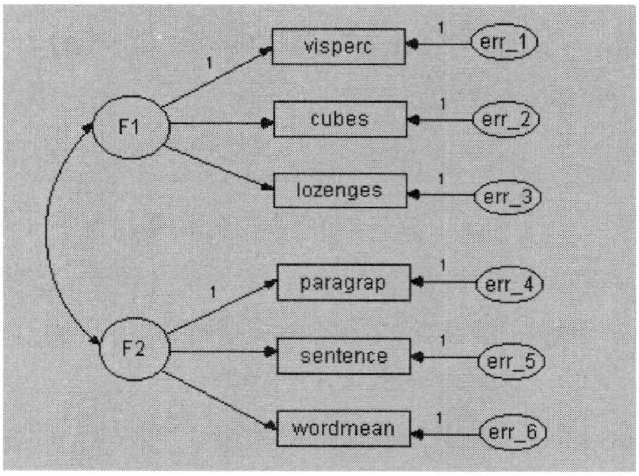

남학생의 경우, 모형의 적합도에 대한 유의성 검증결과 <그림 12.10>과 같이 $LR\ \chi^2$ = 8.627(p값=0.375)이므로 고려한 모형이 부적합하다고 보기 어려우며 추정된 계수(하)로부터 인자 F1(공간능력)과 F2(어휘능력)간의 상관계수가 0이라는 귀무가설은 기각된다 (C.R.=2.886, p값=0.004). 또한 <그림 12.11>로부터 모형적합도 지수 GFI와 AGFI의 지수가 모두 0.9이상이므로 적합도는 매우 양호한 것으로 판단된다. 최종 적합된 결과는 <그림 12.12>와 같다.

<그림 12.10>
남학생자료에의
모형적합 유의성
검증 (상)
추정된 계수 (하)

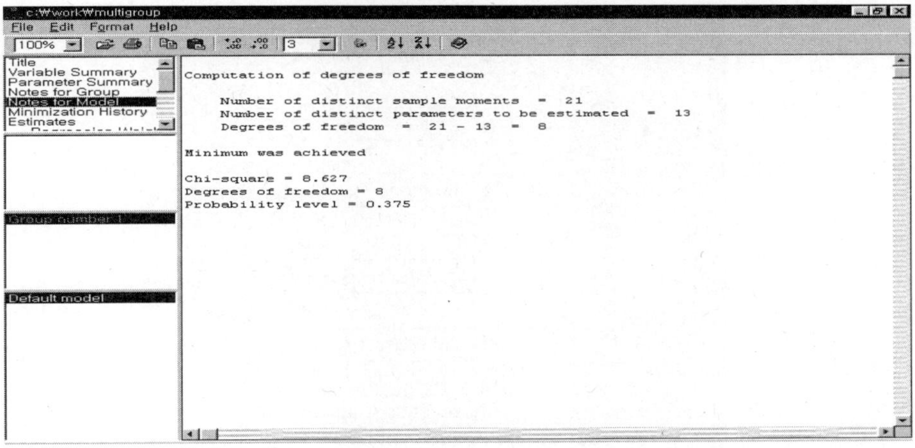

```
Computation of degrees of freedom

    Number of distinct sample moments  =  21
    Number of distinct parameters to be estimated  =  13
    Degrees of freedom  =  21 - 13  =  8

Minimum was achieved

Chi-square = 8.627
Degrees of freedom = 8
Probability level = 0.375
```

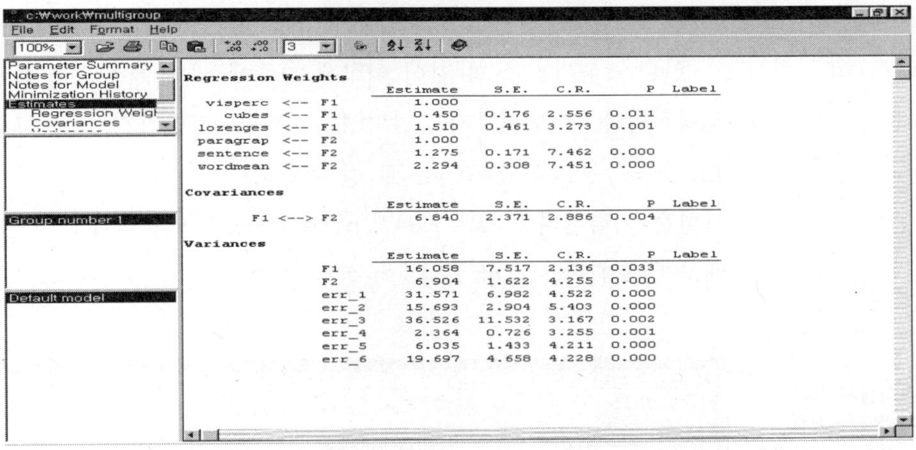

Regression Weights

	Estimate	S.E.	C.R.	P	Label
visperc <-- F1	1.000				
cubes <-- F1	0.450	0.176	2.556	0.011	
lozenges <-- F1	1.510	0.461	3.273	0.001	
paragrap <-- F2	1.000				
sentence <-- F2	1.275	0.171	7.462	0.000	
wordmean <-- F2	2.294	0.308	7.451	0.000	

Covariances

	Estimate	S.E.	C.R.	P	Label
F1 <--> F2	6.840	2.371	2.886	0.004	

Variances

	Estimate	S.E.	C.R.	P	Label
F1	16.058	7.517	2.136	0.033	
F2	6.904	1.622	4.255	0.000	
err_1	31.571	6.982	4.522	0.000	
err_2	15.693	2.904	5.403	0.000	
err_3	36.526	11.532	3.167	0.002	
err_4	2.364	0.726	3.255	0.001	
err_5	6.035	1.433	4.211	0.000	
err_6	19.697	4.658	4.228	0.000	

<그림 12.11>
모형적합도 지수

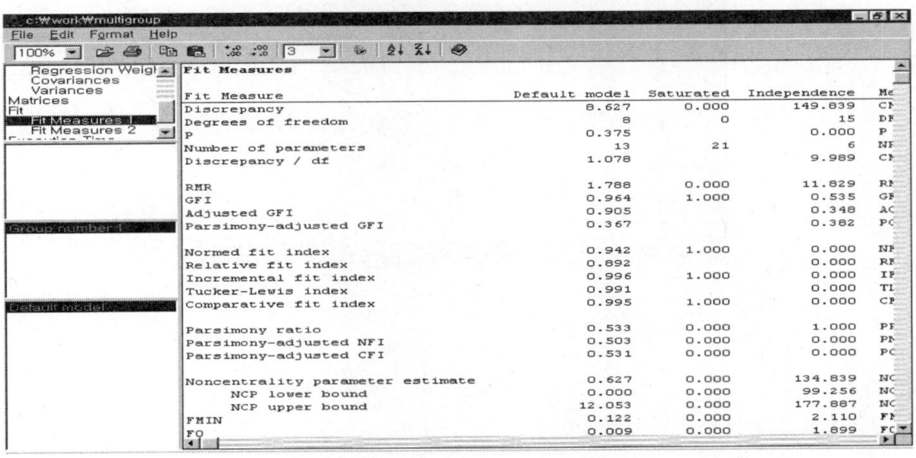

Fit Measures

Fit Measure	Default model	Saturated	Independence	Me
Discrepancy	8.627	0.000	149.839	CM
Degrees of freedom	8	0	15	DF
P	0.375		0.000	P
Number of parameters	13	21	6	NP
Discrepancy / df	1.078		9.989	CM
RMR	1.788	0.000	11.829	RM
GFI	0.964	1.000	0.535	GF
Adjusted GFI	0.905		0.348	AC
Parsimony-adjusted GFI	0.367		0.382	PC
Normed fit index	0.942	1.000	0.000	NF
Relative fit index	0.892		0.000	RF
Incremental fit index	0.996	1.000	0.000	IF
Tucker-Lewis index	0.991		0.000	TL
Comparative fit index	0.995	1.000	0.000	CF
Parsimony ratio	0.533	0.000	1.000	PF
Parsimony-adjusted NFI	0.503	0.000	0.000	PN
Parsimony-adjusted CFI	0.531	0.000	0.000	PC
Noncentrality parameter estimate	0.627	0.000	134.839	NC
NCP lower bound	0.000	0.000	99.256	NC
NCP upper bound	12.053	0.000	177.887	NC
FMIN	0.122	0.000	2.110	FM
F0	0.009	0.000	1.899	FC

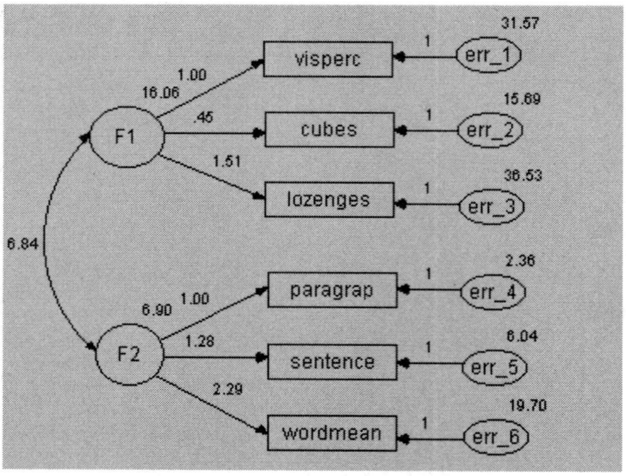

<그림 12.12>
모형적합결과

한편 <표 12.3>과 같이 여학생 그룹에 대해 계산된 상관행렬을 이용하여 모형적합을 시도해보자. 남학생 그룹과 마찬가지로 <그림 12.13>에서 $LR\ \chi^2 = 7.838$ (p값=0.449)로 잘 적합되며 두 인자간의 상관이 0이라는 귀무가설은 기각된다 (C.R.=2.847, p값=0.004). 모형적합도 지수도 0.9이상으로 매우 양호하다(<그림 12.14> 결과 참조).

<표 12.3>
여학생자료에
대한 상관행렬
(grnt_fem_corr.sav)

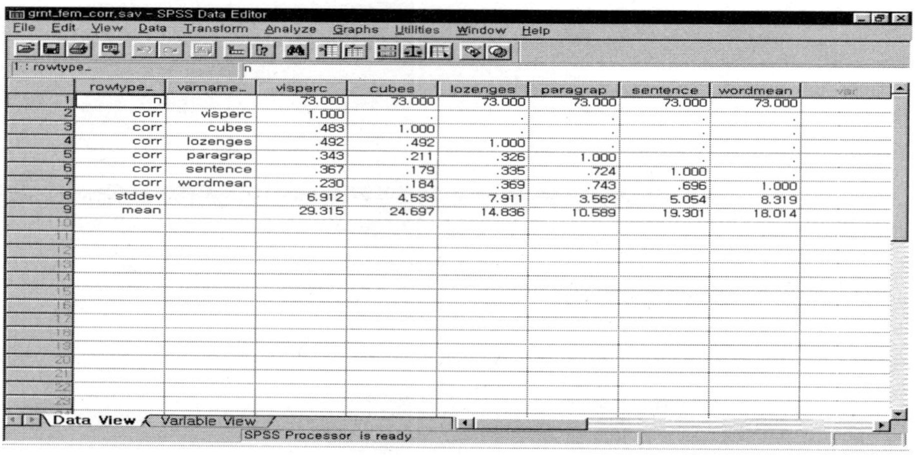

grnt_fem_corr.sav - SPSS Data Editor

	rowtype_	varname_	visperc	cubes	lozenges	paragrap	sentence	wordmean
1	n		73.000	73.000	73.000	73.000	73.000	73.000
2	corr	visperc	1.000	.	.	.	.	.
3	corr	cubes	.483	1.000	.	.	.	.
4	corr	lozenges	.492	.492	1.000	.	.	.
5	corr	paragrap	.343	.211	.326	1.000	.	.
6	corr	sentence	.367	.179	.335	.724	1.000	.
7	corr	wordmean	.230	.184	.369	.743	.696	1.000
8	stddev		6.912	4.533	7.911	3.562	5.054	8.319
9	mean		29.315	24.697	14.836	10.589	19.301	18.014

Data View / Variable View
SPSS Processor is ready

<그림 12.13>
여학생자료에의
모형적합도
검증(상)
추정된 계수 (하)

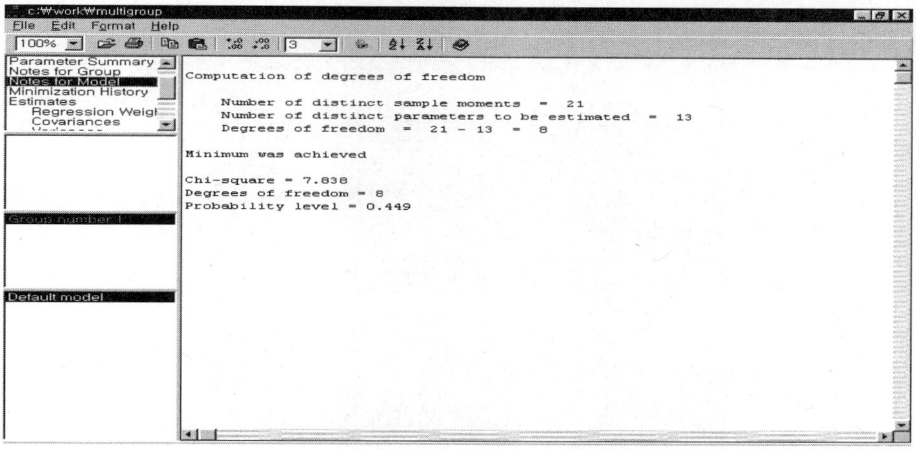

Computation of degrees of freedom

Number of distinct sample moments = 21
Number of distinct parameters to be estimated = 13
Degrees of freedom = 21 - 13 = 8

Minimum was achieved

Chi-square = 7.838
Degrees of freedom = 8
Probability level = 0.449

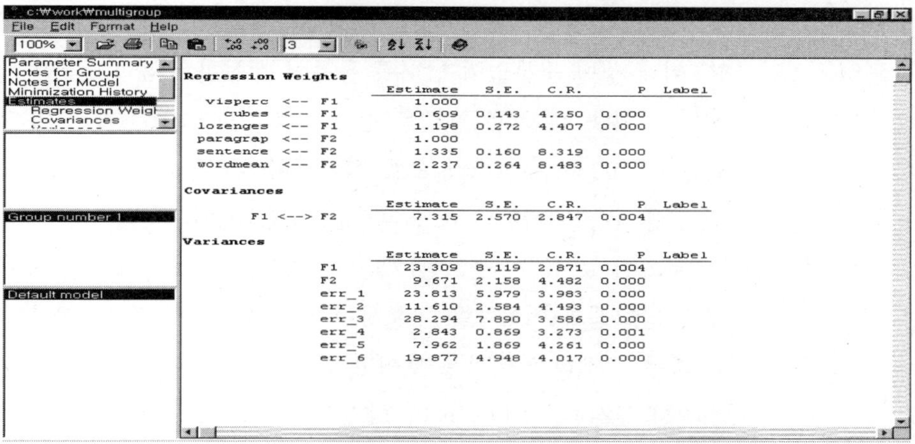

Regression Weights

	Estimate	S.E.	C.R.	P	Label
visperc <--- F1	1.000				
cubes <--- F1	0.609	0.143	4.250	0.000	
lozenges <--- F1	1.198	0.272	4.407	0.000	
paragrap <--- F2	1.000				
sentence <--- F2	1.335	0.160	8.319	0.000	
wordmean <--- F2	2.237	0.264	8.483	0.000	

Covariances

	Estimate	S.E.	C.R.	P	Label
F1 <--> F2	7.315	2.570	2.847	0.004	

Variances

	Estimate	S.E.	C.R.	P	Label
F1	23.309	8.119	2.871	0.004	
F2	9.671	2.158	4.482	0.000	
err_1	23.813	5.979	3.983	0.000	
err_2	11.610	2.584	4.493	0.000	
err_3	28.294	7.890	3.586	0.000	
err_4	2.843	0.869	3.273	0.001	
err_5	7.962	1.869	4.261	0.000	
err_6	19.877	4.948	4.017	0.000	

<그림 12.14>
모형적합도 지수

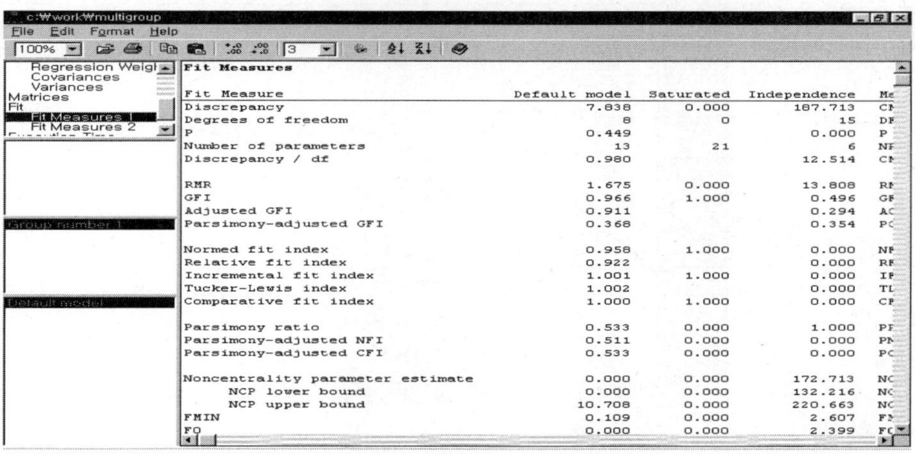

Fit Measures

Fit Measure	Default model	Saturated	Independence
Discrepancy	7.838	0.000	187.713
Degrees of freedom	8	0	15
P	0.449		0.000
Number of parameters	13	21	6
Discrepancy / df	0.980		12.514
RMR	1.675	0.000	13.808
GFI	0.966	1.000	0.496
Adjusted GFI	0.911		0.294
Parsimony-adjusted GFI	0.368		0.354
Normed fit index	0.958	1.000	0.000
Relative fit index	0.922		0.000
Incremental fit index	1.001	1.000	0.000
Tucker-Lewis index	1.002		0.000
Comparative fit index	1.000	1.000	0.000
Parsimony ratio	0.533	0.000	1.000
Parsimony-adjusted NFI	0.511	0.000	0.000
Parsimony-adjusted CFI	0.533	0.000	0.000
Noncentrality parameter estimate	0.000	0.000	172.713
NCP lower bound	0.000	0.000	132.216
NCP upper bound	10.708	0.000	220.663
FMIN	0.109	0.000	2.607
F0	0.000	0.000	2.399

<그림 12.15>
모형적합결과

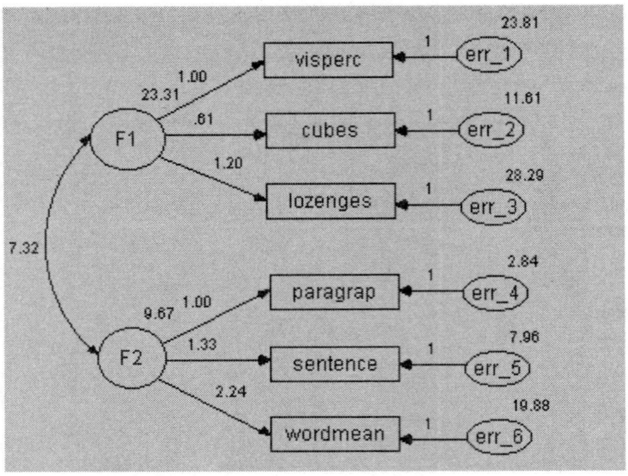

이제 성별 구분없이 남녀를 통틀어 계산한 <표 12.4>의 상관행렬을 이용하여 모형을 적합시켜보도록 한다. <그림 12.16>과 같이 가능도비 카이제곱값은 3.643(p값=0.888)으로 적합되며 공간능력과 어휘능력간의 상관이 0이라는 주장은 기각된다 (C.R.=3.93, p값=0.00).

<그림 12.10>, <그림12.13>, <그림 12.16>에서 추정된 계수를 비교해보면 남학생과 여학생을 구분하여 추정한 계수가 남녀 구분없이 추정한 계수와 매우 근소한 차이만을 보이고 있다. 그러나 각 인자들과 오차성분에 대해 추정된 분산은 성별에 따라 다소 차이를 보인다.

<표 12.4>
상관행렬
(grnt_both_corr.sav)

grnt_both_corr.sav - SPSS Data Editor

	rowtype_	varname_	visperc	cubes	lozenges	paragrap	sentence	wordmean
1	n		145.000	145.000	145.000	145.000	145.000	145.000
2	corr	visperc	1.000	.	.	.	.	.
3	corr	cubes	.326	1.000	.	.	.	.
4	corr	lozenges	.449	.417	1.000	.	.	.
5	corr	paragrap	.342	.228	.328	1.000	.	.
6	corr	sentence	.309	.159	.287	.719	1.000	.
7	corr	wordmean	.317	.195	.347	.714	.685	1.000
8	stddev		6.914	4.445	8.317	3.375	4.649	7.948
9	mean		29.579	24.800	15.965	9.952	18.848	17.283

Data View / Variable View
SPSS Processor is ready

<그림 12.16>
모형적합도
검증(상)
추정된 계수(하)

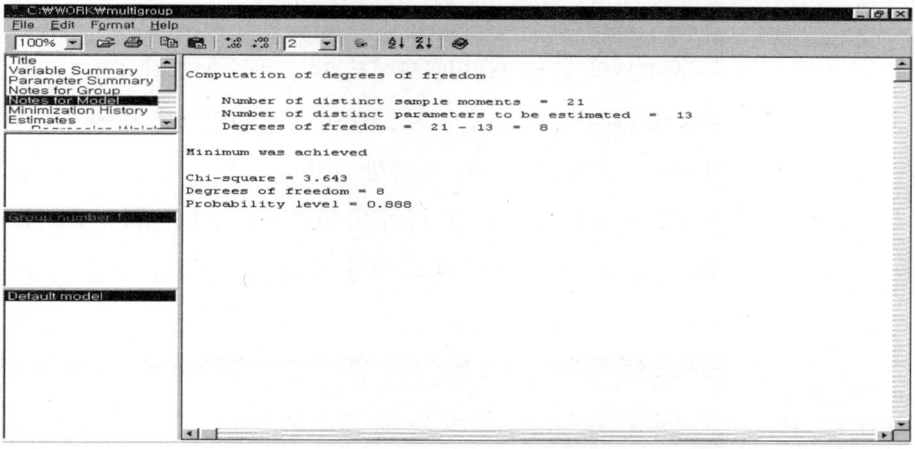

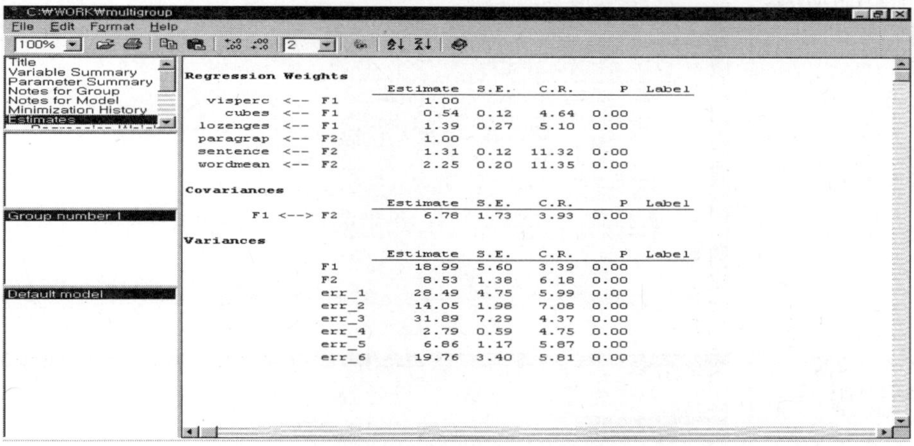

그렇다면 남학생 그룹과 여학생 그룹간에는 공간능력과 어휘능력이 6개의 관측된 변수에 미치는 영향이 동일하다고 볼 수 있을까?

이를 검증하기 위해서는

- 13개의 추정해야 할 모수가 각 그룹별로 완전히 동일한 모형
- 분산이나 공분산은 그룹별로 차이가 있고 가중치계수만 동일한 모형

에 적합시켜 보는 것이다. 여기서는 두 그룹별로 계산된 가중치계수만 동일한 모형에 대해서 검증해보기로 하겠다.

앞에서 다군인자모형 적합을 위한 1단계 작업은 각 그룹별로 산출한 검증통계량을 합하는 것이었다. 물론 각 그룹별 데이터에 대하여 지금까지 수행해온 것처럼 해도 되지만 AMOS의 프로그래밍모드를 활용하면 쉽게 이를 계

산할 수 있다.

AMOS의 프로그래밍모드에서 명령문을 <그림 12.17>과 같이 작성한 후 수행시켜보자. 이는 남·여 그룹이 각각 2인자 모형을 따른다는 것을 상정한 것이다. 남학생 그룹과 여학생 그룹별로 인자에 걸친 변수들의 계수는 (1)로 표시된 변수들을 제외한 나머지 변수(cubes, lozenges, sentence, wordmean)에 대한 계수값이 성별에 따라 다를 수 있다는 것을 상정한 것이다.

<그림 12.17>
남녀 그룹별
동일인자구조에
대한 프로그램
(grnt_both.AmosBasic)

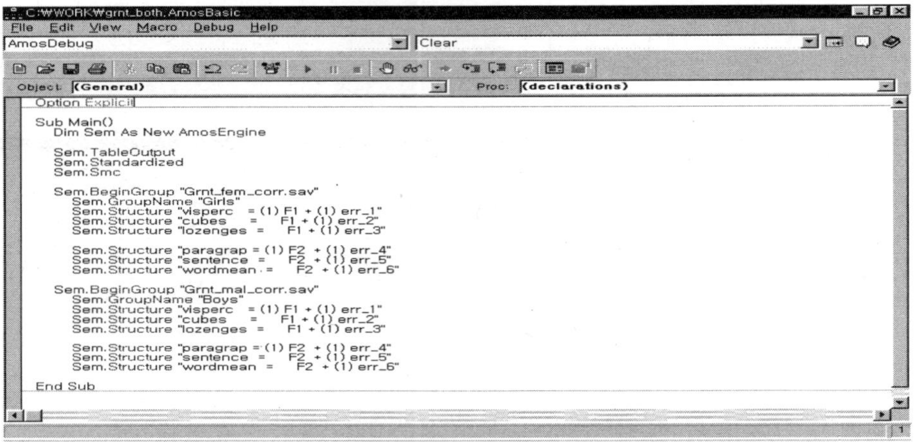

<그림 12.18>
모형적합도 검증

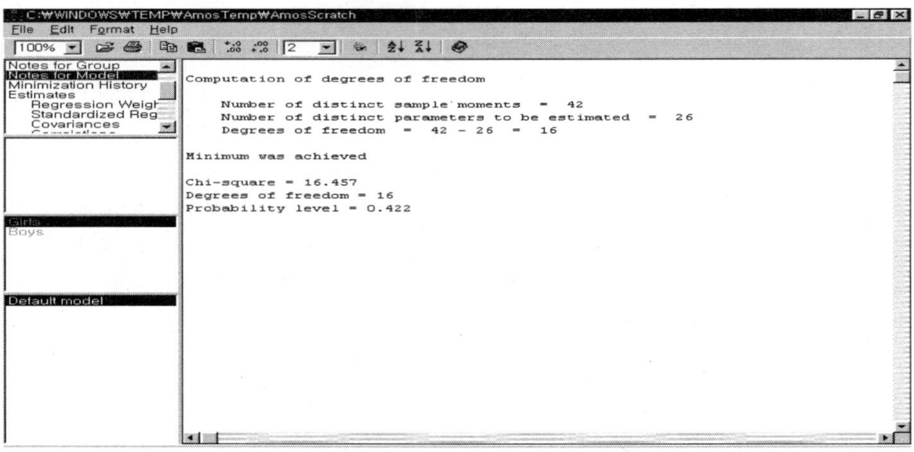

모형적합에 대한 유의성 검증 결과는 <그림 12.18>에서 보듯이 $LR\ \chi^2 = 16.457$ (p값=0.422)로 설정한 모형이 부적합하다고 보기 어렵다.

이제 단계2에서의 작업을 위해 성별과 무관하게 cubes, lozenges, sentence, wordmean의 가중치계수가 동일하다는 것을 <그림 12.19>와 같은 프로그램으로 작성하자. 즉, 2인자로 구성된 모형의 구조도 그룹별로 동일하며 각 변수들에 미치는 인자의 가중치도 동일하다는 것을 나타낸 것이다. 그래서 그룹별 동일한 가중치를 나타내기 위해 cube_s, lozn_s, sent_v, word_v를 사용하였다. <그림 12.20>은 이를 수행한 모형적합도 검증결과이다.

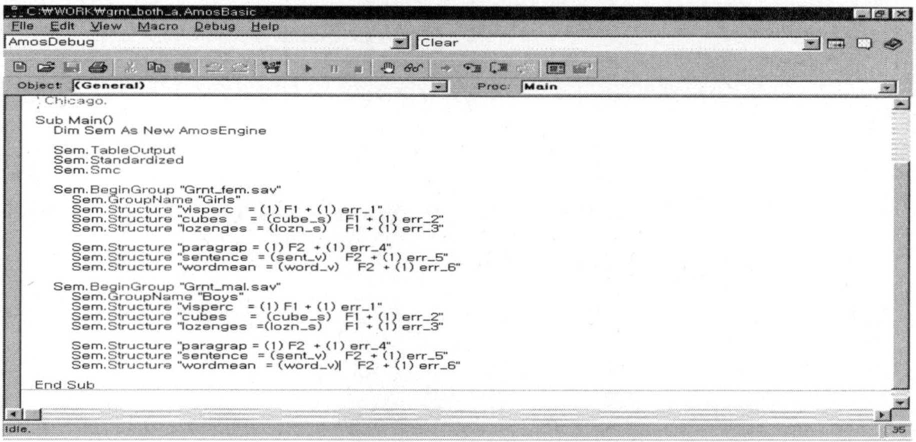

<그림 12.19> 동일구조의 인자와 동일계수를 상정한 프로그램 (grnt_both_a.Amos Basic)

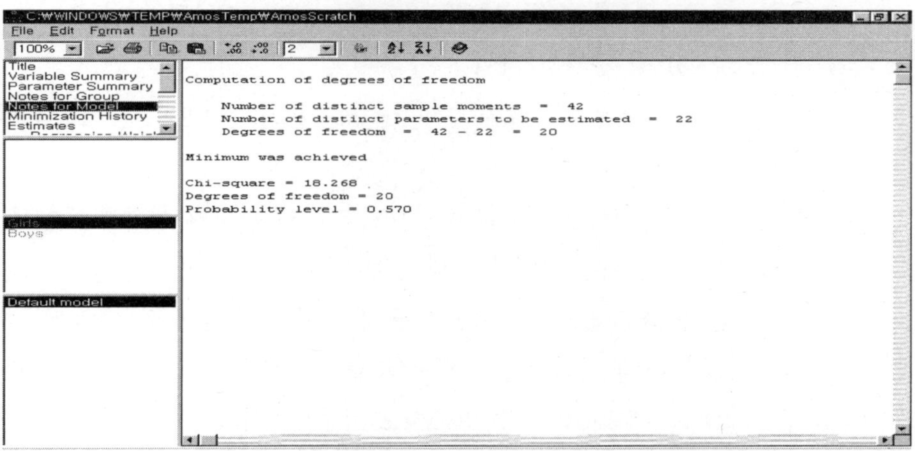

<그림 12.20> 모형적합검증 결과 (상) 추정된 계수 (하)

<그림 12.20>
(계속)

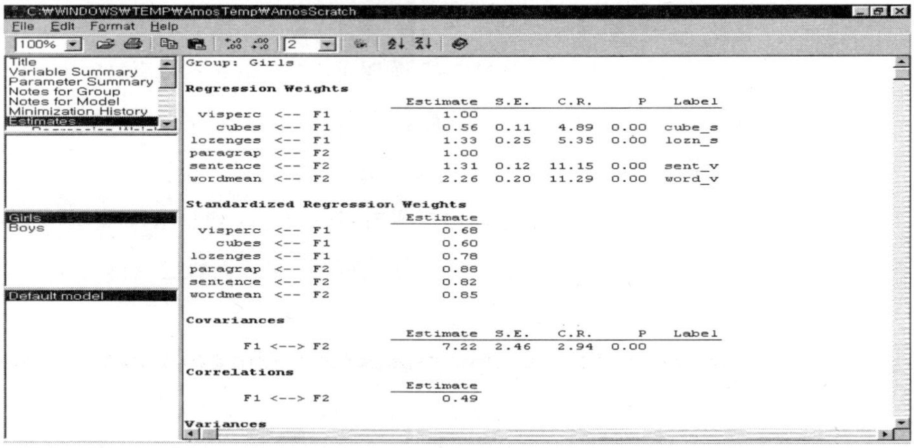

이제까지의 분석결과를 정리하면 다음과 같다 (소숫점 셋째자리에서 절삭).

1) 각 그룹별 분석결과 :

남자군 $LR_1\ \chi^2 = 8.62$, $df = 8$

여자군 $LR_1\ \chi^2 = 7.83$, $df = 8$

$\therefore$ 전체합계 $LR_1\ \chi^2 = 16.45$, $df = 16$ (<그림 12.18>)

2) 통합된 자료에 대한 분석결과 :

$LR_0\ \chi^2 = 18.26$, $df = 20$ (<그림 12.20>)

3) 두 결과의 차이 :

$LR_0\ \chi^2 - LR_1\ \chi^2 = 18.26 - 16.45 = 1.81$, $df = 20 - 16 = 4$

결과적으로 유의하지 않으므로 남학생 군과 여학생 군간에 공간능력과 어휘능력간에는 차이가 있다고 보기 어렵다. 따라서 분산과 공분산에 대한 추정값을 제외하고 남·녀 그룹에 대해 공통적으로 추정된 계수값은 <그림 12.20>의 하단부분의 결과와 같다. 물론 분산과 공분산마저 두 그룹에 대해서 동일하다고 할 수 있는지도 검증해보아야 하겠지만 생략하기로 하겠다. (보다 자세한 내용은 매뉴얼을 참조하라.)

12.4 이론적 고찰

1) 검증방법

p-변량 벡터 $x=(X_1,\cdots,X_p)^t$ 의 공분산행렬 Σ에 포함된 모수 (parameter)는 모두 $p(p+1)/2$ 개이다. 그런데 AMOS 모형 (12.1)을 명시화하는 데, 즉 Λ_x, Φ 및 Θ_δ를 표현하는데 k개의 모수가 필요하다고 하자. 그러면, 모형 (12.1)이 참이라는 가설하에서, 모형 적합성은 가능도비 카이제곱 통계량 (likelihood ratio chi-square statistic)

$$LR\,\chi^2 = 2\log\max L(\Sigma) - \log\max L(\Lambda_x, \Phi, \Theta_\delta)$$

은 $\chi^2\,(\mathrm{df}=p\,(p+1)/2-k)$ 분포를 따르게 된다. 예를 들어, <그림 12.1>의 인자모형에서 $p(p+1)/2=10$이고

1) H_0: $\phi=0$ 하에서 $k=4+4=8$이므로,

$$LR_0\,\chi^2 \sim \chi^2(\mathrm{df}_0), \mathrm{df}_0 = 2.$$

2) H_1: $\phi\neq 0$ 하에선 $k=4+1+4=9$,

$$LR_1\,\chi^2 \sim \chi^2(\mathrm{df}_1),\ \mathrm{df}_1 = 1$$

이다.

그런데 가능도비 검증의 일반 이론에 따라 H_0 하에서는

$$LR_0\,\chi^2 - LR_1\,\chi^2 \sim \chi^2(\mathrm{df}_0 - \mathrm{df}_1),\quad \mathrm{df}_0 - \mathrm{df}_1 = 1$$

을 따른다. 만약, 이것이 유의하면 영가설 H_0: $\phi=0$를 기각해야 한다.

2) 적합도 지표

12.1절에서 설명한 모형 (12.1)에 의하여 공분산행렬 (12.2)가 생성된다. 그러므로, 모수를

$$\theta = (\Lambda_x, \Phi, \Theta_\delta)$$

라고 하고 이에 대한 최대가능도추정값(MLE, maximum likelihood estimate)을 $\hat{\Theta}$로, 이에 의한 공분산행렬의 추정값을 $\hat{\Sigma}=\Sigma(\hat{\theta})$로, 표본 공분산행렬을 S로 표기할 때, 모형적합도 지수 GFI를 다음과 같이 정의한다.

▷ GFI (goodness-of-fit index) :

$$\text{GFI} = 1 - \frac{\text{tr}[(\hat{\Sigma}^{-1}S - I)^2]}{\text{tr}[(\hat{\Sigma}^{-1}S)^2]}, \quad 0 \le \text{GFI} \le 1 .$$

GFI에 대한 기준으로는 관례적으로 0.9(=90%)가 통한다. S와 $\hat{\Sigma}$가 일치하는 경우, GFI는 물론 1(=100%)이다.

그런데 회귀분석에서 결정계수 R^2가 회귀모형의 자유도를 반영하지 않아 수정이 필요하듯이 GFI도 마찬가지이다. 모형적합도 수정지수는 다음과 같이 정의된다.

▷ AGFI (adjusted goodness-of-fit index) :

$$\text{AGFI} = 1 - \left[\frac{p(p+1)/2}{\text{df}}\right]\frac{tr[(\hat{\Sigma}^{-1}S - I)^2]}{tr[(\hat{\Sigma}^{-1}S)^2]}, \quad 0 \le \text{AGFI} \le 1,$$

여기서 p는 변량의 수이고 df는 $p(p+1)/2 - k$ 이다 (여기서 k는 모수 벡터 θ를 구성하는 자유모수의 수).

AGFI에 관한 관례적 기준값은 0.8(=80%)이다. 이외에도 제곱근평균제곱오차 RMSR이 있다.

▷ RMSR (root mean square residual) 또는 RMR :

$$\text{RMSR} = \sqrt{\frac{\sum_{i=1}^{p}\sum_{j=1}^{p}(\hat{\sigma}_{ij} - s_{ij})^2}{p(p+1)/2}} .$$

이것은 표본공분산의 각 요소와 그것의 모형추정치간 제곱차이를 지수화한 것이다. RMSR은 서로 다른 두 모형의 적합도를 비교하는 데 유용할 뿐 적절한 기준값은 없다. 측정변수의 단위에 크게 의존한다.

이 외의 여러 가지 통계량에 대해서는 보다 상세히 설명되어 있는 참고도서가 도움이 될 것이다.

12.5 맺음 말

확증적 인자분석은 탐색적 인자분석과는 자료분석의 성격이 다르다. 후자가 진취적 · 자유롭다면 전자는 보수적 · 신중하다고 할 수 있다. 확증적 인자분석으로 연구자는 제안된 구인의 측정에 대한 타당성과 이론체계의 구조적

틀을 방어해야 할 입장에 서기 때문이다.

확증적 인자분석은 다음 장에서 본격적으로 다룰 선형구조관계(LISREL) 모형의 일부이다. 선형구조관계모형(혹은 공분산구조 분석)은 최근 들어 사회과학 연구기법으로 많이 쓰이고 있으므로 그 기초를 확실히 이해해두는 것이 좋다. (LISREL이 실제로는 과다하게 쓰이는 경향이 없지 않다. 사회과학이 최종적으로 지향하고자 하는 사회현상과 행태에 대한 인과모형을 LISREL이 직접 다루기 때문이다. 그러나, 이론이 견고하게 받쳐주고 자료관측이 엄밀하지 않다면 LISREL은 무리이기 쉽다).

제 13 장

공분산구조분석

13.1 선형구조관계모형이란?

선형구조관계모형(linear structural relationship model, LISREL model; 공분산구조분석, covariance structure analysis)은 다변량 변수들간 공분산 행렬을 이용하여 구조모형과 측정모형에 대한 통계적 분석을 하는 것으로 회귀분석과 인자분석을 통합하였다고 보면 된다. 그러면 구조모형과 측정모형이란 무엇인가?

구조모형(structural model)은 경로모형(path model)이라는 것으로 구인(構因, construct) 또는 변수간 인과적 관계를 지시한다. 예를 들어 <그림 13.1>의 a는 소비자 행태에 관한 구조모형이다 (소비자의 태도가 구매의도에 영향을 주고, 다시 소비자 태도와 구매의도가 구매행위에 영향을 준다. 즉, 구매라는 행위는 태도로부터 직접적 영향을 받는 것 외에 태도로부터 구매의도를 통한 간접적 영향을 받는다.)

한편, 측정모형(measurement model)은 잠재적 구인에 대한 1-인자 모형이라고 할 수 있다. 예컨대 소비자 태도와 구매의도를 각각 2개 문항과 3개 설문에 대한 반응으로 구성하고자 하는 경우 <그림 13.1>의 b와 같이 측정모형을 나타낼 수 있다 (여기서, 구매는 직접 표출되는 변수이기 때문에 측정모형을 필요로 하지 않는다).

공분산 구조 모형에서는 변수와 구인 내에 다음과 같은 개념 구분이 필요하다.

▷ 용어정의 :

- 내생적(endogenous) - 다른 변수 또는 구인(構因)에 의하여 영향받는
- 외생적(exogenous) - 내생적이 아닌

예컨대, <그림 13.1>에서 태도(ATT)는 외생적 구인이며 구매의도(BI)는 내생적 구인, 구매(B)는 내생적 변수라고 할 수 있다.

선형구조관계모형에 쓰이는 팩키지 프로그램으로 대표적인 것은 LISREL (linear structural relations)이다. 이외에도 SAS의 PROC CALIS가 있고 SPSS에는 AMOS가 있다. 위 프로그램들은 거의 동등하다.

<그림 13.1>
소비자 향태에
관한 구조모형과
측정모형

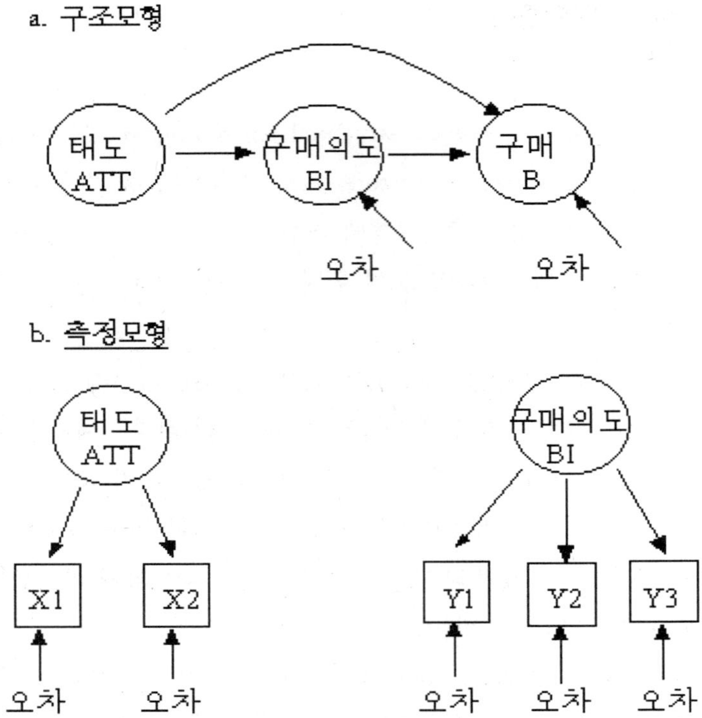

13.2 선형구조관계 모형과 표기

선형구조관계 모형은 일반적으로 다음과 같이 표현된다. 워낙 여러 종류의 그리스 문자가 나타나 혼란스럽겠지만 참고 견디어내기 바란다. 그리스 알파벳부터 익혀보자.

η : 에타(eta), 내생적 구인(들)을 나타낸다.

ξ : 크시(xi), 외생적 구인(들)을 나타낸다.

ζ : 제타(zeta), 구조모형에서 오차(들)을 나타낸다.

δ : 델타(delta), 외생적 구인에 대한 측정모형에서 오차(들)을 나타낸다.

ϵ : 엡실론(epsilon), 내생적 구인에 대한 측정모형에서 오차(들)을 나타낸다.

<그림 13.2>
선형구조관계모형
개념도 1

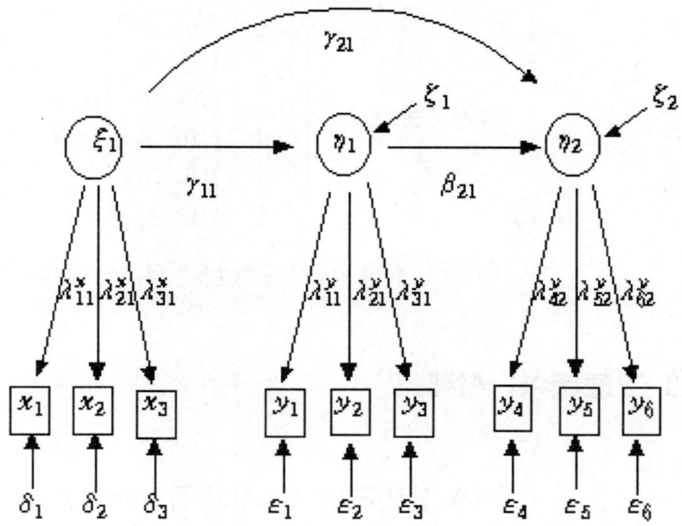

▷ LISREL 모형 (정의)

- 구조모형 : $\eta = \Gamma \xi + B \eta + \zeta, \quad \Phi = \mathrm{Cov}(\xi), \quad \Psi = \mathrm{Cov}(\zeta).$
- 측정모형 : $x = \Lambda_x \xi + \delta, \quad \Theta_\delta = \mathrm{Cov}(\delta).$

  $y = \Lambda_y \eta + \epsilon, \quad \Theta_\epsilon = \mathrm{Cov}(\epsilon).$

<그림 13.2>는 선형구조관계모형의 전형적 예인데, 2개의 내생적 구인 η_1, η_2 와 1개의 외생적 구인 ξ_1 간의 구조모형과 η_1, η_2, ξ_1 에 대한 측정모형으로 구성되어 있다. 즉,

구조모형 : $$\begin{pmatrix}\eta_1\\ \eta_2\end{pmatrix} = \begin{pmatrix}\gamma_{11}\\ \gamma_{21}\end{pmatrix}\xi_1 + \begin{pmatrix}0 & 0\\ \beta_{21} & 0\end{pmatrix}\begin{pmatrix}\eta_1\\ \eta_2\end{pmatrix} + \begin{pmatrix}\zeta_1\\ \zeta_2\end{pmatrix},$$

여기서, $\mathrm{Cov}\begin{pmatrix}\zeta_1\\ \zeta_2\end{pmatrix} = \begin{pmatrix}\psi_{11} & \psi_{12}\\ \psi_{21} & \psi_{22}\end{pmatrix} \ (\equiv \Psi)$ (단, $\psi_{12} = \psi_{21} = 0$),

$\mathrm{Var}(\xi_1) = \phi_{11}.$

측정모형 1 : $$\begin{pmatrix}x_1\\ x_2\\ x_3\end{pmatrix} = \begin{pmatrix}\lambda^x_{11}\\ \lambda^x_{21}\\ \lambda^x_{31}\end{pmatrix}\xi_1 + \begin{pmatrix}\delta_1\\ \delta_2\\ \delta_3\end{pmatrix},$$

여기서, $\mathrm{Cov}(\delta_1, \delta_2, \delta_3)\ (\equiv \Theta_\delta) = \mathrm{diag}\ (\theta_{\delta 11}, \theta_{\delta 22}, \theta_{\delta 33}).$

$$\text{측정모형 2 :}\quad \begin{pmatrix} y_1 \\ y_2 \\ y_3 \\ y_4 \\ y_5 \\ y_6 \end{pmatrix} = \begin{pmatrix} \lambda_{11}^{y} & 0 \\ \lambda_{21}^{y} & 0 \\ \lambda_{31}^{y} & 0 \\ 0 & \lambda_{42}^{y} \\ 0 & \lambda_{52}^{y} \\ 0 & \lambda_{62}^{y} \end{pmatrix} \begin{pmatrix} \eta_1 \\ \eta_2 \end{pmatrix} + \begin{pmatrix} \epsilon_1 \\ \epsilon_2 \\ \epsilon_3 \\ \epsilon_4 \\ \epsilon_5 \\ \epsilon_6 \end{pmatrix},$$

여기서, $\mathrm{Cov}(\epsilon_1, \cdots, \epsilon_6)\ (\equiv \Theta_\epsilon) = \mathrm{diag}(\theta_{\epsilon 11}, \cdots, \theta_{\epsilon 66})$.

12.3 경로분석: 사례 1

이제 선형구조관계모형의 특수하거나 간단한 예들을 연습하여 보도록 하겠다. 경로분석(path analysis)은 구조모형 만으로 구성된 선형구조관계모형이다. 즉 구인들이 모두 변수로 표출가능한 경우이다. 다음 개념도를 보라.

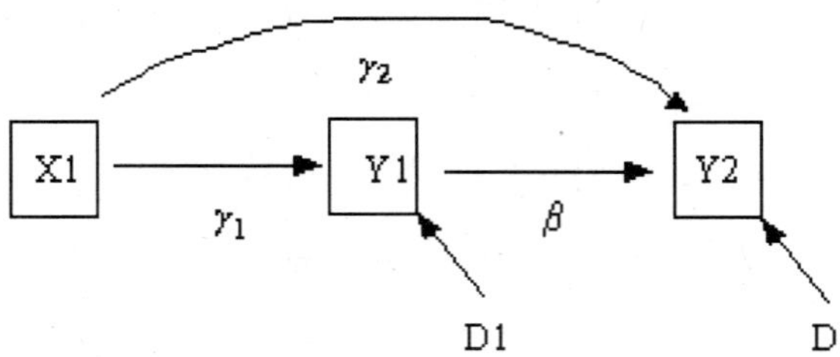

개념도에서 3개의 측정변수 Y1, Y2, X1이 나타난다. 그리고 이들 세 변수의 공분산행렬이 다음과 같다고 하자 .

<표 13.1>
path1.sav

	rowtype_	varname_	y1	y2	x1
1	n		200.000	200.000	200.000
2	cov	y1	16.000	.	.
3	cov	y2	8.960	16.000	.
4	cov	x1	6.400	4.160	4.000

공분산 행렬의 자유 칸이 모두 6개이나 경로모형에서 모수도 또한 6개이므로 (계수 γ_1, γ_2, β 외에 구조적 오차항 D1과 D2의 분산 및 외생적 변수 X1의 분산 등), 포화모형이 된다.

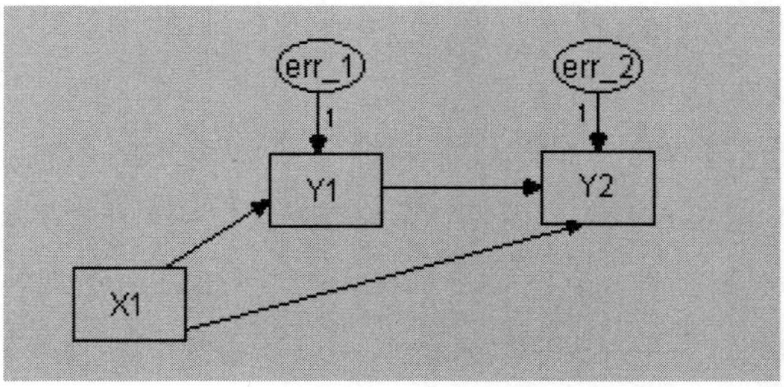

<그림 13.3>
경로모형 1
(path1.amw)

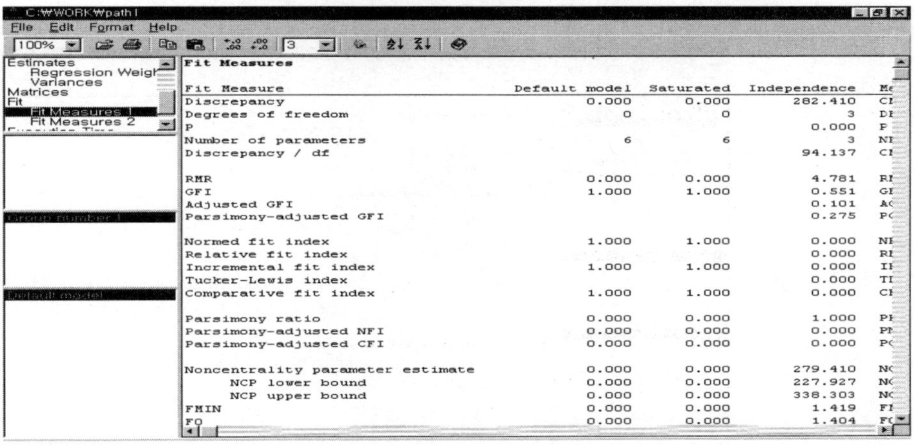

<그림 13.4>
모형적합도 지수

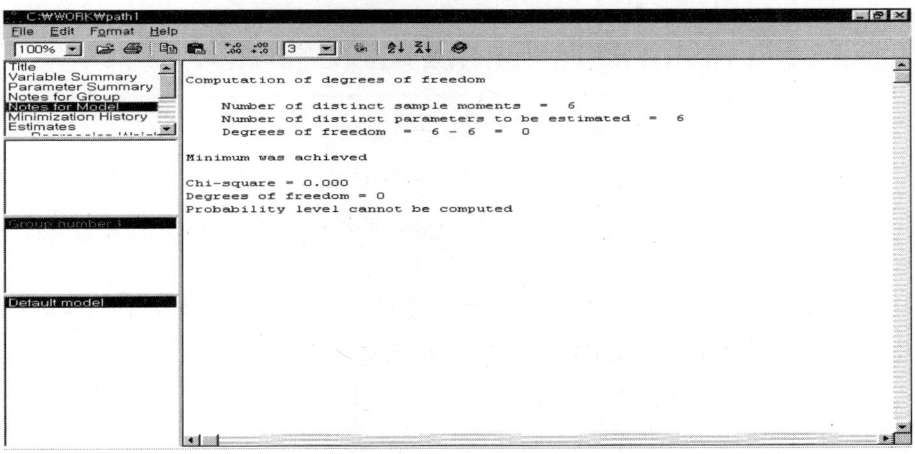

<그림 13.5>
모형적합도
검정결과

<그림 13.1>의 모형도를 실행시키면 <그림 13.4>의 AMOS 출력결과에서 보듯이 모형적합도 지수 GFI는 1이고, 포함모형이기 때문에 수정지수 AGFI는 정의되지 않는다 (GFI와 AGFI의 정의에 대하여는 12장 참조). 그리

고 포화모형이기 때문에 <그림 13.5>와 같이 모형 적합도에 대한 가능도비 카이제곱 $LR\ \chi^2$는 0이다.

한편 내생적 변수 Y1과 Y2에 대한 구조 방정식은 <그림 13.6>과 같다. γ_1(GAM1), γ_2(GAM2), β(BETA)에 대한 t 값을 나타내는 C.R.이 모두 2이상으로 유의하다. 또한 γ_1(GAM1), γ_2(GAM2), β(BETA)에 대한 표준화 계수도 제공함으로써 각 변수(오차항 포함)의 상대적 중요성을 알려준다 (표준화계수는 AMOS의 **Analysis Properties**에서 선택해야 함).

<그림 13.6>
추정된 계수

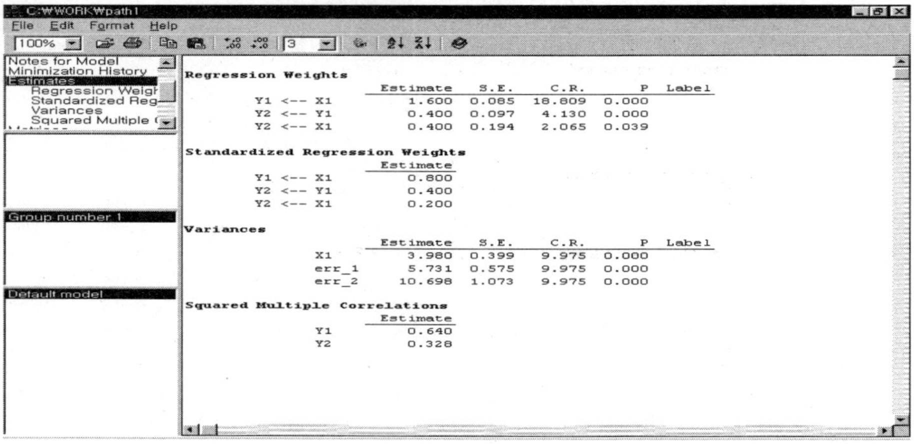

따라서 다음과 같이 분석결과를 정리할 수 있다.

Y1	=	1.6*X1 + 오차,	결정계수 0.640
Y2	=	0.4*Y1 + 0.4*X1 + 오차,	결정계수 0.328

※ 각 경로계수는 모두 통계적으로 유의함 (C.R.값>2).

그러므로 외생적 변수 X1이 최종적인 내생적 변수 Y2에 미치는 총 효과(total effect)를 다음과 같이 직접효과(direct effect)와 간접효과(indirect effect)로 나누어 볼 수 있다.

X1이 Y2에 미치는 직접효과 = 0.4 = 0.4,

X1이 Y2에 미치는 간접효과 = 1.6*0.4 = 0.64,

∴ X1이 Y2에 미치는 총효과 = 0.4 + 0.64 = 1.04.

따라서 X1이 Y2에 미치는 총효과 중에서 약 60% 정도는 Y1을 통하여 이루어지는 간접효과인 것이다.

13.4 경로분석: 사례 2

<표 13.2>는 2개의 외생적 변수와 3개의 내생적 변수간의 공분산행렬로 각 변수들에 대한 설명은 다음과 같다.

Y1 = deference (submissiveness) to managers,
Y2 = support for labor activism,
Y3 = sentiment towards unions,
X1 = logarithm of years in textile mill,
X2 = age.

<그림 13.7>은 이들 변수들에 대한 경로모형 분석을 위한 개념도이다.

<표 13.2> 경로모형도2의 공분산행렬 (path2.sav)

File Edit View Data Transform Analyze Graphs Utilities Window Help

1 : rowtype_ n

	rowtype_	varname_	y1	y2	y3	x1	x2
1	n		173.000	173.000	173.000	173.000	173.000
2	cov	y1	14.610	.	.	.	.
3	cov	y2	-5.250	11.017	.	.	.
4	cov	y3	-8.057	11.087	31.971	.	.
5	cov	x1	-.482	.677	1.559	1.021	.
6	cov	x2	-18.857	17.861	28.250	7.139	215.652

<그림 13.7> 경로도 2 (path2.amw)

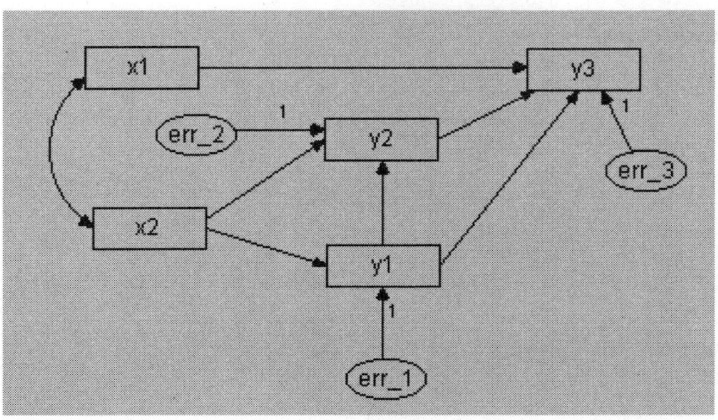

그리고 <그림 13.8>은 <그림 13.7>의 경로모형도에 대한 분석결과이다. 카이제곱값은 $LR\ \chi^2 = 1.25$(p값=0.74)으로 모형적합성은 좋다고 할 수 있다. X1과 X2간의 상관관계는 통계적으로 유의하다 (C.R.=5.69, p값=0.00으로 결과생략). GFI와 AGFI 또한 모두 0.95를 넘고있어 모형 적합성은 매우 좋은 편이라고 할 수 있다.

<그림 13.8>
모형적합 검정 결과(상)
모형적합도 지수(하)

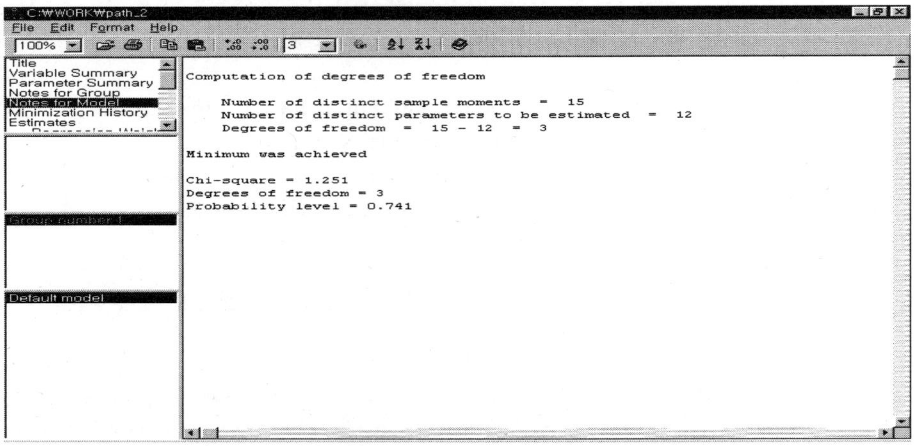

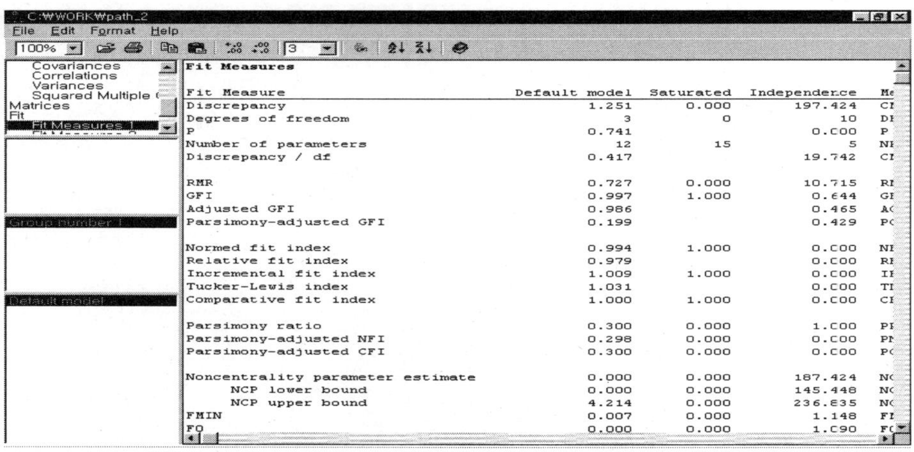

다음으로 <그림 13.9>의 모수 추정치를 살펴보자. 이를 식으로 정리하면 다음과 같다. <그림 13.9>의 적합된 결과(하)는 이를 모형도에 나타낸 것이다.

$$Y_1 = -0.087X_2,\ \ Error\,Var. = 12.89,\ R^2 = 0.11$$

$$Y_2 = -0.285\,Y_1 + 0.058X_2,\ \ Error\,Var. = 8.44,\ \ R^2 = 0.23$$

$$Y_3 = -0.218\,Y_1 + 0.85\,Y_2 + 0.861X_1,\ \ Error\,Var. = 19.34,\ R^2 = 0.39$$

<그림 13.9>
모수 추정치 (상)
적합된 결과 (하)

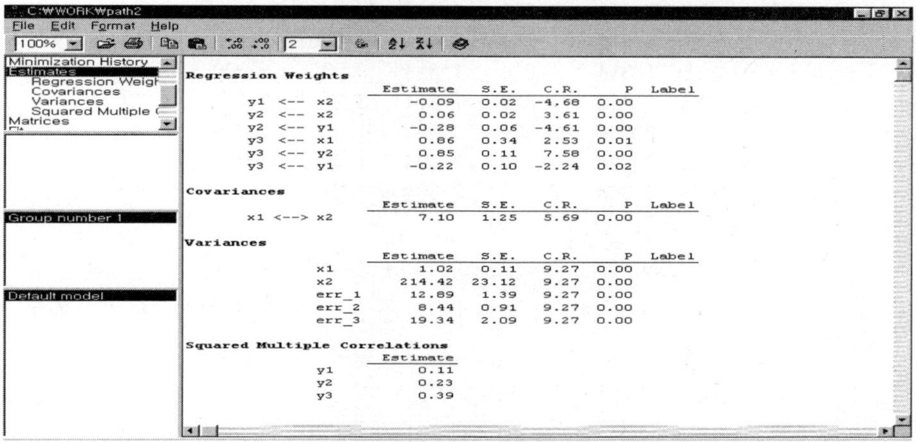

Regression Weights

	Estimate	S.E.	C.R.	P	Label
y1 <-- x2	-0.09	0.02	-4.68	0.00	
y2 <-- x2	0.06	0.02	3.61	0.00	
y2 <-- y1	-0.28	0.06	-4.61	0.00	
y3 <-- x1	0.86	0.34	2.53	0.01	
y3 <-- y2	0.85	0.11	7.58	0.00	
y3 <-- y1	-0.22	0.10	-2.24	0.02	

Covariances

	Estimate	S.E.	C.R.	P	Label
x1 <--> x2	7.10	1.25	5.69	0.00	

Variances

	Estimate	S.E.	C.R.	P	Label
x1	1.02	0.11	9.27	0.00	
x2	214.42	23.12	9.27	0.00	
err_1	12.89	1.39	9.27	0.00	
err_2	8.44	0.91	9.27	0.00	
err_3	19.34	2.09	9.27	0.00	

Squared Multiple Correlations

	Estimate
y1	0.11
y2	0.23
y3	0.39

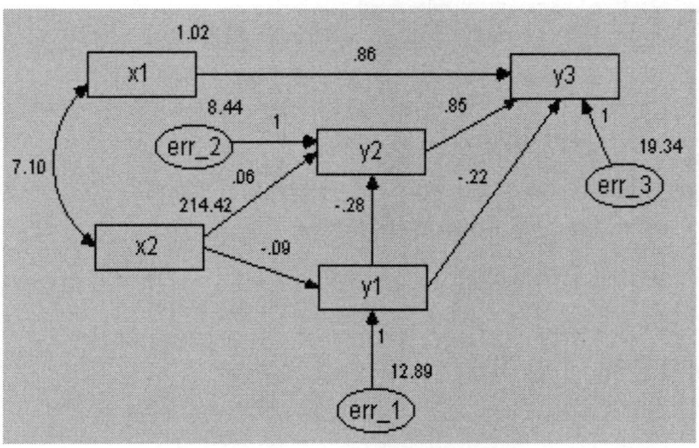

13.5 공분산구조분석: 사례 1

구조모형과 측정모형을 둘 다 가지고 있는 <그림 13.2>의 선형구조관계 모형을 분석하여 보기로 하겠다. 측정 변수 X1, X2, X3, Y1, …, Y6에 대한 공분산 행렬이 다음과 같다고 하자 (가상자료임; 총 관측 수를 200으로 간주함).

	Y1	Y2	Y3	Y4	Y5	Y6	X1	X2	X3
Y1	4.000								
Y2	3.240	4.000							
Y3	3.240	3.240	4.000						
Y4	1.814	1.814	1.814	4.000					
Y5	1.814	1.814	1.814	3.240	4.000				
Y6	1.814	1.814	1.814	3.240	3.240	4.000			
X1	2.304	2.304	2.304	1.498	1.498	1.498	4.000		
X2	2.304	2.304	2.304	1.498	1.498	1.498	2.560	4.000	
X3	2.304	2.304	2.304	1.498	1.498	1.498	2.560	2.560	4.000

AMOS 그래픽모드에서 η_1(=F1)에 대한 측정모형에서 λ^y_{11}을 1로, η_2(=F2)에 대한 모형에서 λ^y_{42}를 1로 고정시켰다. 마찬가지로 ξ_1(=F3)에 대한 모형에서도 λ^x_{11}을 1로 고정시켰다. 잠재적 구인과 첫 번째 측정변수의 척도를 일치시키기 위해서이다.

AMOS 출력에서 보듯이 (가상적 자료가 사용되었기 때문에) 모형 적합도 GFI가 1로 나온다. 포화모형은 아니지만 입력된 표본 공분산행렬과 모형적합 공분산행렬이 일치하게 되었기 때문이다.

```
Covariance Structure Analysis: Maximum Likelihood Estimation

Goodness of Fit Index (GFI) . . . . . . . . . . .        1.0000
GFI Adjusted for Degrees of Freedom (AGFI). . . .        1.0000
Root Mean Square Residual (RMR) . . . . . . . . .        0.0000

Chi-square = 0.0000         df = 24      Prob>chi**2 = 1.0000
```

측정모형에 대한 적합식은 다음과 같다.

```
Y1    =    1.0000 F1   +  1.0000 EY1
Y2    =    1.0000*F1   +  1.0000 EY2
Y3    =    1.0000*F1   +  1.0000 EY3

Y4    =    1.0000 F2   +  1.0000 EY4
Y5    =    1.0000*F2   +  1.0000 EY5
Y6    =    1.0000*F2   +  1.0000 EY6

X1    =    1.0000 F3   +  1.0000 EX1
X2    =    1.0000*F3   +  1.0000 EX2
X3    =    1.0000*F3   +  1.0000 EX3
```

구조모형에 대한 적합식은 다음과 같다.

```
F1     =     0.9000*F3   +  1.0000 D1
F2     =     0.3993*F1   +  0.2257*F3   +  1.0000 D2
```

분석결과를 정리해보자. 아래에서 F1은 η_1 이고 F2는 η_2 이다. 그리고 F3는 ξ_1 이다.

F1 = 0.9*F3 + 오차, 결정계수 0.640
F2 = 0.3993*F1 + 0.2257*F3 + 오차, 결정계수 0.328
※ F3로부터 F2에의 경로계수는 통계적으로 유의하지 않음 (C.R. 값 1.49)

그러므로 직접효과와 간접효과, 총효과를 다음과 같이 계산할 수 있다.

F3가 F2에 미치는 직접효과 = 0.2257,
F3가 F2에 미치는 간접효과 = 0.9*0.3993 = 0.3594,
F3가 F2에 미치는 총효과 = 0.2257 + 0.3594 = 0.5851.

이런 수치들은 AMOS의 <u>Analysis Properties</u>에서

☑ indirect, direct & total effects

를 선택하면 출력되므로 실제로는 계산할 필요가 없다 (생략).

13.6 공분산구조분석: 사례 2

다음은 Joreskog and Sorbom (1997, p.29-)이 선형구조관계모형의 전형으로 제시하는 사례로서, 사회적 소외감에 관한 연구에서 나온 것이다.

측정된 변수는 다음과 같다.

ANOMIA67 = 1967년에 측정한 Anomia Subscale

POWLES67 = 1967년에 측정한 Powerlessness Subscale

ANOMIA71 = 1971년에 측정한 Anomia Subscale
POWLES71 = 1971년에 측정한 Powerlessness Subscale
EDUC = 학교교육을 받은 기간
SEINDX = 던칸의 사회경제지수(Socio-Economic Index)

이 연구에서 제시된 개념도는 기본적으로 <그림 13.2>와 유사하다. 단, 한 군데 차이는 F1 (=1967년 소외감)의 측정변수에서의 오차와 F2 (=1971년 소외감)의 측정변수에서의 오차가 서로 상관되어 있다는 것이다. 예컨대 ANOMIA67 오차와 ANOMIA71 오차 사이의 상관이 θ_{13} 이며 POWLES67 오차와 POWLES71 오차 사이의 상관이 θ_{24} 라는 것이다.

<그림 13.11>은 이 개념도를 AMOS에서 플롯한 것이다. 그리고 이들 변수간의 상관계수행렬은 <표 13.3>과 같다.

<그림 13.10>
선형구조관계모형
개념도 2

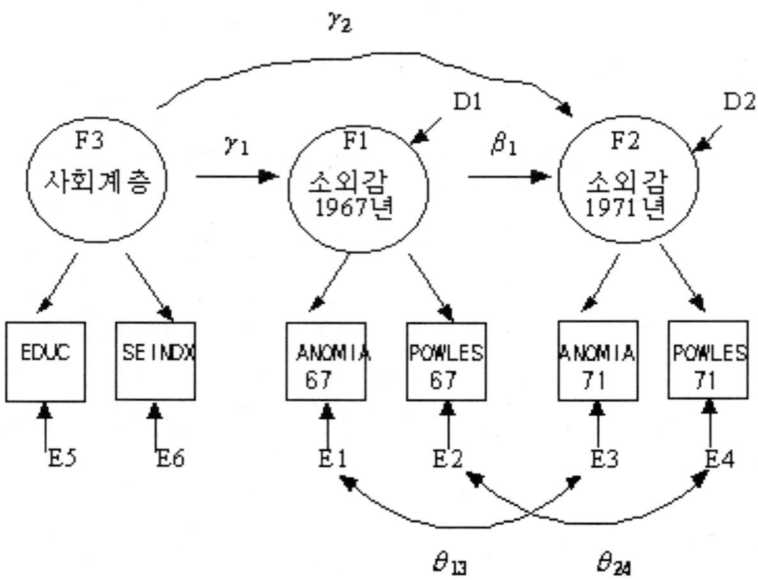

<그림 13.11>
선형구조관계모형
플롯(anomia.amw)

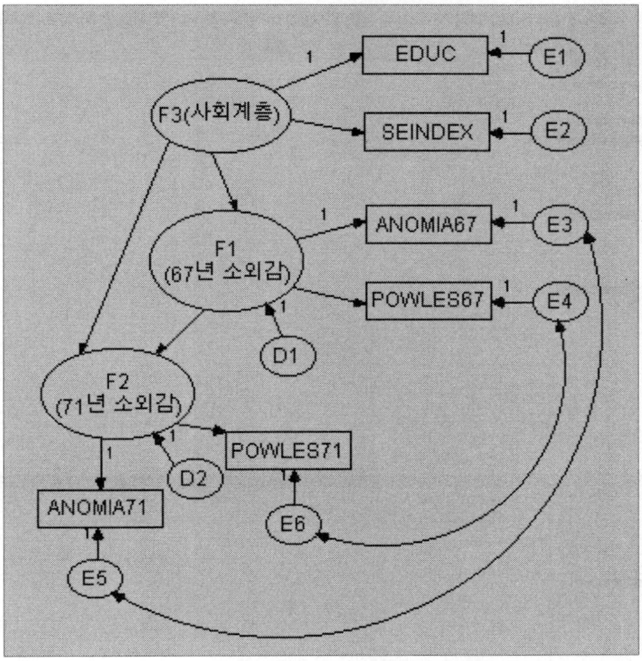

<표 13.3>
상관행렬
(anomia.sav)

anomia.sav - SPSS Data Editor

File Edit View Data Transform Analyze Graphs Utilities Window Help

21 : anomia67

	rowtype_	varname_	anomia67	powles67	anomia71	powles71	educ	seindex
1	n		932.00	932.00	932.00	932.00	932.00	932.00
2	corr	anomia67	1.00	.	.	.	.	.
3	corr	powles67	.66	1.00	.	.	.	.
4	corr	anomia71	.56	.47	1.00	.	.	.
5	corr	powles71	.44	.52	.67	1.00	.	.
6	corr	educ	-.36	-.41	-.35	-.37	1.00	.
7	corr	seindex	-.30	-.29	-.29	-.28	.54	1.00
8	stddev		3.44	3.06	3.54	3.16	3.10	21.22
9	mean		13.61	14.76	14.13	14.90	10.90	37.49

<그림 13.12>는 AMOS에서 <그림 13.11>을 수행시킨 후 얻은 모형적합도 지수이다. GFI가 0.99로 매우 만족스럽다. 한편 모형적합에 대한 검증결과는 가능도비 카이제곱값이 4.73(p값=0.32)으로 유의하지 않으므로 관측자료가 제시된 선형관계구조모형을 위배한다고 보지 않는다 (결과생략).

<그림 13.12>
모형적합지수(상)
모형적합계수(하)

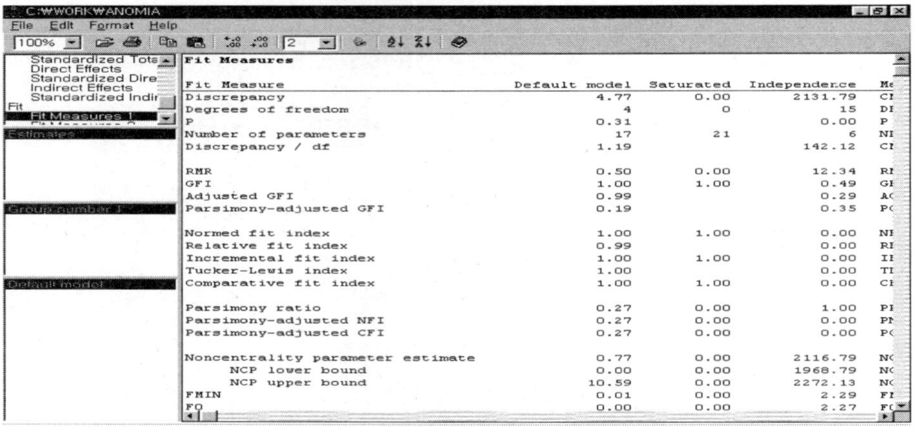

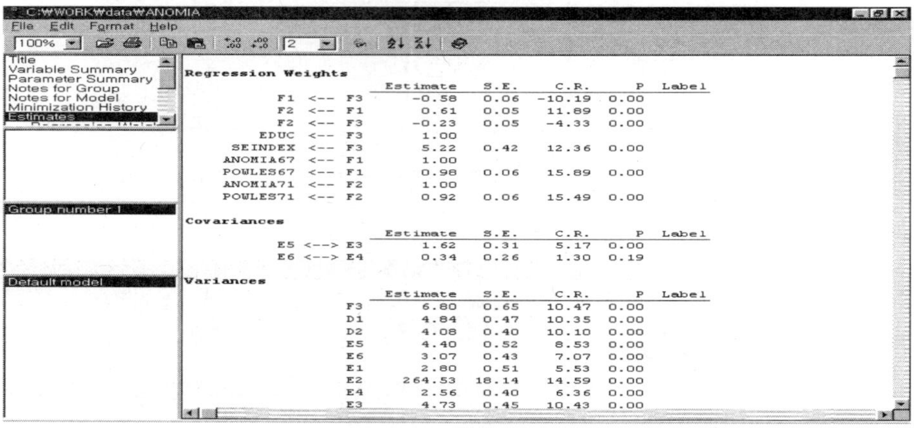

<그림 13.12>의 모형적합계수(하)는 내생적 구인 F1, F2와 외생적 구인 F3의 측정모형에 관한 결과이다. 이들 각 계수들을 개념도에 나타내면 <그림 13.13>과 같다. 이로부터 구조모형에 관한 결과를 정리해보면 모든 계수가 통계적으로 유의함을 볼 수 있다. 따라서 사회적 소외감이 지속되며 ($\beta_1 > 0$), 사회계층이 높을수록 사회적 소외감이 작아지는 것을 볼 수 있다 ($\gamma_1 < 0$, $\gamma_2 < 0$).

$$F_1 = -0.58F_3 + D_1$$

$$F_2 = 0.61F_1 - 0.23F_3 + D_2$$

ANOMIA67 오차(=E1)와 ANOMIA71 오차(=E3) 사이에 다음에서 보듯이 0.36의 상관이, POWLES67 오차(=E2)와 POWLES71 오차(=E4) 사이에

0.12의 상관이 계산된다.

Correlations

			Estimate
E5	<-->	E3	0.356
E6	<-->	E4	0.121

<그림 13.13>
모형적합결과

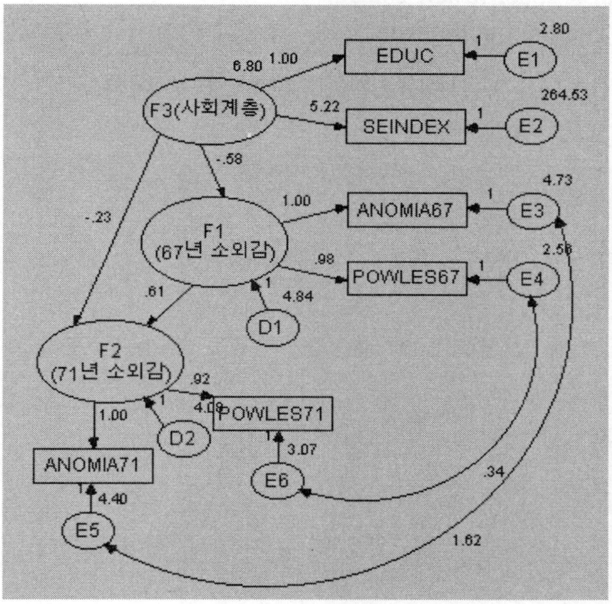

13.7 공분산구조분석: 사례 3

마지막으로 직무 수행도와 만족도에 관한 사례를 다루기로 한다 (Joreskog and Sorbom, 1997, p.34-). 영업직 사원들의 직무 수행도와 만족도에 관한 사례에서 나온 것으로 관측변수는 다음과 같다.

PERFOMM : performance measure (단, 신뢰도=1. ∴ 오차분산=0),
JBSATIS1 : job satisfaction measure 1,
JBSATIS2 : job satisfaction measure 2,
ACHMOT1 : achievement motivation measure 1,
ACHMOT2 : achievement motivation measure 2,
TSSE1 : task-specific self-esteem measure 1,

TSSE2 : task-specific self-esteem measure 2,
VERBINTM : verbal intelligence measure
(단, 신뢰도=0.85 $\therefore$ 오차분산=$3.65^2 \times 0.15 = 1.998$),

잠재변수(구인)는 다음과 같다.

Perform : performance
Jobsatis : job satisfaction
Achmot : achievement motivation
TSSE : task-specific self-esteem
Verbint : verbal intelligence.

<그림 13.14>은 선형구조관계모형의 개념도이다.

<그림 13.14> 선형구조관계모형 플롯 (satisfaction.amw)

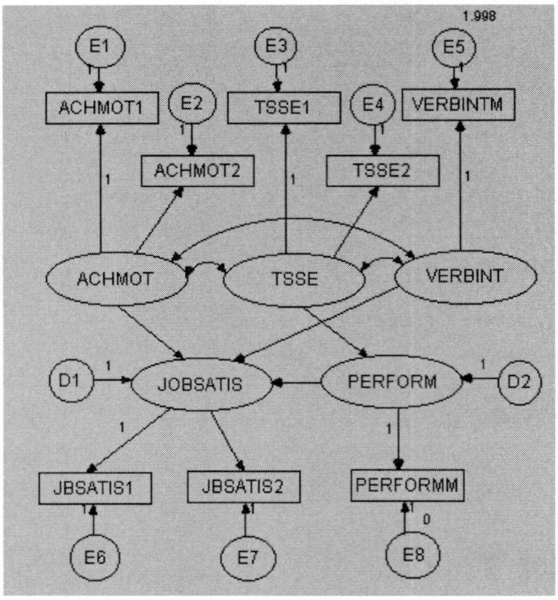

여기서 모형적합을 위해 사용할 데이터는 다음과 같은 변수들간의 상관계수행렬이고 <그림 13.15>는 <그림 13.14>를 수행시킨 결과이다. <그림 13.15>의 모형적합도에 대한 유의성 검증결과와 적합도 지수로부터 데이터가 <그림 13.14>의 모형에 잘 적합되었음을 알 수 있다.

<표 13.4>
데이터 입력
(satisfaction.sav)

	rowtype_	varname_	performm	jbsatis1	jbsatis2	achmot1	achmot2	tsse1	tsse2	verbintm
1	n		122.000	122.000	122.00	122.00	122.000	122.00	122.00	122.000
2	corr	PERFORMM	1.000	.	.	.	.	.	.	.
3	corr	JBSATIS1	.418	1.000	.	.	.	.	.	.
4	corr	JBSATIS2	.394	.627	1.000	.	.	.	.	.
5	corr	ACHMOT1	.129	.202	.266	1.000	.	.	.	.
6	corr	ACHMOT2	.189	.284	.208	.365	1.000	.		.
7	corr	TSSE1	.544	.281	.324	.201	.161	1.000	.	.
8	corr	TSSE2	.507	.225	.314	.172	.174	.546	1.000	.
9	corr	VERBINTM	-.357	-.156	-.038	-.199	-.277	-.294	-.174	1.000
10	stddev		2.090	3.430	2.810	1.950	2.060	2.160	2.060	3.650

<그림 13.15>
모형적합도
검증(상)
모형적합도
지수(하)

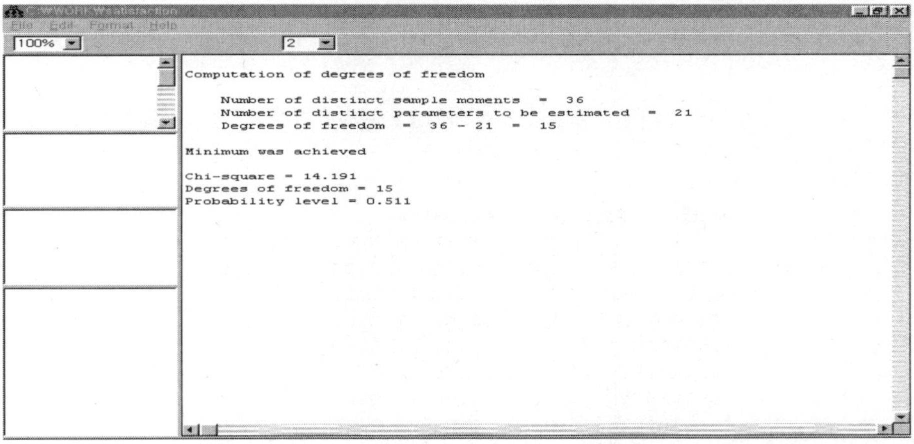

Computation of degrees of freedom

Number of distinct sample moments = 36
Number of distinct parameters to be estimated = 21
Degrees of freedom = 36 - 21 = 15

Minimum was achieved

Chi-square = 14.191
Degrees of freedom = 15
Probability level = 0.511

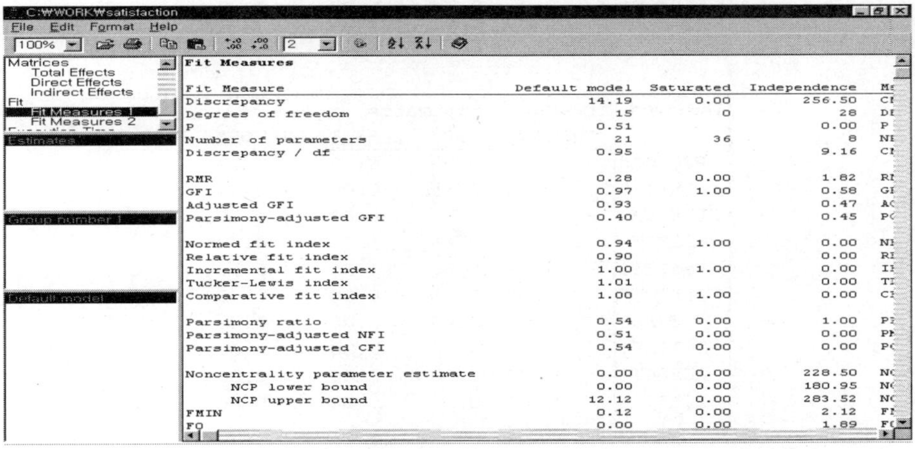

Fit Measures

Fit Measure	Default model	Saturated	Independence
Discrepancy	14.19	0.00	256.50
Degrees of freedom	15	0	28
P	0.51		0.00
Number of parameters	21	36	8
Discrepancy / df	0.95		9.16
RMR	0.28	0.00	1.82
GFI	0.97	1.00	0.58
Adjusted GFI	0.93		0.47
Parsimony-adjusted GFI	0.40		0.45
Normed fit index	0.94	1.00	0.00
Relative fit index	0.90		0.00
Incremental fit index	1.00	1.00	0.00
Tucker-Lewis index	1.01		0.00
Comparative fit index	1.00	1.00	0.00
Parsimony ratio	0.54	0.00	1.00
Parsimony-adjusted NFI	0.51	0.00	0.00
Parsimony-adjusted CFI	0.54	0.00	0.00
Noncentrality parameter estimate	0.00	0.00	228.50
NCP lower bound	0.00	0.00	180.95
NCP upper bound	12.12	0.00	283.52
FMIN	0.12	0.00	2.12
F0	0.00	0.00	1.89

<그림 13.16>
추정된 계수

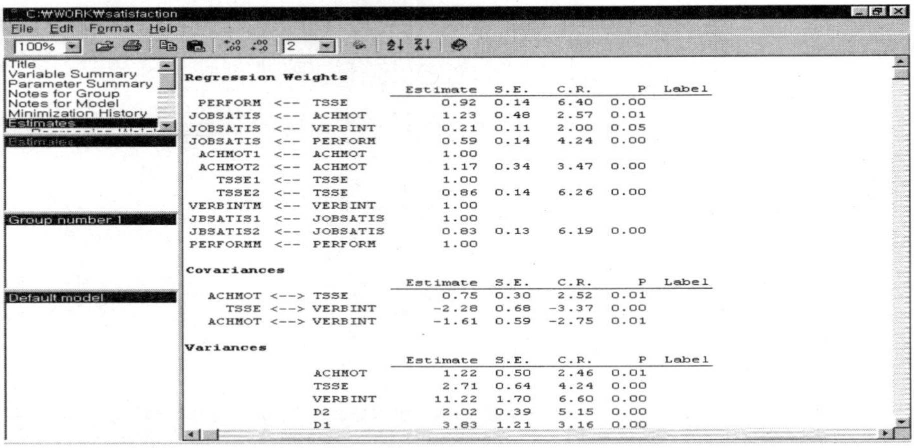

Regression Weights

			Estimate	S.E.	C.R.	P	Label
PERFORM	<--	TSSE	0.92	0.14	6.40	0.00	
JOBSATIS	<--	ACHMOT	1.23	0.48	2.57	0.01	
JOBSATIS	<--	VERBINT	0.21	0.11	2.00	0.05	
JOBSATIS	<--	PERFORM	0.59	0.14	4.24	0.00	
ACHMOT1	<--	ACHMOT	1.00				
ACHMOT2	<--	ACHMOT	1.17	0.34	3.47	0.00	
TSSE1	<--	TSSE	1.00				
TSSE2	<--	TSSE	0.86	0.14	6.26	0.00	
VERBINTM	<--	VERBINT	1.00				
JBSATIS1	<--	JOBSATIS	1.00				
JBSATIS2	<--	JOBSATIS	0.83	0.13	6.19	0.00	
PERFORMM	<--	PERFORM	1.00				

Covariances

			Estimate	S.E.	C.R.	P	Label
ACHMOT	<-->	TSSE	0.75	0.30	2.52	0.01	
TSSE	<-->	VERBINT	-2.28	0.68	-3.37	0.00	
ACHMOT	<-->	VERBINT	-1.61	0.59	-2.75	0.01	

Variances

	Estimate	S.E.	C.R.	P	Label
ACHMOT	1.22	0.50	2.46	0.01	
TSSE	2.71	0.64	4.24	0.00	
VERBINT	11.22	1.70	6.60	0.00	
D2	2.02	0.39	5.15	0.00	
D1	3.83	1.21	3.16	0.00	

그리고 직접효과와 간접효과는 다음과 같이 계산된다.

Direct Effects - Estimates

	VERBINT	TSSE	ACHMOT	PERFORM	JOBSATIS
PERFORM	0.00	0.92	0.00	0.00	0.00
JOBSATIS	0.21	0.00	1.23	0.59	0.00
PERFORMM	0.00	0.00	0.00	1.00	0.00
JBSATIS2	0.00	0.00	0.00	0.00	0.83
JBSATIS1	0.00	0.00	0.00	0.00	1.00
VERBINTM	1.00	0.00	0.00	0.00	0.00
TSSE2	0.00	0.86	0.00	0.00	0.00
TSSE1	0.00	1.00	0.00	0.00	0.00
ACHMOT2	0.00	0.00	1.17	0.00	0.00
ACHMOT1	0.00	0.00	1.00	0.00	0.00

Indirect Effects - Estimates

	VERBINT	TSSE	ACHMOT	PERFORM	JOBSATIS
PERFORM	0.00	0.00	0.00	0.00	0.00
JOBSATIS	0.00	0.55	0.00	0.00	0.00
PERFORMM	0.00	0.92	0.00	0.00	0.00
JBSATIS2	0.18	0.46	1.02	0.49	0.00
JBSATIS1	0.21	0.55	1.23	0.59	0.00
VERBINTM	0.00	0.00	0.00	0.00	0.00
TSSE2	0.00	0.00	0.00	0.00	0.00
TSSE1	0.00	0.00	0.00	0.00	0.00
ACHMOT2	0.00	0.00	0.00	0.00	0.00
ACHMOT1	0.00	0.00	0.00	0.00	0.00

따라서 적합된 모형식은 다음과 같고 이를 개념도 위에 나타내면 <그림 13.17>과 같이 표현된다.

```
PERFORMM = 1.00*Perform,, R^2 = 1.00
JBSATIS1 = 1.00*Jobsatis, Errorvar.= 4.49 , R^2 = 0.62
JBSATIS2 = 0.83*Jobsatis, Errorvar.= 2.87 , R^2 = 0.64
ACHMOT1  = 1.00*Achmot, Errorvar.= 2.57 , R^2 = 0.32
ACHMOT2  = 1.17*Achmot, Errorvar.= 2.56 , R^2 = 0.40
TSSE1    = 1.00*T-s s-e, Errorvar.= 1.93 , R^2 = 0.59
TSSE2    = 0.86*T-s s-e, Errorvar.= 2.21 , R^2 = 0.48
VERBINTM = 1.00*Verbint, Errorvar.= 2.00, R^2 = 0.85

Perform  = 0.92*T-s s-e, Errorvar.= 2.04 , R^2 = 0.53
Jobsatis = 0.59*Perform + 1.23*Achmot + 0.21*Verbint, Errorvar.= 3.87.
```

<그림 13.17>
모형적합결과

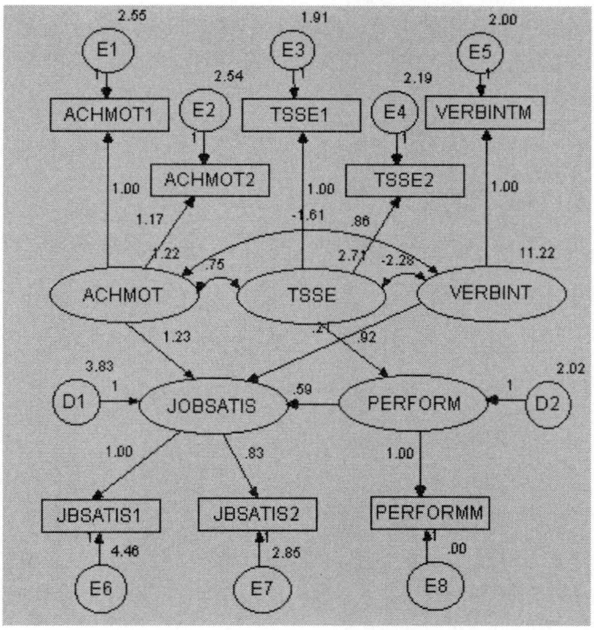

13.8 맺음 말

선형구조관계모형(LISREL)은 사회과학에서의 통계적 방법론으로 꽃이라고 할 수 있지만, 12장의 맺음 말에서 기술한대로 상당한 이론과 자료의 질(質)이 받혀주지 않으면 겉멋일 뿐이다. 연구자가 욕심으로 선형구조관계모형을 무리하게 쓰는 일이 없어야 할 것이다.

제 14 장

신뢰도분석

14.1 서론

중·고등학교 시절 지능검사나 적성검사, 성격검사 등을 누구나 한 번쯤 해 보았을 것이다. 많은 문항들을 제한된 시간에 답하면서 생각할 겨를이 없었겠지만 다음과 같은 의문을 가졌을 것이다.

- 시간이 얼마간 흐른 후 다시 동일한 검사지에 응답을 하여도 비슷한 결과가 나올까?
- 내 친구의 적성검사결과는 내가 보는 그 친구의 적성과 비슷한가?

여기서 첫 번째 질문은 측정의 신뢰성에 관한 것이고 두 번째 질문은 측정의 타당성에 관한 것이다. 즉, 어떤 검사지가 검사지로서 일반화되어 사용되려면 이 두 가지 성질을 잘 만족시켜야 한다. 특히 인자분석시 여러 문항들을 합하거나 선형결합시켜 하나의 인자값으로 사용하는데 이와 같은 작업에 무리가 가지 않으려면 이 두 가지 성질이 잘 갖추어져 있어야 하는 것이다.

본 장에서는 바로 이와 같이 어떤 설문이나 검사지에 요구되는 측정의 신뢰성과 타당성에 대해서 살펴본다.

14.2 측정의 타당성

요즘에는 온도나 체중과 같은 것에 대하여는 그것을 잴 수 있는 계기가 있어 별 문제없이 측정가능하다. 이 외에도 자연과학이나 공학에서는 각종 측정 기법이 잘 개발되어 있는 경우가 많다. 그러나 사회과학에서는 그렇지 못한 경우가 많고, 있다고 하더라도 논란이 되기 십상이다. 예를 들어 '대학입시'를 생각해 보자. 입시점수가 수학능력시험 60%와 고교 종합생활기록부 30%, 대학별 논술 10%의 가중 합으로 정의된다고 했을 때, 과연 그것이 타당한 것인가를 생각하게 된다. 대학입시는 물론 학생들의 고등학업능력을 재는 것이어야 할 것이다. 이런 원칙에 모든 사람이 동의한다 해도 실제에는 많은 논란이 붙는다. '고등학업능력(advanced academic ability)'이 수학능력시험과 같은 주어진 답지에서 하나를 골라잡는 객관식 문제로 평가될 수 있는 것인지, 또 그 능력이 학교별로 평준화되어 있다고 간주할 수 있고 종합생활기록

부가 그것을 반영하는지를 따져보면 자연히 회의스런 마음이 생기게 된다. 이렇게 측정의 타당성(妥當性, validity)이란 실제의 측정변수인 개념의 운영정의(operational definition)가 그것이 의도하고자 한 것을 제대로 표출하는가 하는 것이다. 다시 말하여 측정의 타당성을 검토한다는 것은 그것이 적당한가, 의미가 있는가를 따져보는 것이다.

다른 한 예로 학생 사회봉사 측면에서의 대학간 평가를 생각하여보자. 학교간 비교가 가능하기 위해서는 '대학생의 사회봉사'가 정의되어야 할 것이다. 그것을 전체학생 중에서 농촌봉사, 의료봉사, 야학, 사회시설에서의 근로봉사를 한 학생들의 상대적 비율로 정의한다고 하자. 예컨대 전체 학생 중에서 A 학교는 18%, B 학교는 22%가 봉사실적이 있다는 것 등으로 나올 것이다. 이것이 일견 그럴듯해 보이지만, 농촌봉사・의료봉사와 같이 1년에 불과 며칠간에 걸친 사회봉사와 야학・탁아소 등 1년 내내 지속적으로 수행되는 사회봉사를 등가적으로 간주하는 데 문제가 있다는 것을 알 수 있을 것이다. 그러므로 '사회봉사'의 운영정의를 1년 동안에 사회봉사를 순간이라도 해본 실적이 있는 사람 수가 아니라 1년 동안의 사람・시간 수(person- hours)로 정의하는 것이 좀 더 타당한 측정이다. 그러나 총 사람・시간 수를 파악하기 위한 자료가 존재하지 않는다면 불가피하게도 타당성이 덜한 단순 인수(人數; 사람 수)에 의존할 수밖에 없을 것이다. 다시 말하여, 많은 경우에 있어서 측정의 타당성에 대한 사변적(思辨的) 논의는 끝이 없기 때문에, 실증적 연구의 현실에서는 어느 정도에서 그칠 수밖에 없다.

측정의 타당성은 여러 면에서 검토하여 볼 수 있겠다. '대학입학시험'을 예로 들어 생각하기로 하자.

1) 준거 타당성 (準據 --; criterion-related validity) : 측정변수(측정값)가 어떤 객관적 기준과 밀접한 관련이 있는가? 예측 타당성(predictive validity)은 예컨대 대학입시 점수가 대학진학 후 학생들이 취득한 평균학점(GPA)과 상관성이 높은가를 보는 것이다. 공시 타당성(共時/共因 ---, concurrent validity)은 예컨대 질문지에 의한 불안감의 측정점수와 전문가의 평가점수가 일치하는 정도를 동일시점에서 봄으로써 질문지의 타당성을 검토한다.

2) 내용 타당성 (內容 --; content validity) : 측정의 내용이 의도된 개념의 측정에 적합한가를 내용소와 행동소로 교차분류하여 확인한다. 예컨대 대학

입학시험이 고등학교에서 배운 모든 것을 충실히 평가하여야 하므로 출제된 시험문항과의 대조표 (2원분류표)로써 타당성을 검토한다. 내용분석을 수반한다.

3) 구인 타당성 (構因 --; construct validity) : 구인타당성은 검사가 측정하려고 하는 이론적 구인이나 특성을 측정한 정도를 나타낸다. 즉, 측정변수가 관련있는(또는 구별되어지는) 다른 여러 지표들과 밀접한(또는 차별적인) 관계에 있는가를 살펴보는 것이라 할 수 있다. 예컨대 감성지수(EQ, emotional quotient)의 수렴적 타당성(convergent validity)은 모의된 몇가지 상황에 대한 대응과의 관련성을 통하여, 차별적 타당성(discriminant validity)은 지능지수(IQ, intelligence quotient)등 기존 지표와 선명하게 식별되는가를 통하여 검토된다. 다른 예로서, 지능지수(IQ)는 어휘력, 수리력, 추리력, 공간력, 지각력, 기억력 등과 밀접한 상관성을 보여야 구인 타당성이 있다고 말한다.

측정의 준거 타당성을 보기 위해 회귀분석이나 상관분석을 수행해본다든지 구인타당성을 보기 위해 인자분석 등의 다변량 분석을 해보는 등의 통계적 방법이 있지만 측정의 타당성 평가는 본질적으로 철학적 문제이고 논의를 위하여는 해당 분야의 전문지식을 필요로 한다. 그러나 자료는 측정됨으로써 존재하기에 그것의 타당성에 대한 최소한의 논의 없이는 어떠한 자료분석도 무의미하다고 하겠다.

14.3 측정의 신뢰성

신뢰성(reliability)은 한 대상에 대한 측정값이 얼마나 일관성있게 그리고 안정적으로 얻어지는가에 관한 것이다. 무게를 잴 때마다 다른 눈금을 가리키는 저울은 신뢰적이지 못하다. 마찬가지로, 시험칠 때마다 수험생별로 큰 폭의 진동을 보이는 일련의 학력고사는 신뢰적이지 못하다. 만약 지능 검사지 A가 한 개인의 지능을 어떤 때는 110, 어떤 때는 95, 어떤 때는 128 등으로 평가한다면 검사지 A는 신뢰적이지 못하다. 이에 비해 지능 검사지 B는 개인의 지능을 평가치 110, 108, 112 등으로 때에 따라 약간의 변동을 보이지만 진폭을 작게 낸다면 이 검사지는 보다 신뢰적이라고 할 수 있다.

실례로 다음과 같은 다섯 문항의 합 점수로 대학생들의 인생만족도

(Satisfaction with Life Scale; SWLS)를 측정한다고 하자.

> 1. 내 인생은 거의 모든 측면에서 나의 이상(理想)과 가깝다.
>   전혀 그렇지 않다: 1 -- 2 -- 3 -- 4 -- 5 -- 6 -- 7 : 정말 그렇다.
> 2. 현재 내 인생의 여건은 아주 좋다.
>   전혀 그렇지 않다: 1 -- 2 -- 3 -- 4 -- 5 -- 6 -- 7 : 정말 그렇다.
> 3. 현재 나는 내 인생에 만족한다.
>   전혀 그렇지 않다: 1 -- 2 -- 3 -- 4 -- 5 -- 6 -- 7 : 정말 그렇다.
> 4. 현재까지 나는 인생에서의 중요한 몇 가지를 성취하였다.
>   전혀 그렇지 않다: 1 -- 2 -- 3 -- 4 -- 5 -- 6 -- 7 : 정말 그렇다.
> 5. 인생을 새로 시작하더라도 바꿀 것이 거의 없다.
>   전혀 그렇지 않다: 1 -- 2 -- 3 -- 4 -- 5 -- 6 -- 7 : 정말 그렇다.

다섯 문항의 각 반응값을 X1, X2, X3, X4, X5 라고 하고, 인생 만족도에 대한 운영정의로

$$SWLS = X1 + X2 + X3 + X4 + X5$$

를 쓰고자 한다. 이 때 SWLS는 얼마나 신뢰적일까? 신뢰도 측정의 세 방법을 설명하기로 하겠다.

1) 검사-재검사 방법(test-retest method) :

첫 번째 측정값과 일정기간 후에 다시 검사하여 얻은 두 번째 측정값과의 상관계수로 신뢰도를 정의할 수 있다. 이 때, 피험자가 첫 번째의 응답을 한 후 기억할 수 없을 만큼 떨어진 시간 이후에 두 번째 검사가 행해져야 한다. 그러나 시간 간격이 길어지면 학습 · 태도변화 등의 혼란요인이 개입하여 신뢰도 추정이 부정확해진다.

검사-재검사 방법에 의한 신뢰도 추정은 동일한 사람들을 대상으로 동일한 검사를 두 번 시행한 결과간의 상관에 기초한 것이다. 이월효과와 두 검사 시행간의 시간간격은 검사-재검사 신뢰도 추정치에 영향을 미칠 수 있기 때문에 이 검사법은 이월효과에 민감하지 않고, 시간간격에 비교적 안정된 특성을 측정하는 데 적당하다고 하겠다.

2) 동형 검사 (alternative testing method) :

원 검사와 검사내용 · 형태 · 난이도 등이 동일한 검사(=동형검사)를 개발

하여 독립적으로 동시에 적용한다. 그리고 원검사에서 얻은 결과와 동형검사의 결과의 상관정도로 신뢰도를 추정하는 방법이다. 동형검사의 개발이 어렵다는 문제가 있지만 이월효과와 시간에 따라 점수의 변화가 상관계수에 영향을 미치지 않는다면 두 검사간의 상관정도가 신뢰도의 좋은 추정치가 된다.

여기서 검사-재검사 방법이나 동형 검사 방법은 한 번의 측정으로 신뢰도를 계산할 수 없다. 다음의 내적 일치도를 재는 방법은 바로 한 번의 측정으로 신뢰도를 측정할 수 있는 방법이다.

3) 내적 일치도를 재는 방법 :

합 척도의 부분이 되는 문항들이 서로 유사한 반응값을 획득할 때, 즉 문항들이 내적 일치도(내적 합치도, internal consistency)를 보일 때 그 척도는 더욱 신뢰적일 것이다. 내적일치도를 통해 신뢰도를 측정하는 방법의 장점은 1회의 검사로 신뢰도 산출이 가능하다는 것이다.

문항수를 N이라고 할 때 (SWLS의 경우는 N=5), 문항들이 서로 유사한 반응을 얻을수록

$$\frac{\mathrm{Var}(X_1) + \cdots + \mathrm{Var}(X_N)}{\mathrm{Var}(X_1 + \cdots + X_N)}$$

가 작아지게 되고 (왜냐하면 합이 크게 변하게 되니까) 그 하한이 1/N 이므로 (왜냐하면 극단적으로 $X_1 = \cdots = X_N$인 경우 분자$= N \cdot Var(X_1)$, 분모 $= Var(N \cdot X_1) = N^2 \cdot Var(X_1)$ 이므로), 내적 일치도에 의한 신뢰도를

$$\alpha = \frac{N}{N-1} \cdot \left\{ 1 - \frac{\mathrm{Var}(X_1) + \cdots + \mathrm{Var}(X_N)}{\mathrm{Var}(X_1 + \cdots + X_N)} \right\}$$

로 정의한다($0 \le \alpha \le 1$). 이 계수를 크론바흐의 알파(Cronbach's alpha)라고 한다.

X_j =0 또는 1 ($j = 1, \cdots, N$)인 경우, 즉 이항형인 경우 신뢰도 계수는

$$\alpha = \frac{N}{N-1} \cdot \left\{ 1 - \frac{p_1 q_1 + \cdots + p_N q_N}{\mathrm{Var}(S)} \right\}$$

로 단순화된다 (KR-20 공식). 여기서 p_j 는 $P\{ \mathrm{X_j} = 1 \}$, $q_j = 1 - p_j$ 이고 S는 합점수 ($= X_1 + \cdots + X_N$)이다.

또한 내적 일치도를 재는 특수한 방법으로 반분법(半分法, split-halves method)이 있다. 이 방법은 검사지의 문항들을 그룹 1과 2로 나누어 그룹 1의 점수와 그룹 2의 점수간 상관계수 $r_{1,2}$ 로부터 신뢰도를 추정한다.

예를 들어 홀수 문항들의 합 S_1 을 구하고 짝수 문항들의 합 S_2 를 구한 뒤 S_1 과 S_2 사이의 상관계수 $r_{1,2}$ 를 구한다 (여기서 홀수문항 검사와 짝수문항 검사는 동형으로 간주됨). 그런데 $r_{1,2}$ 는 절반 길이 검사지의 신뢰도이므로 원 길이 검사지의 신뢰도를 구하기 위하여는 다음의 보정이 필요하다 (스피어만-브라운 공식, Spearman-Brown formula):

$$\rho = \frac{2\,r_{1\cdot 2}}{1 + r_{1\cdot 2}}.$$

검사-재검사 방법은 두 시점에서 동일 응답자를 대상으로 조사가 이루어져야 하고, 동형검사법은 또 하나의 검사지를 개발하여야 하므로 실제로는 수행하기가 쉽지 않다. 이에 반하여 내적 일치도 방법은 한 시점에서 얻어진 검사자료에 적용가능하므로 훨씬 수월하다. 그러나 이 방법에는 다수의 문항 합으로 정의되는 변수의 경우에만 적용가능하다는 제약이 따른다.

인생만족도 SWLS의 경우를 사례로 다루기로 하겠다. 이것의 신뢰도를 구하기 위하여 고대 대학원생 20명으로부터 <표 14.1>의 자료를 얻었다 (제2차 측정값은 가상자료임).

1) 내적 일치도 : 크론바흐의 알파

$$\alpha = \frac{5}{4} \cdot \left\{1 - \frac{1.36^2 + \cdots + 1.67^2}{5.01^2}\right\} = 0.75\,.$$

2) 검사-재검사 방법(test-retest method) : 제1차 검사에서 얻은 SWLS 값과 제2차 검사에서 얻은 SWLS 값 사이의 상관계수를 구해보면 0.81을 얻게 된다. 이것이 검사-재검사 방법에 의한 신뢰도 계수이다.

신뢰도 값이 어느 정도여야 괜찮은 것인지에 대한 일률적 기준은 없다. 그러나 대체적으로 0.8 이상이면 상당히 신뢰적인 측정이라고 본다. 신뢰도가 0.6 이상인 변수는 아쉬운 대로 쓸만하다고 본다. 신뢰도가 낮은 경우에는 개별 문항을 다듬거나 문항 수 N을 늘림으로써 신뢰도를 개선할 수 있다. 후자의 근거는 일반화된 다음의 스피어만-브라운 공식에 있다.

<표 14.1>
인생만족도 자료

X1	X2	X3	X4	X5	제1차 측정 SWLS	제2차 측정 SWLS
3	6	4	3	5	21	20
7	7	7	7	5	33	28
3	3	3	5	3	17	18
2	6	5	6	3	22	26
5	4	6	4	3	22	20
5	6	6	7	5	29	33
3	5	3	5	2	18	20
5	6	5	3	1	20	22
2	2	5	5	2	16	18
5	4	6	5	6	26	24
5	5	6	6	5	27	25
4	4	4	3	4	19	25
5	5	6	6	4	26	30
3	2	3	6	2	16	18
6	6	6	5	6	29	27
5	6	5	5	6	27	30
3	3	2	6	1	15	16
3	7	5	6	2	23	25
5	4	5	5	2	21	16
5	4	4	5	3	21	24

기술통계 :	변수	평균	표준편차
제1차 측정	X1	4.20	1.36
	X2	4.75	1.52
	X3	4.80	1.32
	X4	5.15	1.18
	X5	3.50	1.67
	SWLS	22.40	5.01
제2차 측정	SWLS	23.25	4.93

$$\rho \simeq \frac{N\bar{r}}{1+(N-1)\bar{r}},$$

여기서 $\bar{r}$는 문항간 평균 상관계수이다. 따라서, $\bar{r}$가 고정된 경우, 신뢰도 ρ는 N의 단조증가함수이다. 예컨대 $\bar{r}$ =0.4인 경우, $N=2$이면 $\rho=0.57$이고 $N=4$이면 $\rho=0.73$이지만 $N=8$이면 $\rho=0.84$가 된다. 그런데 문항수가 늘어날수록 응답자의 협조가 떨어지므로 실제로는 문항간 상관계수 $\bar{r}$를 유지하기 어렵다.

체조나 미술작품, 바이올린 경연 등과 같이 심사자의 주관적 평가가 불가피한 측정에 있어서 신뢰도를 확보하기 위한 방법은 여러 명의 심사자가 각자 독립적으로 점수를 내고 합 점수를 사용하는 것이다 (아주 여러 명의 심사자가 있는 경우는 양극단 값을 제외한 나머지 평가점수의 합계를 유효점수로 하는 방법도 있다). 예컨대 20명이 작성한 논술답안을 다섯 명의 교수가 각자 7점 척도로 채점한 결과가 <표 14.1>이라고 하자. 이 경우 역시 내적 일치도 계수가 똑 같이 산출된다 (즉 $\alpha = 0.75$).

심사자의 평가가 질적인 경우, 즉 범주로 얻어지는 경우에는 10.3절에서 설명한 카파계수를 사용한다. 카파계수도 0.8이상이면 상당히 신뢰성이 높은 것으로, 0.6이상이면 괜찮은 신뢰성을 갖는 것으로 간주할 수 있다.

측정의 타당성과 신뢰성에 대한 보다 자세한 논의는 성태제 (1995)의 「타당도와 신뢰도」 (서울: 양서원)를 참조하기 바란다.

14.4 사례분석: SPSS의 활용과 결과의 이해

11장에서 사용했던 <그림 11.18>의 "tv-survey.sav"를 이용해서 신뢰도를 살펴보도록 하자. 측정의 신뢰도 분석을 위해서는

Analyze ▶ Scale
▷ Reliability Analysis...

를 이용해야 한다. <그림 14.1>과 같이 분석대상 변수들을 선택한 후 **Statistics...**에서 필요한 통계량을 지정하도록 한다. <그림 14.1>의 좌측하단의 **Model**에서 고려할 수 있는 방법으로는 다음의 5가지가 있다.

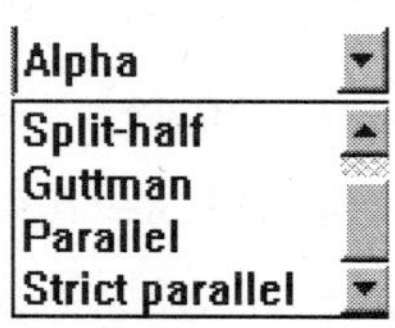

<그림 14.1>
변수 지정

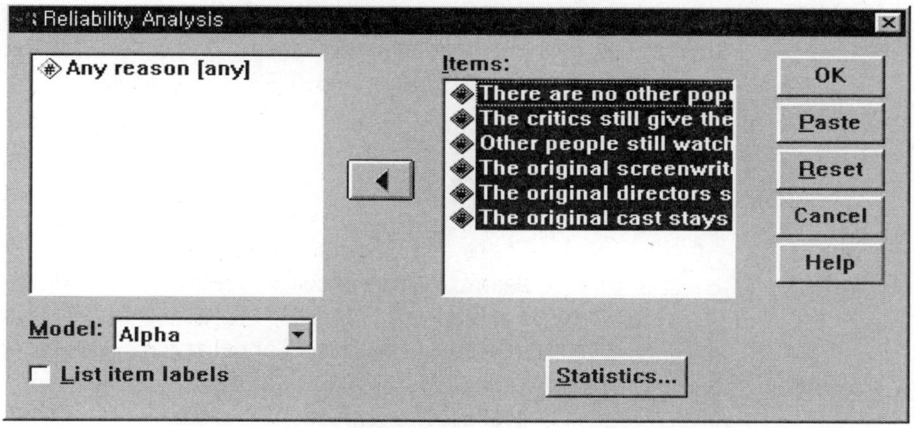

여기서 **Alpha**는 문항간의 평균 inter-item 상관에 기초하여 내적 일치도를 산출한다. 만약 이항자료라면 이는 Kuder-Richardson 20 (KR20) 계수와 일치한다. **Split-half**는 검사지를 두 부분으로 나누어 두 부분간의 상관을 계산한다. **Guttman**은 신뢰도 참값에 대한 Guttman의 하한을 산출한다. 이때 신뢰도계수의 범위는 1에서 6까지이다. **Parallel**은 모든 문항들이 동일한 분산을 지니고 있고 오차분산 또한 동일한 것을 가정한 것이다. **Strict parallel**은 Parallel 모형에 대한 가정에다 문항간의 평균이 동일하다는 것도 가정한다

크론바흐의 알파계수는 디폴트로 제공되는데 문항간의 상관계수를 함께 살펴보기 위해서는

Inter-Item : ☑ Correlations

를 선택한다. 그 결과는 다음과 같다.

		Mean	Std Dev	Cases
1.	ANY	.4868	.5001	906.0
2.	BORED	.5022	.5003	906.0
3.	CRITICS	.5033	.5003	906.0
4.	PEERS	.5287	.4995	906.0
5.	WRITERS	.8146	.3889	906.0
6.	DIRECTOR	.8278	.3778	906.0
7.	CAST	.8885	.3149	906.0

Statistics for	Mean	Variance	Std Dev	N of Variables
SCALE	4.5519	6.0398	2.4576	7

Item-total Statistics

	Scale Mean if Item Deleted	Scale Variance if Item Deleted	Corrected Item-Total Correlation	Alpha if Item Deleted
ANY	4.0651	4.1714	.7922	.8712
BORED	4.0497	4.1445	.8076	.8691
CRITICS	4.0486	4.1126	.8265	.8665
PEERS	4.0232	4.1420	.8108	.8687
WRITERS	3.7373	4.8768	.5892	.8944
DIRECTOR	3.7241	4.9050	.5930	.8941
CAST	3.6634	5.2401	.4859	.9037

Correlation Matrix

	BORED	CRITICS	PEERS	WRITERS	DIRECTOR
BORED	1.0000				
CRITICS	.8256	1.0000			
PEERS	.8068	.8045	1.0000		
WRITERS	.4224	.4576	.4428	1.0000	
DIRECTOR	.4230	.4533	.4596	.6324	1.0000
CAST	.3067	.3355	.3400	.6251	.6002

N of Cases = 906.0

Reliability Coefficients 6 items

Alpha = .8712 Standardized item alpha = .8708

위의 결과를 살펴보면 7개 질문항목에 대한 평균, 표준편차, 합척도에 대한 기술통계량을 제공하고 있다. Item-total Statistics에 있는 결과들에서 Scale Mean if Item Deleted, Scale Variance if Item Deleted는 각 변수 하나씩을 제외시키고 계산한 합척도의 평균과 분산이고 Alpha If Item Deleted는 해당 변수를 제외했을 경우의 크론바흐의 알파계수를 나타낸다. 906명에게 질문한 7 문항에 대한 크론바흐의 알파계수는 0.87로 신뢰도는 좋은 편이다.

크론바흐의 알파계수를 구하는 방법 외에 또 한가지는 반분법(Split-half)에 의해 신뢰도를 계산하는 것이다.

다음은 **Statistics...**에서

Descriptive for : ☑ Scale

를 선택한 후 수행한 결과이다. 문항들의 합에 대한 단순상관은 0.5061이고 두 그룹으로 나누어 산출한 신뢰도 계수에 있어 0.9285와 0.8260으로 서로 다른 결과를 보여주고 있다. 즉 그룹내에서는 상관이 높고 그룹간에는 상관이 낮다. 따라서 반분법에 의한 신뢰계수는 0.826에 가까울 것이다. 만약 그룹간에 상관이 높다면 반분법에 의한 신뢰계수는 높은 상관계수에 가깝게 된다.

```
                                                       N of
Statistics for        Mean    Variance     Std Dev  Variables
      PART 1        1.5342      1.9684      1.4030          3
      PART 2        2.5309       .8747       .9353          3
      SCALE         4.0651      4.1714      2.0424          6

Reliability Coefficients
N of Cases =     906.0                     N of Items =  6

Correlation between forms =.5061
Equal-length Spearman-Brown = .6721

Guttman Split-half =.6368
Unequal-length Spearman-Brown =.6721

3 Items in part 1             3 Items in part 2
Alpha for part 1 = .9285      Alpha for part 2 = .8260
```

14.5 정확한 측정의 중요성: 투표자 조사 사례

1996년 4월 11일에 있었던 15대 국회의원 선거에서는 TV 3사가 중심이 되어 각 선거구 별로 투표자 조사가 행하여졌다. 이러한 투표자 조사의 목적은 투표마감과 거의 동시에 일반시민들에게 선거 결과에 대해 신속 보도를 한다는 것과 투표자들의 정치적 행태(political behavior)에 관한 분석 보도를 한다는 것이다. 그러나 <표 14.2>에서 보는 바와 같이 총 253개 선거구 중 39개 선거구에서 예측오류가 발생하여 적잖은 사회적 혼란이 야기되었다. 과학을 위한 과학임을 자랑하는 통계학의 이론에 따라 시행된 사회 조사가 왜 이러한 결과를 만들어 놓았는가?

재삼 강조하고자 하는 점은 수치로 나타났다고 해서 모든 조사가 신뢰로운 것은 아니라는 것이다. 특히 선거여론조사의 경우 신뢰성 및 타당성 면에서 정밀한 검토가 필요하다. 표본에 의존하는 모든 통계는 잘 알려진대로 표집오차(sampling error)의 영향을 받게 된다. 이것은 예컨대 표본크기 1600명인 조사에서는 95% 신뢰수준의 오차한계가 ±2.5%라는 것이다 (표본크기 400명인 경우에는 오차한계가 2배인 ±5%가 된다.) 그런데 표집오차 외에도 비표집오차(nonsampling error)라는 것이 문제이다. 비표집오차는 표집오차 이외의 다른 모든 오차요인을 말하는 것으로 표집틀의 불완비성, 편향된 설문, 조사에 대한 응답자의 심리적 문제, 면접자의 부정직성, 자료관리의 부실 등 무수히 많은 통로에서 나온다.

4·11 총선 투표자 조사에서는 각 선거구마다 500명 이상씩 전화 면접에 의한 조사가 이루어졌고 표집오차가 고려되었으므로, 이와 같은 엄청난 예측오류는 표집오차가 아니라 비표집오차로 인한 것이다. 크게 세 가지 문제점이 이런 비표집오차를 만들어 낸 것으로 생각된다. 첫째 문제점은 표집틀인 전화번호부에 따른 것이다. 우리나라의 경우, 전화보유율 자체는 상당히 높은 편이지만 전화번호부에 등재되기를 원하지 않는 일부 계층이 조사에서 누락되고 자주 이사를 다니는 무주택자들이 소외될 가능성이 높다. 이런 문제점은 임의번호걸기(random digit dialing) 방법에 의하여 해결될 수 있으나 우리나라 조사기관들은 아직까지도 안이하게 전화번호부에 의존하고 있다.

둘째 문제점은 엄밀한 조사규칙이 없거나 실제로 지켜지고 있지 않다는 것이다. 전화조사에서는 통화중, 전화 받지 않음, 통화거절, 중도탈락 등 여러 상황이 가능하므로 이에 대한 명확한 조사규칙이 있어야 한다. 그런데 현재 우리나라 조사업체들은 이런 상황에서 재접촉 시도를 너무 쉽게 포기하고 예비 응답자에 전화함으로써

<표 14.2>
4·11 총선
투표자 조사 :
얼마나 맞추었나?

예측 \ 결과	신한국	국민회의	민주당	자민련	무소속	합 계
신한국	119	9	6	16	5	155
국민회의	2	56	0	0	0	58
민주당	0	1	3	0	0	4
자민련	0	0	0	25	0	25
무소속	0	0	0	0	11	11
합 계	121	66	9	41	16	253

목표한 표본크기만 조급하게 채우려고 하는 경향이 있다. 그 결과로서 자료가 편향되었을 가능성이 다분하다. 실제 4·11 총선 투표자 조사에서는 짧은 조사 기간 중에 많은 전화면접이 요구되는 상황이었으므로 조사 규칙이 형식적으로 있었더라도 제대로 지켜지지 않았을 것이다.

셋째 문제점은 무응답 비율이 너무 높다는 것이다. '무응답'은 잘 모르겠다는 것 이외에 설문에 답하기 싫다는 비협조의 뜻이 담겨 있는데 우리나라 특유의 대면 문화로 인하여 전화조사로는 협조를 받기가 아직 어렵다. 정치 후보자에 대한 지지 여부를 묻는 질문은 응답자들에게 곤혹스러움을 주기 때문에 응답이 없는 경우가 20%에서 50%에 까지 이르렀다. 4·11 총선 투표자 조사에서는 특히 실제 전화면접 경험자는 1,000명 정도였던 반면 완전 무경험자들이 2,000명 정도나 고용되었기 때문에 제대로 면접을 끝내지 못하는 경우가 너무 많았다고 한다.

<표 14.3>의 신한국당에 대한 지역별 오차 유형이 이런 전화조사의 비표집오차를 보다 분명하게 보여준다. 전국 253개 선거구 예측 중 단 110개 예측에서만 신한국당 후보의 예측 득표율이 95% 신뢰구간 안에 있고 이보다 더 많은 140개 예측은 과다하였던 반면 오직 3개 예측만 과소하였음을 볼 수 있다. 아예 경북 지역에서는 95% 신뢰구간 안에 들어온 예측치는 하나도 없는 것으로 나타났다. 이것은 전화면접에서 엄청난 친여 편향이 초래되었다는 사실을 말해 준다. 우리나라에서는 아직도 야당후보를 지지하는 응답자들이 솔직하게 자신의 태도를 밝히는 것에 상당한 심리적인 부담을 느낀다. 따라서 야당후보를 지지하는 유권자들의 경우 전화면접을 요청 받았을 때 솔직하게 자신의 의견을 밝히기보다는 전화면접을 거부하거나 잘 모르겠다고 대답했을 개연성이 크다. 이러한 친여 편향은 <그림 14.2>에서 볼 수 있는바 경북·

경남 지역, 그리고 강원 지역에서 심한 것으로 드러났다.

<표 14.3>
예측구간의 허와 실 : 신한국당의 경우

		예측 득표율 - 결과 득표율			
		-	±4.3%	+	합 계
전국 집계		3	110	140	253
	서울	0	32	15	47
	부산	0	11	10	21
	대구	0	6	7	13
	인천	1	3	7	11
	광주	0	3	3	6
	대전	0	2	5	7
	경기	0	14	24	38
	강원	0	2	11	13
	충북	0	4	4	8
	충남	1	7	5	13
	전북	1	8	5	14
	전남	0	12	5	17
	경북	0	0	19	19
	경남	0	5	18	23
	제주	0	1	2	3

<그림 14.2>
얼마나 어긋났나? :신한국당의 경우에 대한 상자그림

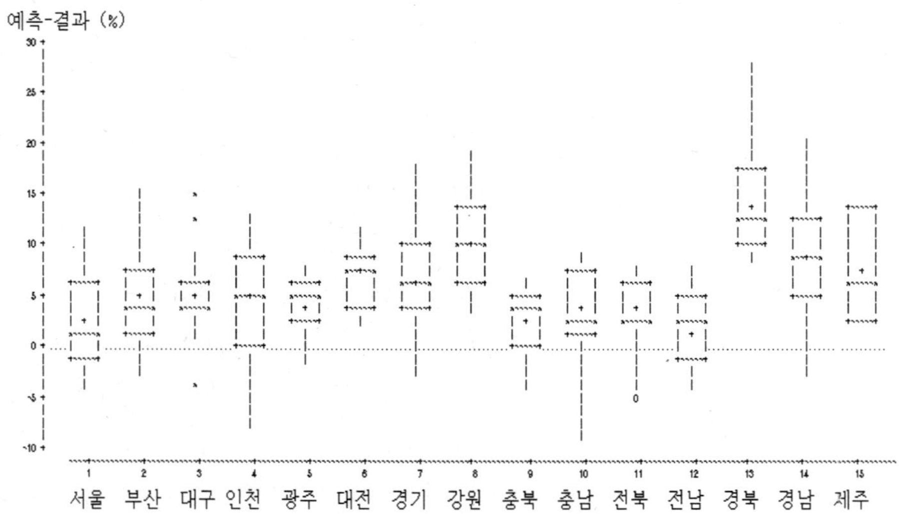

앞으로의 대통령 및 국회의원 선거에서는 선거법이 개정되어 출구조사(exit poll)가 허용되므로써 이러한 문제가 일부 해결될 전망이다. 결론적으로 4 ·

11 총선의 투표자 조사 사례의 교훈을 한 두 마디로 줄인다면, 정확한 측정이 얼마나 중요한가 하는 것이다. 그것은 아무리 강조하여도 지나치지 않다.

참고로 우리나라에서만 유독 선거예측이 실패했던 것은 아니다. 통계학의 종주국이라고 할 수 있는 영국에서도 1992년 총선에서 그러하였다.[1] <표 14.4>에서 보듯 Gallup, Harris, ICM, MORI, NOP, ASL/NMR 등 영국내 유수한 6개 조사업체들이 행한 선거예측이 모두 엇나갔는데, 전체로 보면 보수당에 대하여 38.2%, 노동당에 대하여 40.0%로 근소하게 노동당이 보수당을 1.8% 포인트 우세할 것으로 예측되었으나 실제로는 보수당이 42.8%, 노동당이 35.2%로 오히려 보수당이 노동당을 7.2% 포인트 차이로 눌렀다. 이런 참담한 예측 오류는 영국여론조사의 50년 역사상 기록적인 것이라고 한다. 이와 같이 선거예측이 결코 쉬운 일이 아니다.

<표 14.4> 영국의 조사기관별 1992년 총선 예측

조사기관	조사수	보수당	노동당	자민당	기타
Gallup	5	38.9%	38.4%	19.6%	3.3%
Harris	13	38.9	39.8	16.8	4.5
ICM	9	37.4	40.0	17.9	4.7
MORI	11	37.7	40.5	18.3	3.4
NOP	12	38.3	40.8	16.5	4.3
ASL/NMR	4	37.5	38.5	19.2	4.0
전체 평균	54	38.2	40.0	17.7	4.1
총선 결과	--	42.8	35.2	18.3	3.7
차이 : 평균	--	-4.6	+4.8	-0.6	+0.4

14.6 맺음 말

쓸만한 정보는 어디서 구할 수 있을까? 양질의 데이터로부터이다. 관측을 많이 하였다고 해서 양질의 데이터라고 할 수 있을까? 서로 무상관인 변수들에 대한 산더미같은 데이터로부터는 쓸만한 정보를 찾기 어렵다.

결국 양질의 데이터란 어떤 (연구)목적에 부합하도록 잘 설계된 조사(실험)

1) Jowell, Hedges, Lynn, Farrant and Heath (1993) "The 1992 British Election: The Failure of the Polls", *Public Opinion Quarterly* 57: 238-263.

설계에 의해 정확하게 재대로 관측된 데이터라고 할 수 있겠다. 이와 같은 양질의 데이터를 획득하는데 측정의 신뢰성과 타당성은 매우 중요하다. 조사설계 단계에서 표집오차나 비표집오차 등을 최소한 줄이려고 노력하는 이유도 이와 같은 맥락이다. 정확하게 분석하고 해석하는 일은 그 다음 단계이다.

통계는 그 무엇보다도 '과정(process)'이 매우 중요하다.

참 고 문 헌

[1] 김기영 · 이용구 · 김성수 (1997). 「다변량분석」, 한국방송대학교.

[2] 허명회 (1994). 「SAS 최적척도법」, 자유아카데미.

[3] 허명회 (1998). 「수량화방법 Ⅰ · Ⅱ · Ⅲ · Ⅳ」, 자유아카데미.

[4] SPSS Inc. (1999). *SPSS Base 10.0 Applications Guide.*

[5] SPSS Inc. (1999). *Categories 10.0* (pdf 파일).

[6] SPSS Inc. (1999). *Amos 4.0 Programing Reference Guide* (pdf 파일).

[7] SPSS Inc. (1997). *Amos Users' Guide Version 3.6.*

부록: 컴퓨터 파일 목록

이 책에서 사용된 데이터 및 프로그램 파일 목록은 다음과 같다.

1장.	chap1.sav	<그림 1> 3차원에서의 개체플롯, p.5.
2장.	체위특성.sav	<표 2.1> '86 국민체위조사 데이터, p.21.
3장.	factor1.sav	<표 3.1> '99년 100대 상장기업의 재무자료, p.44.
4장.	건설업자료1.sav	<표 4.1> 30개 기업의 재무관련 자료, p.70.
5장.	자동차자료.sav	<표 5.1> 38종의 자동차자료, p.102.
	credic.sav	<표 5.10> 신용등급자료, p.115.
6장.	basket.sav	<그림 6.1> 한국프로농구의 각 선수 기록, p.128.
	risk.sav	<그림 6.5> 16개국의 국가위험도, p.148.
7장.	effect.sav	<표 7.1> 뉴스매체의 효과 자료, p.156.
	ad.sav	<표 7.4> 광고효과에 관한 요인실험자료, p.166.
	grade1.sav	<표 7.6> 고교성적과 대학성적, p.173.
8장.	신체생리.sav	<표 8.1> 신체생리와 운동능력 측정 데이터, p.186.
9장.	risk.sav	<표 9.1> 16개국의 국가위험도, p.201.
	사이트선호도.sav	<그림 9.6> 사이트선호도 자료, p.208.
10장.	words.sav	<표 10.1> 오스틴의 문체 특성, p.215.
	music.sav	<표 10.4> 음악적 취향조사자료, p.223.
	과학예산.sav	<표 10.8> 유럽 5개국의 과학예산, p.227.
	store.sav	<표 10.9> 슈퍼마켓 이용패턴, p.230.
	books.sav	<표 10.10> 통계책의 속성평가, p.231.
11장.	구매의향자료	<표 11.1> 구매의향자료, p.244.
	voters.sav	<그림 11.5> '92 미국대통령선거 자료, p.249.
	tv-survey.sav	<그림 11.8> tv 시청관련 조사, p.254.
12장.	cfa1.sav	<표 12.1> 공분산행렬, p.266.
	cfa1.amw	<그림 12.2> 확증적인자분석을 위한 모형도, p.267.
	grnt_mal_corr.sav	<표 12.2> 남학생의 어휘능력과 공간능력, p.272.

	multigroup.amw	<그림 12.9> 다군인자모형분석을 위한 모형도, p.272.
	grnt_fem_corr.sav	<표 12.3> 여학생의 어휘능력과 공간능력, p.274.
	grnt_both_corr.sav	<표 12.4> 남 · 여학생의 어휘능력과 공간능력, p.276.
	grnt_both.amosbasic	<그림 12.17> AMOS프로그램 1, p.278.
	grnt_both_a.amosbasic	<그림 12.19> AMOS프로그램 2, p.279.
13장.	path1.sav	<표 13.1> 경로분석1, p.290.
	path1.amw	<그림 13.3> AMOS경로모형도1, p.291.
	path2.sav	<표 13.2> 경로분석2, p.293.
	path2.amw	<그림 13.7> AMOS경로모형도 2, p.293.
	anomia.sav	<표 13.3> 공분산구조분석1, p.299.
	anomia.amw	<그림 13.11> AMOS모형도1, p.299.
	satisfaction.amw	<그림 13.14> AMOS모형도2, p.302.
	satisfaction.sav	<표 13.4> 공분산구조분석2, p.303.
14장.	swls.sav	<표 14.1> 인생만족도, p.315.
	risk.sav	<그림 14.1> tv 시청관련 조사, p.317.

위의 데이터파일들은 SPSS 홈페이지

http:\\www.spss.co.kr

로 접속하여 자료실에서 다운받거나 저자에게 email로 연락하면 받을 수 있다.

찾아보기